Hochdisperse Metalle

Hochdisperse Metalle

von
Prof. Dr. rer. nat. habil. Władysław Romanowski
Wrocław

Bearbeitet und herausgegeben von
Prof. Dr. rer. nat. habil. Siegfried Engels
Merseburg

Mit 36 Abbildungen und 7 Tabellen

Akademie-Verlag · Berlin
1982

Erschienen im Akademie-Verlag, 1086 Berlin, Leipziger Straße 3—4
Lektor: Fritz Schulz
Einband und Schutzumschlag: Willi Bellert

Lizenznummer: 202 · 100/473/82
Gesamtherstellung: VEB Druckhaus „Maxim Gorki", 7400 Altenburg
Bestellnummer: 762 559 3 (6623) · LSV 1255
Printed in GDR
DDR 28,— M

Vorwort

Der hochdisperse Zustand von Stoffen ist durch Eigenschaften gekennzeichnet, die sich zum Teil erheblich von denen kompakter Materialien unterscheiden. Mit diesem Titel wird eine Einführung in ein weitgefaßtes Gebiet der Metalle vorgelegt, das sich seit Jahren in einer stürmischen Entwicklung befindet. Diese ist nicht zuletzt durch die Anwendung moderner Analysen- und Meßverfahren sowie eine verstärkte Hinwendung zur theoretischen Durchdringung der Probleme gekennzeichnet.

Im Mittelpunkt des Buches stehen zum einen die Fragen der Herstellung hochdisperser Metalle und Legierungen, die Behandlung dispersitätsabhängiger Metalleigenschaften, die geometrische und elektronische Struktur kleiner Metallkristallite sowie ihre Wechselwirkung mit nichtmetallischen Unterlagen sowie gasförmigen Adsorptiven. Zum anderen wird der Leser mit Grundlagen moderner Verfahren zur Charakterisierung hochdisperser Metalle und Legierungen vertraut gemacht, und er erhält einen Überblick über wichtige Anwendungsgebiete derartiger Stoffe. Entsprechend der großen Bedeutung hochdisperser Metalle und ihrer Kombinationen untereinander als heterogen wirkende Katalysatoren finden diese Systeme — aus der Sicht des gestellten Themas — eine besondere Berücksichtigung.

Dieses Buch stellt eine bearbeitete und zum Teil ergänzte Fassung des im Staatlichen Wissenschaftlichen Verlag, Warschau, 1979 erschienenen gleichnamigen Titels dar. Das Erscheinen des vorliegenden Buches in der DDR wurde in großzügiger Weise durch den Akademie-Verlag, Berlin, gefördert, wofür wir vielmals danken. Ebenso gilt unser Dank Herrn Prof. Dr. *G. Rudakoff*, Jena, für wertvolle Hinweise zur vorliegenden Fassung.

W. Romanowski, Wrocław — *S. Engels*, Merseburg

Inhalt

1. Zur Dispersität von Metallen.

Dispersitätsgrad, mittlere Teilchengröße und Größenverteilungsfunktionen

1.1. Einleitung

Unter hochdispersen Metallsystemen werden Metalle sowie ihre Kombinationen untereinander (Legierungen) verstanden, sofern deren einzelne Phasenbestandteile durch sehr kleine Abmessungen gekennzeichnet sind. Im allgemeinen trifft diese Aussage auf metallische Partikel mit Größen unter 1 μm zu, wobei sich im vorliegenden Buch der Schwerpunkt der Ausführungen hauptsächlich auf Teilchen mit Durchmesser im Bereich von 1 bis 100 nm erstreckt.

Die physikalischen und chemischen Eigenschaften hochdisperser Metalle, wie Farbe, Schmelzpunkt, elektrische Leitfähigkeit, magnetisches Verhalten, Reaktionsvermögen usw., unterscheiden sich z. T. erheblich von den analogen Eigenschaften der jeweiligen kompakten Metallproben. Hierbei sind die Übergänge teils fließend, teils ergeben sich merkliche Eigenschaftsänderungen schon innerhalb relativ enger Kristallitgrößenbereiche.

Metalle im hochdispersen Zustand spielen schon seit geraumer Zeit in bestimmten Bereichen der Forschung und Praxis eine wichtige Rolle; aber erst die in den letzten Jahrzehnten vollzogene Entwicklung auf den Gebieten der Grundlagenforschung sowie der Technik hat derartigen Metallsystemen ständig weitere Anwendungsgebiete erschlossen. Die hierbei erzielten Fortschritte wurden in nicht geringem Maße durch den Einsatz moderner Untersuchungsmethoden zum Studium des hochdispersen Zustands von Stoffen bestimmt.

In den nachfolgenden Kapiteln werden speziell die Metalle betrachtet, die — zumeist schon seit langem bekannt — sich durch ausgewiesene Gebrauchseigenschaften im weitesten Sinne auszeichnen. Zu ihnen zählen u. a. viele Übergangs- sowie die IB-Metalle. Andererseits ist beispielsweise die technische Anwendung von Magnesium, Zink, Cadmium, Quecksilber, Aluminium, Gallium, Zinn und die der Alkali- bzw. Erdalkalimetalle in hochdisperser Form oft aus prinzipiellen Gründen begrenzt. Vielfach ist es nicht möglich, bei entsprechenden Temperaturen den hochdispersen Zustand aufrechtzuerhalten, da wegen der teilweise geringen Kohäsionsenergie dieser Metalle eine starke Tendenz zur Aggregation besteht. Von den genannten Elementen findet andererseits das Aluminium auf Grund seines Passivitätsvermögens in mäßig dispergierter Form (Schuppen von etwa 10^{-4} mm Dicke) als Komponente für Schutz- und Dekorationsschichten eine gewisse technische Anwendung. Pulverförmiges Magnesium, Strontium und Barium dienen in bescheidenem Umfang zur Herstellung von Feuerwerkskörpern, bei denen die große Reaktionsgeschwindigkeit der dispersen Metalle mit Sauerstoff ausgenutzt wird.

Der disperse Zustand von Stoffen ist thermodynamisch instabil (Kap. 4.2.), so daß auch die Metalle, die teilweise elementar in der Natur vorkommen (z. B. Kupfer, Silber, Gold, Meteoreisen, -nickel), lediglich in kompakter Form auftreten. Metalle mit einer hohen Kohäsionsenergie (gleichbedeutend mit einem hohen Schmelzpunkt) lassen sich vielfach relativ leicht im hochdispersen Zustand herstellen, zumal in diesen Fällen auch die Aktivierungsenergiewerte des Aggregationsprozesses groß sind. Dieser Tatbestand ist zugleich für die Dispersitätsstabilität von ausschlaggebender Bedeutung.

Für die Herstellung hochdisperser Metalle stehen zahlreiche Methoden zur Verfügung (Kap. 2.). Bestimmte Verfahren zur Gewinnung kolloid verteilter Metalle (Metallsole), die Kenntnis einer Reihe von Eigenschaften derartiger Stoffe sowie einzelne Anwendungsgebiete sind vielfach seit langem bekannt, vgl. zum Beispiel [1]. So beschrieb schon PARACELSUS im Jahre 1600 das Goldsol, wie überhaupt die Goldsole mit zu den am eingehendsten untersuchten Dispersionskolloiden gehören [2, 3].

Zur Herstellung von Metallsolen dienen hauptsächlich chemische Reduktionsmethoden bei Raumtemperatur oder wenig darüber sowie das Erzeugen eines Lichtbogens zwischen den aus dem entsprechenden Metall gefertigten Elektroden in einer Flüssigkeit. Die erste Methode gelangt zumeist bei edlen Metallen, die letztere[1] bei solchen mit einem hohen Schmelzpunkt zur Anwendung.

Ebenso wird eine Reihe Seltener Metalle [4] schon seit vielen Jahren in hochdisperser Form hergestellt. Als Beispiele seien hier die Gewinnung einiger Übergangsmetalle (z. B. Titanium, Zirconium, Thorium) durch Reduktion ihrer Chloride mittels metallischen Natriums sowie die thermische Zersetzung von Metallcarbonylen (z. B. die des Eisens, Cobalts und Nickels) genannt. Da im zweitgenannten Fall die Zersetzungstemperaturen vergleichsweise niedrig liegen, können Metallpulver mit besonders hohen Dispersitätsgraden erhalten werden.

Eine wichtige Anwendung kolloidal verteilter Metalle ist die schon seit rund anderthalb Jahrhunderten bekannte klassische Photographie, bei der die „Entwicklung" der durch Belichtung entstandenen Kristallisationskeime von Silber auf der Bildung kleiner Silberkristalle unter Einwirkung eines Reduktionsmittels beruht. Kupfer, Silber oder Gold dienen in kolloidaler Form zur Herstellung gefärbter Gläser. So werden die Farben des Rubinglases durch hochdispers vorliegendes Gold erzeugt. Dünne Metallschichten können durch Kondensation von Metalldämpfen auf verschiedene Unterlagen im Vakuum erhalten werden. Ihr Gefüge ist zumeist aus sehr kleinen Kristalliten aufgebaut. Derartige Schichten spielen in zunehmendem Maße als Bauelemente in der elektronischen Industrie (Getter, Leiter-, Widerstandsmaterialien) sowie bei der Herstellung optischer Geräte (Spiegel, Filter, halbdurchlässige Schichten usw.) eine wesentliche Rolle.

Den zur Zeit größten Anteil an technisch unmittelbar genutzten hochdispersen Metallen bestreiten Katalysatoren für heterogen katalysierte Reaktionen. Hierbei handelt es sich vorrangig um Metalle der achten Nebengruppe des Periodensystems der Elemente (hauptsächlich Nickel, Palladium, Platin) sowie die der IB-Gruppe (Kupfer, Silber). Als Trägermaterialien[2] dienen in überwiegendem Maße oxidische Stoffe (verschiedene

---

[1] Hierbei tritt ein kombinierter Dispersions-Kondensationsprozeß auf. Die zunächst verdampften Metallatome aggregieren anschließend zu Partikeln kolloidaler Größe.

[2] Der Begriff ist historisch gewachsen. Vielfach sind auch die Oberflächengruppen des „Trägers" unmittelbar an der katalysierten Reaktion beteiligt. Ebenso bestimmt die Wechselwirkung Träger $\leftrightarrow$ Aktivkomponente in starkem Ausmaß das katalytische Verhalten der Metallkomponente(n); vgl. dazu auch Kap. 5.

Modifikationen bzw. Zustandsformen von Al_2O_3, röntgenamorphe und kristalline Alumosilicate usw.) mit einer großen spezifischen Oberfläche sowie Porosität, was u. a. einer Aggregation der kleinen Metallpartikel zu größeren Kristalliten entgegenwirkt. Die Herstellung derartiger Metall-Träger-Katalysatoren erfolgt in den meisten Fällen durch Reduktion der im Verlauf der Probenpräparation durch Calcination erzeugten Oxide mittels Wasserstoff.

Ein weiteres Gebiet, auf dem disperse Metalle eine große Rolle spielen, ist die Pulvermetallurgie. Bei diesem Verfahren werden Metallpulver[1], die mittels chemischer Methoden aus entsprechenden Verbindungen hergestellt worden sind, unter hohem Druck — teilweise auch bei erhöhter Temperatur — gepreßt und anschließend im Vakuum, unter Schutzgas bzw. in einer reduzierenden Atmosphäre bei hohen Temperaturen gesintert. Nach diesem Verfahren werden beispielsweise Halbzeuge und Fertigteile aus Tantal, Molybdän, Wolfram, Osmium, Iridium, Platin sowie Carbonylnickel erhalten.

Und schließlich sei noch auf Verfahren der Hydrometallurgie sowie die der elektrochemischen Abscheidung hingewiesen, bei denen ebenfalls Metalle mit teilweise hoher Dispersität erzeugt werden.

1.2. Quantitative Bestimmung des Dispersitätsgrades

1.2.1. Charakterisierung der Teilchengröße

Die Dispersität (Dispersion[2]) eines festen Körpers kann man durch Angabe der linearen Abmessungen seiner einzelnen Teilchen charakterisieren. Diese Größen sind einer direkten Messung unter Verwendung von optischen oder Elektronenmikroskopen zugänglich. Da jedoch die Grenze des optischen Auflösungsvermögens für Lichtmikroskope bei etwa 0,5 µm liegt, ist deren Aussagekraft bei Dispersitätsuntersuchungen zwangsläufig begrenzt. Wesentlich größere Möglichkeiten bieten dagegen Elektronenmikroskope mit einem Auflösungsvermögen von kleiner 0,5 nm. Die Bestimmung der linearen Abmessungen von Teilchen allein genügt jedoch nicht zu einer weitreichenden Charakterisierung der Dispersität, da beispielsweise das Verhältnis Probenoberfläche/Probenvolumen bekanntlich von der Teilchengestalt abhängt. Somit ist es schwierig, die genaue geometrische Beschreibung eines aus kleinen Teilchen zusammengesetzten Systems vorzunehmen, zumal sich noch Teilchengröße und -form in weiten Grenzen ändern können.

Vielfach hat es sich als äußerst zweckmäßig erwiesen, als Charakterisierungsgröße den Wert der Dispersität, D, einzuführen, der das Verhältnis der Zahl an Oberflächenatomen, N_s, zur Gesamtzahl N der Atome im Teilchen darstellt:

$$D = \frac{N_s}{N} \tag{1.1}$$

---

[1] Ebenso erfolgt eine pulvermetallurgische Verarbeitung von Legierungspulvern, in einer Reihe von Fällen auch unter Zusatz nichtmetallischer Bestandteile.

[2] In der deutschsprachigen Literatur hat sich der Begriff der Dispersität durchgesetzt. Unter Dispersion ist die feine Verteilung eines Stoffes in einem anderen zu verstehen. Der gleichberechtigte Gebrauch der Termini Dispersität und Dispersion, wie er noch teilweise in der Fachliteratur anzutreffen ist, führt jedoch zu keinen fachlichen Mißverständnissen.

Aus dieser Beziehung ergibt sich, daß die D-Werte in den Grenzen von praktisch Null (Makrokristall) bis 1 (kleine Atomaggregate — sogenannte Cluster — in denen alle Atome zugleich Oberflächenatome sind) liegen. Die Größe D gestattet auch eine sinnvolle Charakterisierung von Systemen, die aus Teilchen verschiedener Größe (polydisperse Systeme[1]) und Gestalt zusammengesetzt sind.

Zuvor soll noch gezeigt werden, wie bei monodispersen Systemen[1] die Dispersität und spezifische Oberfläche von der Kristallitgestalt abhängen. Zu diesem Zweck werden kleine Teilchen mit einem Maximaldurchmesser von 1 bis rd. 10 nm betrachtet, in denen die Atome entsprechend einer bestimmten kristallographisch definierten Struktur (z. B. A1-Typ, kubisch-flächenzentriertes Gitter) angeordnet sind. Die Packungsdichte beträgt in diesem Fall 74%. In Tab. 1.1 sind für unterschiedliche Atomaggrega-

Tabelle 1.1. Größe, Oberflächenatomanzahl und Dispersität von Metallteilchen unterschiedlicher Polyederform

Polyeder	Zahl der Atome, N	Maximaldurchmesser $d_{i,\max}$, in nm		Zahl der Oberflächenatome, N_s	Dispersität $D = \frac{N_s}{N}$
Tetraeder	35	1,25	1)	34	0,97
	165	2,25	1)	130	0,79
	1140	4,5	1)	580	0,51
	8436	9,0	1)	2452	0,29
Kubus	14	1,0	2)	14	1,00
	172	2,25	2)	110	0,64
	1099	4,1	2)	434	0,39
	7813	7,8	2)	1730	0,22
Oktaeder	19	1,05	3)	18	0,95
	146	2,1	3)	102	0,70
	1156	4,2	3)	486	0,42
	9224	8,5	3)	2118	0,23
Kubooktaeder	13	0,7	4)	12	0,92
	147	1,55	4)	92	0,63
	1072	3,1	4)	432	0,40
	8000	6,2	4)	1734	0,22
„Platte" bestehend aus 2 Atomlagen	beliebig	beliebig		gleich der Gesamtatomzahl N	1,00

1 Kantenlänge
2 Räumliche Diagonale
3 Diagonale
4 Abstand zwischen jeweils gegenüberliegenden Flächen

[1] Allgemein versteht man in der physikalischen Chemie unter dem Begriff disperses System ein aus mindestens zwei Phasen bestehendes Stoffsystem. Dabei ist die disperse Phase (Dispersum) im Dispersionsmittel (Dispergenz) fein verteilt. Für die Teilchen der dispersen Phase gilt die Forderung nach mikroskopischer oder submikroskopischer Dimension in mindestens einer Koordinatenrichtung. Ist die disperse Phase aus Teilchen unterschiedlicher Größe zusammengesetzt, spricht man von einem polydispersen System, im Fall einer einheitlichen Teilchengröße von einem monodispersen (isodispersen) System. Im vorliegenden Buch wird der Terminus „disperses System" sowohl im Sinne reiner metallischer Teilchen sowie der Dispersion (vgl. Fußnote[2], S. 13) gebraucht.

tionen die Werte der Maximaldurchmesser, $d_{i,max}$, sowie der nach Gl. 1.1 definierten Dispersität D aufgeführt. Die Werte gelten bei Zusammentritt von Atomkugeln des einheitlichen Durchmessers 0,25 nm. Aus den Angaben der Tabelle ist zu erkennen, daß für Metallkristallite mit A 1-Struktur die Dispersitätswerte mit wachsendem Teilchendurchmesser fallen und daß sie weiterhin von der Zahl der Polyederflächen der Kristallite abhängen. Demnach besteht für die D-Werte bei einer vorgegebenen Atomzahl eine Abhängigkeit von der geometrischen Form der Teilchen. Im Fall des „dreidimensionalen" Kristalls von zwei Atomlagen Stärke („Platte") sind alle Atome zugleich Oberflächenatome, so daß für die Dispersität D der Wert 1 folgt.

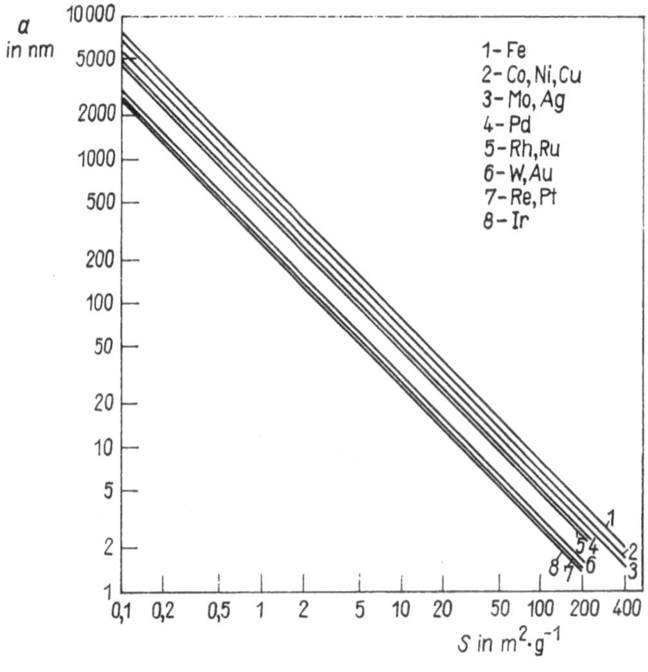

Abb. 1.1. Abhängigkeit zwischen der Größe (Ausdehnung) a von kugelförmigen oder kubischen Metallkristalliten und ihrer spezifischen Oberflächengröße S

Für Teilchen mit bekannter Ausdehnung kann man bei Annahme der Kugel- oder Kubusform die spezifische Oberflächengröße nach Gl. 1.2 ermitteln:

$$S = \frac{6}{\varrho \cdot a} \tag{1.2}$$

S: Spezifische Oberfläche in $cm^2 \cdot g^{-1}$
ϱ: Dichte in $g \cdot cm^{-3}$
a: Kugeldurchmesser oder Kantenlänge des Kubus in cm

In Abb. 1.1 ist der durch Gl. 1.2 bestimmte Zusammenhang von S und a graphisch dargestellt.

1.2.2. *Definition der Teilchengröße*

Aus dem oben Gesagten ist bereits ersichtlich, daß die Abmessungen (und folglich die Größe) eines Teilchens repräsentative Werte darstellen, die den Dispersitätsgrad am besten charakterisieren. Für ein kugelförmiges Gebilde ist das selbstverständlich der betreffende Durchmesser. Für ein von der Kugelform abweichendes Teilchen kann man eine ganze Reihe verschiedener Durchmesser d_i angeben, die die Verbindungslinien zwischen jeweils zwei an der Oberfläche liegenden Punkten darstellen, sofern diese Linien durch den Schwerpunkt des Teilchens gezogen werden. In Tab. 1.1 sind für die einzelnen Atomaggregate lediglich die resultierenden Maximaldurchmesser, $d_{i,\,\max}$, angeführt. Man sieht leicht ein, daß für ein nichtsphärisches Teilchen eine sehr große — praktisch unendliche — Zahl an Durchmessern d_i auftritt, und somit ein statistisches Mittel der entsprechenden Werte die Größe am besten beschreibt. Im allgemeinen werden folgende Mittelwertsbildungen durchgeführt:

$$\text{Arithmetisches Mittel: } A = \frac{1}{n} \sum_{d_{i,\min}}^{d_{i,\max}} d_i \tag{1.3}$$

$$\text{Geometrisches Mittel: } G = \left(\prod_{d_{i,\min}}^{d_{i,\max}} d_i \right)^{1/n} \tag{1.4}$$

$$\text{Harmonisches Mittel: } H = \frac{1}{n} \left(\sum_{d_{i,\min}}^{d_{i,\max}} \frac{1}{d_i} \right)^{-1} \tag{1.5}$$

n: Zahl der in Frage kommenden Durchmesser

Zumeist nutzt man die arithmetische und geometrische Mittelwertbildung. Es ist bekannt, daß sich diese Mittelwerte für ein gegebenes Teilchen voneinander unterscheiden; der Unterschied verkleinert sich mit wachsendem n und wird größer mit steigenden Werten des Verhältnisses $d_{i,\max}/d_{i,\min}$. Beträgt beispielsweise dieses Verhältnis 10 und ist $n = 2$, so folgt für den prozentualen Unterschied zwischen arithmetischem und geometrischem Mittel nach $100\left(1 - \frac{G}{A}\right)$ ein Wert von 43%, bei demselben d_i-Verhältnis und $n = 100$ ergibt sich dagegen nur eine Differenz von 11%, für $d_{i,\max}/d_{i,\min} = 2$ und $n = 2$ ist der Unterschied 6%, bei gleichem Verhältnis der d_i-Werte und $n = 100$ beträgt er lediglich 2% usw.

Irreguläre Teilchen eines Festkörpers können in den verschiedensten geometrischen Formen auftreten, trotzdem lassen sich erstere einer gewissen Charakterisierung unterwerfen. Sehr häufig wird hierfür das oben erwähnte Verhältnis $d_{i,\max}/d_{i,\min}$ gewählt. Als weiterer Formfaktor kann das Verhältnis der Werte des tatsächlichen Volumens oder der Oberfläche des Teilchens zu seinen aus den gemessenen Größen berechneten Volumen- bzw. Oberflächenwerten dienen. Und schließlich läßt sich die Sphärizität der Teilchen angeben, d. h. das Verhältnis der Oberfläche von Kugeln zur jeweiligen Oberfläche der Teilchen mit demselben Volumen. Die Sphärizität bestimmt folglich die Abweichung der Teilchen von der Kugelsymmetrie.

1.2.3. *Teilchengrößenverteilung*

Monodisperse oder nahezu monodisperse Teilchensysteme kommen ausgesprochen selten vor; in den meisten Fällen ist der hochdisperse Stoff ein polydisperses System, in dem sich die Teilchengröße in weiten Grenzen ändert. Für die quantitative Beschreibung derartiger Systeme bedient man sich der Verteilungsfunktionen nach der Größe, Oberfläche oder dem Volumen der Teilchen. Die Angabe einer mittleren Teilchengröße genügt im allgemeinen nicht; auch ist die Wahl einer solchen Größe ziemlich problematisch und in einer ganzen Reihe von Fällen gänzlich unmöglich.

Die Aussage einer Verteilungsfunktion kann in Tabellenform dargestellt werden; hierbei werden z. B. die jeweiligen Massen- oder Volumenprozente der Teilchen aufgeführt, deren Größe sich in einem bestimmten (zumeist sehr engem) Intervall um den

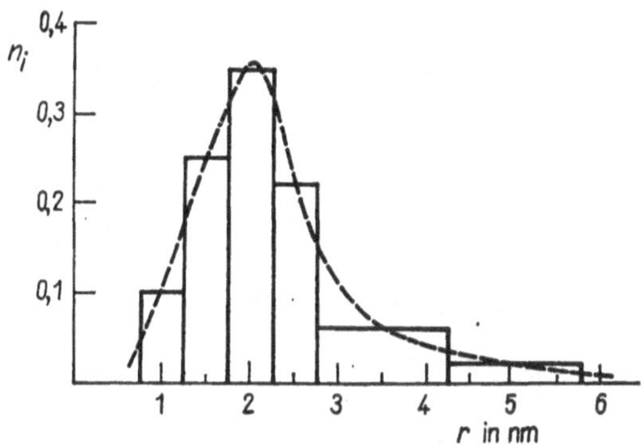

Abb. 1.2. Histogramm der empirisch bestimmten Größe von Nickelkristalliten in einem Ni/Al_2O_3-Katalysator mit angepaßter Verteilung (geglättetes Histogramm), nach [5]

betreffenden Zentralwert befinden. In einigen Fällen gibt man den kumulativen Prozentwert an, d. h. den Anteil von Teilchen, deren Größe kleiner als ein bestimmter Wert ist. Ebenso lassen sich derartige Daten in Form eines Histogramms darstellen, bei dem auf der Ordinate der Bruchteil n_i an Teilchen in einzelnen Größenintervallen Δx aufgetragen ist, die auf der Abszisse vermerkt sind (Abb. 1.2). Somit erhält man eine graphische Darstellung, die aus einzelnen Rechtecken besteht, deren Basis dem Größenintervall Δx und deren Höhe dem Anteil n_i der Teilchen in den einzelnen Klassen entspricht. Es ist klar, daß die Summe der n_i-Werte gleich 1 und die Summe der Rechteckflächen der Gesamtteilchenzahl proportional ist. Das „geglättete" Histogramm (Abb. 1.2, gestrichelte Linie), d. h. ein solches mit einer sehr großen Anzahl von Größenklassen ($\Delta x \to 0$) stellt die graphische Abbildung der kontinuierlichen analytischen Verteilungsfunktion dar, oder anders ausgedrückt, sie ist die Abbildung der Wahrscheinlichkeitsdichte dafür, daß Teilchen von einer gewissen Größe x_i vorkommen.

Es gibt nun eine Reihe verschiedener Verteilungsfunktionen, deren Eigenschaften durch die mathematische Statistik behandelt werden [6]. Nachfolgend wird lediglich auf solche Verteilungsfunktionen näher eingegangen, die bevorzugt zur Beschreibung sehr kleiner Festkörperteilchen herangezogen werden.

1.2.3.1. *Logarithmische Normalverteilungsfunktion*

Die binomiale, exponentielle sowie GAUSS- oder Normalverteilungsfunktion haben nur eine beschränkte Anwendung in der statistischen Behandlung von Kleinteilchensystemen, wie sie bei der Laboratoriumsarbeit und in der Industrie auftreten, gefunden [7]. So eignet sich die GAUSS-Verteilung nur in Ausnahmefällen zur genauen Beschreibung der Teilchengröße, obwohl diese Verteilung eine der wichtigsten in der Wahrscheinlichkeitsrechnung ist. Die Binomialverteilung (BERNOULLIsche oder NEWTONsche Verteilung) bietet bei der Anwendung auf Systeme, die sich aus einer großen Teilchenzahl zusammensetzen, erhebliche Schwierigkeiten. Deshalb ist es zur Aufstellung spezieller Verteilungsfunktionen gekommen, die eine bessere Beschreibung der bei physikalischen und chemischen Prozessen entstehenden Teilchen gestatten. Die wichtigste von ihnen dürfte die logarithmische Normalverteilung (Lognormalverteilung) sein, deren Anwendung sich zunehmend durchsetzt.

Die Lognormalverteilungsfunktion wurde unter der Annahme abgeleitet, daß der Logarithmus des Teilchenvolumens einer Normalverteilung gehorcht. Dieses folgt aus einer speziellen Theorie des Wachstums kleiner Teilchen, wonach das Wachstum als Resultat einer Reihe einzelner Ereignisse beschrieben wird, die das wachsende Teilchen jedesmal um einen zufälligen Bruchteil seines ursprünglichen Volumens vergrößern [8]. Eine derartige Verteilung läßt sich auch mit dem einfachen Wachstumsgesetz – ausgedrückt durch eine Exponentialfunktion – begründen.

Der analytische Ausdruck der normierten Verteilungsfunktion ergibt sich wie folgt:

$$f_{LN}(x) = \frac{1}{\sqrt{2\pi}\ln\sigma}\exp\left[-\frac{(\ln x - \ln\bar{x})^2}{2\ln^2\sigma}\right] \tag{1.6}$$

x: Teilchengröße
$\bar{x}$: Mediane[1])
σ: mittlere geometrische Abweichung

Die Funktion (1.6) leitet sich aus der Normalverteilungsfunktion dergestalt ab, daß an Stelle von x, $\bar{x}$ und σ die Logarithmen der jeweiligen Werte auftreten. Ein Teilchensystem gehorcht dieser Verteilung, wenn das Volumen v der Teilchen durch die Beziehung (1.7) ausgedrückt werden kann:

$$v = ax^b \tag{1.7}$$

a, b: Konstanten, die die Form des Teilchens bestimmen

Die Parameter $\bar{x}$ und σ definieren eindeutig die Verteilungsfunktion. Sie können nach folgenden Beziehungen berechnet werden:

$$\ln\bar{x} = \frac{\sum_i \ln x_i}{\sum_i n_i} \tag{1.8}$$

$$\ln\sigma = \left[\frac{\sum_i n_i(\ln x_i - \ln\bar{x})^2}{\sum_i n_i}\right]^{1/2} \tag{1.9}$$

n_i: Bruchteil der Teilchenzahl im Größenintervall um die Zentralgröße x_i

---

[1] median: die Mitte betreffend; hier: ein x-Wert, unter dem sich 50% der Teilchen befinden.

Aus Gl. (1.9) ist ersichtlich, daß die mittlere geometrische Abweichung σ dimensionslos und immer größer als 1 ist. Für den Fall $\ln x \to 0$ geht die Lognormalverteilung in die Normalverteilung über. Es hat sich gezeigt, daß $\bar{x}$ ganz zufällig, σ dagegen umgekehrt proportional der Geschwindigkeit des Teilchenwachstums (oder der -verkleinerung) ist. Wird demnach der Wachstumsvorgang als eine Reaktion 1. Ordnung aufgefaßt, so ist σ eine grundlegende Konstante zur Beschreibung dieses Prozesses.

Der Bruchteil von Teilchen, deren Durchmesser im Intervall zwischen x_1 und x_2 liegt, kann durch Integration der normierten Verteilungsfunktion $f_{LN}(x)$ (Gl. (1.6)) in den entsprechenden Grenzen erhalten werden:

$$F_{x_1-x_2} = \frac{1}{\sqrt{2\pi}\ln\sigma} \int\limits_{\ln x_1}^{\ln x_2} f_{LN}(x)\, d\ln x \tag{1.10}$$

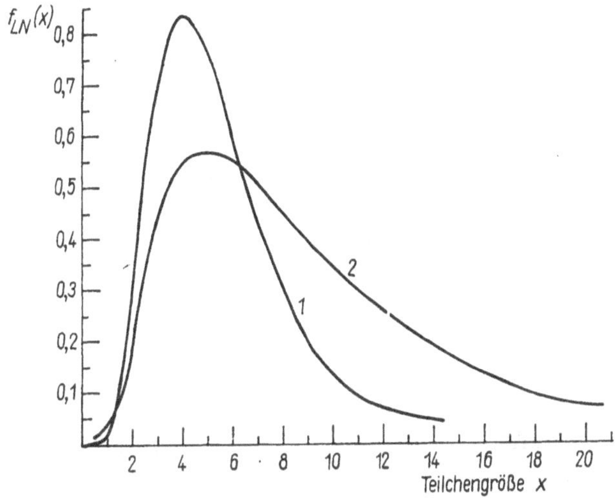

Abb. 1.3. Logarithmische Normalverteilungsfunktion $f_{LN}(x)$ für verschiedene Parameter.
Kurve 1: $\bar{x} = 4{,}1$, $\sigma = 1{,}6$. *Kurve 2:* $\bar{x} = 5$, $\sigma = 2$

Aus Abb. 1.3 ist zu erkennen, daß der Kurvenverlauf der Lognormalverteilungsfunktion unsymmetrisch ist. Ein Vergleich der aus Versuchen erhaltenen Histogramme mit der entsprechend gewählten Funktion ist auf Grund folgender Abhängigkeit möglich:

$$f_{i\,LN} = \frac{\Delta x}{x} f_{LN}(x) \tag{1.11}$$

$f_{i\,LN}$: Wert von f_{LN} im Punkt x_i
Δx: Intervallbreite im Histogramm

Eine derart mögliche Anpassung des experimentell erhaltenen Histogramms an die theoretische Kurve genügt aber in manchen Fällen weder zur Feststellung, ob die erhaltene Verteilung wirklich lognormal ist noch für die Berechnung der Parameter $\bar{x}$ und σ. Eine bessere Methode dagegen ist die Berechnung der nacheinander folgenden

Bruchteile $F_{LN}(x)$ der Gesamtzahl an Teilchen, die einen Durchmesser kleiner als x haben, d. h. die Berechnung der Distribuante der Funktion $f_{LN}(x)$. Sie wird als Funktion von $\ln x$ aufgetragen. Die Bruchteile $F_{LN}(x)$ sind durch Gl. 1.12 gegeben:

$$F_{LN}(x) = \frac{1}{2} + \frac{1}{2} \operatorname{erf} \frac{\ln \frac{x}{\bar{x}}}{\sqrt{2} \ln \sigma} \tag{1.12}$$

erf: Integral der Fehlerfunktion (Fehlerintegral) des Arguments $\frac{\ln \frac{x}{\bar{x}}}{\sqrt{2} \ln \sigma}$

Die Werte des Integrals sind tabelliert, z. B. [9]. In der graphischen Gestaltung werden die $F_{LN}(x)$-Werte direkt als kumulative Prozentwerte und die x-Werte im logarithmischen Maßstab angegeben (Abb. 1.4).

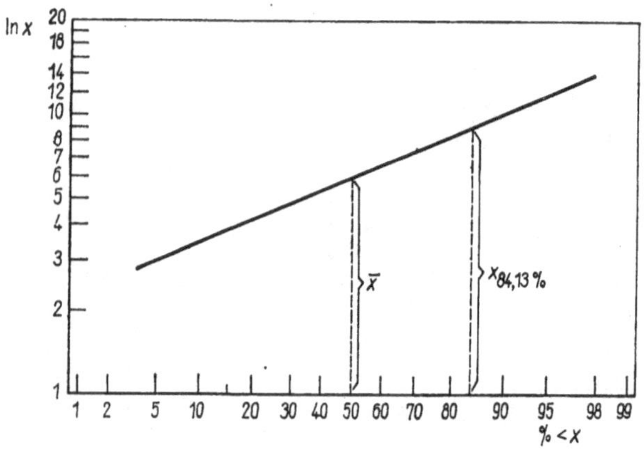

Abb. 1.4. Logarithmisches Wahrscheinlichkeitsdiagramm

Die Einteilung der F-Achse erfolgt — ausgehend vom Wert $F = 50\%$ — symmetrisch in beide Richtungen. Auf diese Weise erhält man das logarithmische Wahrscheinlichkeitsdiagramm, aus dem man leicht die x- und σ-Werte bestimmen kann. $\bar{x}$ ergibt sich (entsprechend seiner Definition) bei $F = 50\%$; ebenso läßt sich zeigen, daß σ gleich dem Verhältnis $\frac{x_{84,13\%}}{\bar{x}}$ ist.

Aus der analytischen Form der f_{LN}-Funktion kann man die Ausdrücke für ihre Momente s-ter Ordnung herleiten:

$$\sum_i n_i x^s \bigg/ \sum_i n_i = \exp\left(s \ln \bar{x} + \frac{1}{2} s^2 \ln^2 \sigma\right) \tag{1.13}$$

Diese Momente stehen im Zusammenhang mit den verschiedenen mittleren Werten, die auf Grund der Messungen von Durchmesser, Oberfläche, des Volumens usw. empirisch erhalten werden. Die mittleren Werte errechnet man nach den bekannten Formeln:

Arithmetisches Mittel nach der Teilchenzahl

$$\bar{x}_a = \frac{\sum\limits_i n_i x_i}{\sum\limits_i n_i} = \exp\left(\ln \bar{x} + \frac{1}{2} \ln^2 \sigma\right) \tag{1.14}$$

Geometrisches Mittel nach der Masse

$$\bar{x}_g = \frac{\sum\limits_i n_i x_i^4}{\sum\limits_i n_i x_i^3} = \exp\left(\ln \bar{x} + 3 \ln^2 \sigma\right) \tag{1.15}$$

Mittlere Größe nach der Oberfläche

$$\bar{x}_{\text{Oberfl.}} = \left(\frac{\sum\limits_i n_i x_i^2}{\sum\limits_i n_i}\right)^{1/2} = \exp\left(\ln \bar{x} + \ln^2 \sigma\right) \tag{1.16}$$

Mittlere Größe nach dem Volumen

$$\bar{x}_{\text{Vol.}} = \left(\frac{\sum\limits_i n_i x_i^3}{\sum\limits_i n_i}\right)^{1/3} = \exp\left(\ln \bar{x} + 1{,}5 \ln^2 \sigma\right) \tag{1.17}$$

Mittlere Größe nach der spezifischen Oberfläche

$$\bar{x}_{\text{spez. Oberfl.}} = \frac{\sum\limits_i n_i x_i^3}{\sum\limits_i n_i x_i^2} = \exp\left(\ln \bar{x} + 2{,}5 \ln^2 \sigma\right) \tag{1.18}$$

In manchen Fällen ist auch die Kenntnis der Abhängigkeit des modalen Durchmessers[1], $\bar{x}_{\text{mod}}$, von den Grundparametern der Verteilung nützlich:

$$\bar{x}_{\text{mod}} = \exp\left(\ln \bar{x} - \ln \sigma\right) \tag{1.19}$$

Die verschiedenartigen mittleren Durchmesser sind sorgfältig auseinander zu halten, da sich ihre numerischen Werte bedeutend unterscheiden können. Zum Beispiel ergibt sich bei einem typischen σ-Wert von 1,5 für $\left(\frac{\bar{x}_{\text{Vol.}}}{\bar{x}}\right)^3 = 2{,}1$ und für $\left(\frac{\bar{x}_{\text{Vol.}}}{\bar{x}_{\text{mod}}}\right)^3 = 3{,}4$. Man soll demnach die zu verwendenden mittleren Größen so wählen, daß sie auf das untersuchte Problem am besten angepaßt sind. Eine derartige Vorgehensweise ist jedoch nur bei genauer Kenntnis des physikalischen Inhalts des jeweiligen Problems und seiner Verteilungsfunktion möglich.

Die meisten der aus kleinen Teilchen bestehenden Systeme, die durch Kristallisation oder mechanische Zerkleinerung erhalten werden, lassen sich mit der Lognormalverteilungsfunktion gut beschreiben. Es ist jedoch nicht immer möglich, alle in einem System vorkommenden Teilchengrößen mit einer einzigen derartigen Funktion zu erfassen,

[1]) Durchmesser, der dem maximalen Wert $\frac{f_{LN}}{x}$ entspricht.

da in Abhängigkeit von den besonderen Wachstumsbedingungen ein heterogenes System von Teilchen entstehen kann. In diesem Fall können die Teilchen den verschiedenen Populationen angehören. Jede dieser Populationen ist durch eigene Verteilungsparameter charakterisiert, und sie sind verschieden, wenn sie sich in einem oder beiden Parametern unterscheiden. Demnach kann eine Heterogenität nach $\bar{x}$ oder σ sowie nach beiden Parametern gleichzeitig auftreten.

Kottler [10] hat eine Methode der statistischen Analyse heterogener Systeme kleiner Teilchen (photographischer Emulsionen) angegeben, nach der sich einzelne Populationen durch die Lognormalverteilung beschreiben lassen. Er empfiehlt dazu die analytischen Methoden nach der rigoristischen mathematischen Statistik. Später haben dann Irani und Callis [7] eine genügend exakte graphische Methode der statistischen Analyse heterogener Teilchensysteme mit Lognormalverteilung ausgearbeitet.

1.2.3.2. *Weitere Verteilungsfunktionen*

Neben der Lognormalverteilungsfunktion werden auch andere Verteilungsfunktionen in ihrer Anwendung auf Systeme kleiner Teilchen beschrieben. So hat z. B. Davies [11] zur Analyse der Teilchengröße verschiedener Industriestäube folgende Verteilungsfunktion verwendet:

$$\frac{dN}{dD} = K\,D^{-\gamma} \tag{1.20}$$

N: Zahl der Teilchen mit einem Durchmesser kleiner D
K, γ: Konstanten

Wird die Gesamtzahl der Teilchen bis zum maximalen Durchmesser $D_{\max}$ mit N_t bezeichnet, erhält man aus Gl. (1.20) durch Integration:

$$\frac{N}{N_t} = 1 - K\,\frac{D^{1-\gamma} - D_{\max}^{1-\gamma}}{(\gamma - 1)\,N_t} \tag{1.21}$$

Der Durchmesser der kleinsten Teilchen, $D_{\min}$, ergibt sich nach Gleichsetzen der rechten Seite von Beziehung (1.21) mit Null:

$$D_{\min} = \left(\frac{N_t\,(\gamma - 1)}{K + D_{\max}^{1-\gamma}}\right)^{-\frac{1}{\gamma-1}} \tag{1.22}$$

Der Durchmesser der kleinsten Teilchen hängt demnach von K ab, während der maximale Durchmesser beliebig groß sein kann.

Von Fricke, Rosenthal und Walford [12] wurde eine Verteilungsfunktion β mit zwei Parametern p und q eingeführt. Diese Funktion hat ebenfalls eine breite Anwendung zur Beschreibung von Teilchensystemen gefunden. Die Autoren konnten zeigen, daß diese Funktion in bestimmten Fällen mit anderen in der Physik und Chemie verwendeten Verteilungsfunktionen zusammenfällt. Die β-Verteilungsfunktion I_z ist das Verhältnis der unvollkommenen β_x-Funktion zur vollkommenen β-Funktion:

$$I_z(p, q) = \frac{\beta_x(p, q)}{\beta(p, q)} \tag{1.23}$$

mit

$$\beta_x(p, q) = \int_0^x x^{p-1} (1-x)^{q-1} \, dx \tag{1.24}$$

und

$$\beta(p, q) = \int_0^1 x^{p-1} (1-x)^{q-1} \, dx \tag{1.25}$$

Die β-Funktion ist im Intervall $0 \leqq x \leqq 1$ für $p \geqq 0$ und $q \geqq 0$ bestimmt. Die Wahrscheinlichkeitsdichtefunktion β wird wie folgt definiert:

$$f(x)\,(p, q) = \frac{x^{p-1}(1-x)^{q-1}}{\beta(p, q)} \tag{1.26}$$

Die vollkommene β-Funktion kann auch als Verhältnis der Γ-Funktionen der Parameter p und q ausgedrückt werden:

$$\beta(p, q) = \frac{\Gamma(p) \cdot \Gamma(q)}{\Gamma(p+q)} \tag{1.27}$$

Es gibt spezielle Methoden zur Berechnung der Werte der unvollkommenen β-Funktion. Sie sind für p- und q-Werte von 0,5 bis 50 tabelliert worden [13]. Der Verlauf einiger β-Funktionen ist (nach Gl. (1.25)) für verschiedene Parameterwerte in Abb. 1.5 dargestellt.

Bei der Bearbeitung experimenteller Daten mit Hilfe von β-Verteilungsfunktionen führt man zuerst eine provisorische Schätzung der p- und q-Werte auf der Grundlage eines Mittelwertes (Erwartungswertes) und der Varianz (Streuung) durch. Diese geschätzten Anfangswerte werden dann in einem Anpassungsverfahren verwendet, in dem man die besten p- und q-Werte durch Minimierung der quadratischen Abweichung zwischen den experimentellen und den aus der β-Funktion berechneten Größen findet. Nach Erhalt der besten p- und q-Werte berechnet man den genauen Mittelwert, die Mode und Varianz nach folgenden Formeln:

$$\text{Mittelwert} = \frac{p}{p+q} \tag{1.28}$$

$$\text{Mode} = \frac{p-1}{p+q-2} \tag{1.29}$$

$$\text{Varianz} = \frac{p \cdot q}{(p+q)^2 (p+q+1)} \tag{1.30}$$

Die WEIBULLsche Verteilungsfunktion, $F_W(x)$ [14, 15], hat man anfänglich zur statistischen Analyse der Materialfestigkeit sowie Zuverlässigkeit von Konstruktionen herangezogen; sie läßt sich aber auch zur Größenanalyse kleiner Festkörperteilchen verwenden. Die Funktion wird gewöhnlich in Form der kumulativen Verteilungsfunktion (Distribuante) angegeben:

$$F_W(x) = 1 - \exp\left[-\frac{(x-\gamma)^\beta}{\alpha}\right] \tag{1.31}$$

α, β, γ: konstante Parameter

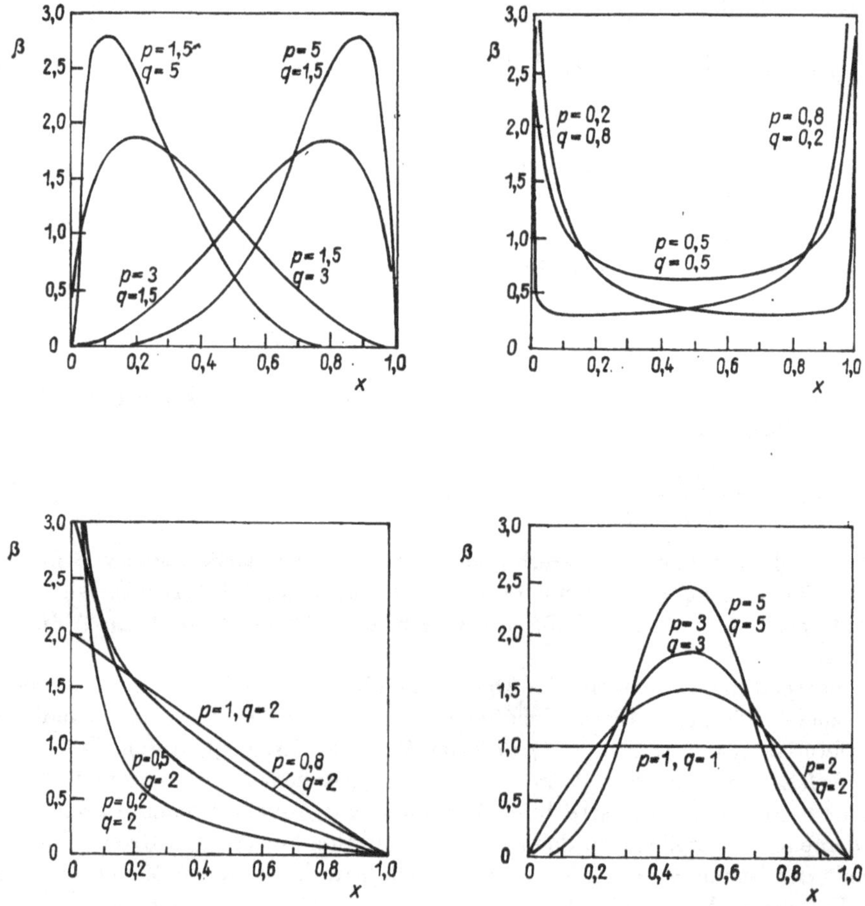

Abb. 1.5. Beta-Funktion für verschiedene p- und q-Parameter

Nach Differentiation berechnet man die Wahrscheinlichkeitsdichte als:

$$f_W(x) = \frac{\beta}{\alpha} (x - \gamma)^{\beta-1} \exp\left(-\frac{(x-\gamma)^\beta}{\alpha}\right) \tag{1.32}$$

Diese Funktion ist für ausgewählte Parameter α, β und γ in Abb. 1.6 dargestellt.

Nach zweifachem Logarithmieren der Verteilungsfunktion (1.31) erhält man $F_W(x)$ in linearisierter Form:

$$\ln \ln \frac{1}{1 - F_W(x)} = -\ln \alpha + \beta \ln (x - \gamma) \tag{1.33}$$

so daß sich mit der Ordinate $\ln \ln \dfrac{1}{1 - F_W(x)}$ und der Abszisse $\ln (x - \gamma)$ eine Gerade ergibt. Auf der Ordinate werden die F_W-Werte als kumulative Prozentwerte der Teilchen mit der Größe kleiner als x aufgetragen (Abb. 1.7.).

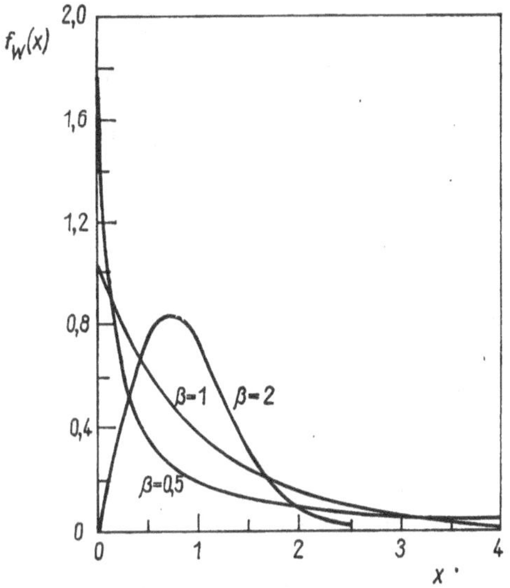

Abb. 1.6. WEIBULLsche $f_W(x)$-Funktion für einige β-Parameter bei $\alpha = 1$ und $\gamma = 0$

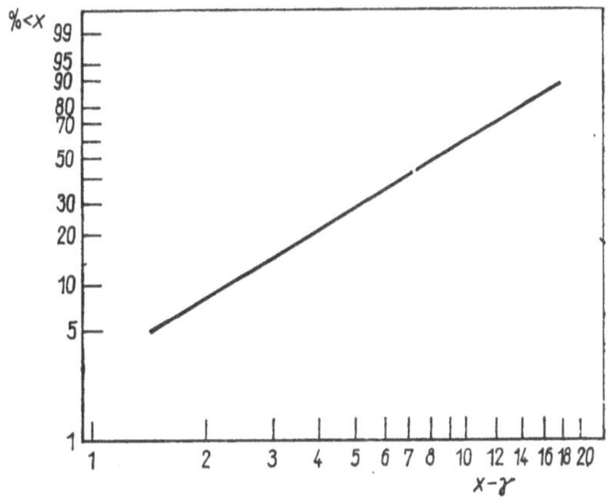

Abb. 1.7. Darstellung der WEIBULLschen Verteilung in linearisierter Form

Die WEIBULLsche Verteilungsfunktion erwies sich als eine ziemlich universelle Funktion. γ bedeutet die im untersuchten System auftretende minimale Größe (x ist die Teilchengröße). Die beiden Parameter α und β erhält man aus dem Diagramm, dabei ist β ein Formparameter. Für $\beta = 1$ folgt die bekannte exponentielle Verteilungsfunktion, und für $\beta = 3{,}2$ fällt die WEIBULLsche Verteilungsfunktion in einem breiten Intervall ziemlich genau mit der Normalverteilungsfunktion zusammen.

In einigen Fällen werden zur Charakterisierung der Teilchengröße noch weitere Verteilungsfunktionen herangezogen, auf die jedoch in dieser Einführung nicht eingegangen wird. Dagegen wurde die logarithmische Normalverteilungsfunktion auf Grund ihrer sehr verbreiteten Anwendung in der Statistik kleinster Metallpartikel etwas ausführlicher behandelt. Diese Funktion genügt den allgemeinen Anforderungen, die man an Verteilungsfunktionen zur Lösung physikalischer Probleme stellt [16]: Die Funktion ist auf viele experimentelle Aufgabenstellungen anwendbar, sie hat eine verhältnismäßig einfache mathematische Form[1] und steht im Zusammenhang mit der Kinetik der Teilchenbildung.

---

[1] Diese Aussage trifft auch für die verallgemeinerte Lognormalverteilung (vgl. Lehrbücher der Mathematik) zu, bei deren Anwendung vielfach eine noch bessere Approximation an die empirisch bestimmten Verteilungen erreicht werden kann.

Literatur

[1] „ULLMANNS *Encyklopädie der technischen Wissenschaften*", 3. Aufl., Urban & Schwarzenberg, München—Berlin 1958, 10 Bd., S. 612
[2] R. ZSIGMONDY u. P. A. THIESSEN, „*Das kolloide Gold*", Akademische Verlagsgesellschaft, Leipzig 1925
[3] H. B. WEISER, „*Inorg. Colloid Chem.*", 3 Bände, JOHN WILEY, New York 1933—1938, Bd. 1
[4] W. SCHREITER, „*Seltene Metalle*", 3 Bände, VEB Deutscher Verlag für Grundstoffindustrie, Leipzig 1960—1962
[5] W. ROMANOWSKI, Rocz. Chem. **34**, 239 (1960)
[6] Dem Leser, der seine Kenntnisse auf diesem Gebiet ergänzen will, sei das ausgezeichnete Buch von G. J. HAHN u. S. S. SHAPIRO, „*Statistical Models in Engineering*", John Wiley and Sons, New York 1967, empfohlen; russ. Übersetzung: „*Statističeskie modeli v inženernikh zadačakh*", Izd. „Mir", Moskva 1969
[7] R. R. IRANI u. C. F. CALLIS, Particle Size: „*Measurement, Interpretation and Application*", John Wiley and Sons, New York 1963
[8] G. C. GRANQUIST u. R. A. BUHRMAN, J. Appl. Phys. **47**, 2200 (1976)
[9] „*Handbook of Chemistry and Physics*", Chem. Rubber Comp., Cleveland, 43. Aufl., 1961—1962, oder G. J. HAHN u. S. S. SHAPIRO, loc. cit.
[10] F. KOTTLER, J. Phys. Chem. **56**, 442 (1952)
[11] C. N. DAVIES, Nature (London) **201**, 172 (1964)
[12] G. H. FRICKE, D. ROSENTHAL u. G. WALFORD, J. Phys. Chem. **74**, 1139 (1970)
[13] K. PEARSON, „*Tables of Incomplete Beta Function*", Cambridge University Press, N. Y. 1934
[14] W. WEIBULL, Nature (London) **164**, 1047 (1949;) J. Appl. Mech. **18**, 293 (1951)
[15] F. STEIGER, Chem. Technol. **23**, 225 (1971)
[16] J. W. J. FAY u. J. R. ASHFORD, Brit. J. Appl. Phys. **11**, 1 (1959)

2. Herstellung hochdisperser Metalle und Legierungen

2.1. Chemische Methoden

Die Herstellung von Metallpulvern erfolgt in zahlreichen Fällen auf chemischem Wege. Hierbei handelt es sich vorrangig um die thermische Zersetzung fester bzw. gasförmiger Verbindungen sowie die Reduktion fester Substanzen bzw. von Metallionen in Lösungen mittels geeigneter Reduktionsmittel. Seltener werden disperse Metalle durch Kristallisation aus flüssiger Phase oder elektrolytische Abscheidung aus Lösungen bzw. geschmolzenen Salzen erhalten. Mittels der genannten Methoden sind vorrangig die einzelnen Metalle im feinverteilten Zustand hergestellt worden; andererseits kennt man eine Reihe von Gebieten, bei denen die Erzeugung des hochdispersen Zustands von Legierungen eine bestimmende Rolle spielt. Zu ihnen zählt in besonderem Maße die Herstellung von bi- und multimetallhaltigen Katalysatoren[1].

Die einzelnen Kristallite (Körner) der auf beliebige Art gewonnenen reinen Metallpulver weisen im wesentlichen mittlere Durchmesser >1 μm auf; lediglich in Ausnahmefällen wird eine kleinere Korngröße erzeugt. Diese Körner sind zumeist nicht als Einkristalle ausgebildet, sondern stellen Aggregate aus vielen Primärkristalliten dar. Letztere sind als Bereiche der kohärenten Röntgen- oder Elektronenstrahlbeugung anzusehen. Wenn nachfolgend über die Größe von „Teilchen" oder Kristalliten gesprochen wird, handelt es sich hauptsächlich um die von Mikro(primär)kristalliten und nicht um

Tabelle 2.1. Gegenüberstellung von Oberflächengrößen S

Probe	Oberflächengröße in $m^2 \cdot g^{-1}$ aus		Literatur
	Röntgendaten	N_2-Physisorptionsmessungen	
Pt	5,2	0,64	[1]
Pt	4,4	0,08	[2]
Ru	6,6	3,6	[2]
Ir	14,6	10,4	[3]
Pt95Re5	6,4	4,0	[1]
Pt90Re10	8,4	4,9	[1]
Pt65Re35	20,6	8,9	[1]

[1] Die Herstellungsbedingungen derartiger Katalysatoren garantieren nur in Ausnahmefällen die Einstellung des thermodynamischen Gleichgewichts zwischen den verschiedenen Metallkomponenten. Somit treten vielfach merkliche Abweichungen von den Verhältnissen des jeweiligen Phasendiagramms auf. Um diesem Tatbestand Rechnung zu tragen, bürgern sich zunehmend für die Bezeichnung von „Legierungs"katalysatoren die Termini Bi- bzw. Multimetallkatalysatoren ein.

die Sekundärkristallgröße. Zwischen den Abmessungen von Mikro- und Sekundärkristallen können z. T. erhebliche Abweichungen auftreten. Diesem Tatbestand muß beispielsweise dann Rechnung getragen werden, wenn aus röntgenographischen Daten (Kap. 3.3.2.) bzw. Ergebnissen von Sorptionsmessungen ein „Oberflächenwert" von Metallpulvern errechnet werden soll (Tab. 2.1). Lediglich mittels der letztgenannten Methode kann die für ein gegebenes Adsorpt zugängliche Oberfläche erfaßt werden.

2.1.1. *Herstellung hochdisperser Metalle aus festen Phasen*

2.1.1.1. *Reduktion von Metallverbindungen durch Wasserstoff*

Die Herstellung hochdisperser Metalle durch thermische Zersetzung einer Reihe von Salzen ist seit langem bekannt. Vielfach geht man hierbei von solchen Formiaten oder Oxalaten aus, die sich schon bei verhältnismäßig tiefen Temperaturen direkt zu dem jeweiligen Metall zersetzen, z. B.

$$Ni(HCOO)_2 \nearrow Ni + H_2 + 2CO_2 \quad (2.1a)$$

$$Ni(HCOO)_2 \searrow Ni + H_2O + CO + CO_2 \quad (2.1b)$$

bzw.

$$Ni(COO)_2 \rightarrow Ni + 2CO_2 \quad (2.2)$$

Neuere Untersuchungen zur thermischen Zersetzung von Nickelformiatdihydrat, $Ni(HCOO)_2 \cdot 2H_2O$, im Vakuum haben gezeigt [4], daß im Temperaturbereich von 343 bis 363 K erst die Entwässerung dieses Salzes erfolgt, während die eigentliche Zersetzung entsprechend den Gl. (2.1a) und (2.1b) zwischen 453 und 473 K abläuft. Dabei überwiegt nach Erreichen eines Zersetzungsgrades von etwa 50% die Reaktion (2.1b).

Auf analoge Weise können auch Eisen-, Cobalt- und Kupferpulver hergestellt werden. Derartige Produkte mit Korngröße <1 µm dienen beispielsweise zur Fertigung spezieller Magnetwerkstoffe auf pulvermetallurgischem Wege [5]. Entsprechende Nickelpulver finden u. a. als Hydrierkatalysatoren zum „Härten" von Speiseöl eine gewisse Anwendung [6].

Bei den angeführten thermischen Zersetzungsreaktionen können auch Nebenreaktionen ablaufen, die zur Entstehung von Oxiden führen. Aus diesem Grunde werden solche Zersetzungen zumeist im Vakuum oder in einer Wasserstoffatmosphäre vorgenommen. Im letzteren Fall erfolgt eine sofortige Reduktion des (eventuell) entstandenen Metalloxids.

Die Reduktion von Metalloxiden mittels gasförmiger (H_2, CO; NH_3, d. h. N_2-H_2-Gemisch auf Grund thermischer Zersetzung) oder fester Reduktionsmittel (z. B. Kohlenstoff, Alkali-, Erdalkalimetalle) ist bekanntlich eine in der Technik weit verbreitete Methode zur Herstellung von Metallen. Sollen diese im hochdispersen Zustand erhalten werden, kommen nahezu ausschließlich gasförmige Reduktionsmittel in Frage. Ihre Verwendung erlaubt vielfach niedrige Reaktionstemperaturen, so daß ein mögliches Kistallitwachstum unterdrückt werden kann. Ist die Reduktion erst bei vergleichsweise hohen Temperaturen möglich, kann durch Zugabe einer nichtmetallischen Phase das Teilchenwachstum behindert werden (s. u.).

Für eine mögliche Reduktion von Metalloxiden mittels Wasserstoff ist die Größe der thermodynamischen Gleichgewichtskonstante K_p der allgemeinen Reaktion

$$MeO + H_2 \leftrightarrows Me + H_2O \tag{2.3}$$

ausschlaggebend:

$$K_p = \frac{p_{H_2O}}{p_{H_2}} \tag{2.4}$$

p_{H_2O}, p_{H_2}: Partialdrücke des Wasserdampfes bzw. Wasserstoffes

Tabelle 2.2 enthält in einer Auswahl entsprechende K_p-Werte für die Reduktion von Metalloxiden mittels Wasserstoff bei 673 K.

Tabelle 2.2. Werte der Gleichgewichtskonstante K_p für die Reduktion verschiedener Oxide bei 673 K

Oxid	K_p	Oxid	K_p	Oxid	K_p
Ag_2O	$3 \cdot 10^{17}$	ReO_3	$1 \cdot 10^{5}$	WO_3	$1 \cdot 10^{-1}$
PdO	$1 \cdot 10^{14}$	ReO_2	$1 \cdot 10^{4}$	MoO_2	$2 \cdot 10^{-2}$
IrO_2	$1 \cdot 10^{13}$	NiO	$5 \cdot 10^{2}$	Cr_2O_3	$3 \cdot 10^{-9}$
RhO	$1 \cdot 10^{13}$	CoO	$5 \cdot 10^{1}$	MnO	$2 \cdot 10^{-10}$
RuO_2	$1 \cdot 10^{12}$	MoO_3	$4 \cdot 10^{1}$	TiO	$2 \cdot 10^{-19}$
CuO	$2 \cdot 10^{8}$	Fe_2O_3	$7 \cdot 10^{-1}$		
Cu_2O	$2 \cdot 10^{6}$	FeO	$1 \cdot 10^{-1}$		

Bei „normalen“ Reduktionsbedingungen in einer Durchflußapparatur beträgt der Partialdruck des Wasserstoffs praktisch 101 kPa, und für den Partialdruck des Wasserdampfes kann ein Wert von $1{,}33 \cdot 10^{-1}$ Pa zugrunde gelegt werden. Daraus folgt für den Quotienten der Partialdrücke $\frac{p_{H_2O}}{p_{H_2}} \approx 10^{-6}$. Die Reduktion von Metalloxiden ist unter den gewählten Bedingungen demnach möglich, wenn die Gleichgewichtskonstanten Werte $>10^{-6}$ aufweisen. Aus den in Tab. 2.2 angeführten Daten ist ersichtlich, daß — mit Ausnahme der drei letztgenannten Metalloxide — die Reduktion erfolgt.

Analoge Gesichtspunkte gelten für die Herstellung von Metallen durch Wasserstoffreduktion fester Metallchloride, z.B.

$$MeCl_2 + H_2 \rightarrow Me + 2\,HCl, \tag{2.5}$$

wobei der Wert der thermodynamischen Gleichgewichtskonstante durch

$$K_p = \frac{p^2_{HCl}}{p_{H_2}} \tag{2.6}$$

bestimmt wird. Im allgemeinen sind die K_p-Werte für die Reduktion von Chloriden etwas größer als die für Oxide. Trotzdem wird in der Technik die Chloridreduktion seltener angewendet. Wesentliche Gründe hierfür sind in den höheren Preisen der geeigneten Chloride sowie in den durch Chlorwasserstoff verursachten Korrosionsschäden der Reaktorwandungen zu suchen. Aus diesen Gründen ist die Methode der Chloridreduktion zumeist auf die Herstellung kleiner Mengen an hochdispersen, edlen Metallen (z. B. die der Platingruppe) beschränkt.

Die oben erwähnten thermodynamischen Bedingungen sind zwar für den Ablauf der Reduktion auf jeden Fall notwendig, jedoch im allgemeinen nicht ausreichend, um die vollständige Reduktion mit einer für die Praxis vertretbaren Geschwindigkeit durchzuführen. Die Geschwindigkeit, mit der man das thermodynamische Gleichgewicht erreicht, hängt auch bei den hier angeführten Reaktionen von einer charakteristischen Aktivierungsenergie ab. Im vorliegenden Fall handelt es sich um die Aktivierungsenergie der Keimbildung. Keime (in metallischen Systemen) sind aus wenigen Atomen zusammengesetzte Gebilde, die nach Erreichen einer gewissen kritischen Größe unter Erniedrigung ihrer freien Energie wachsen können. Ihre Bildung erfolgt bevorzugt an den Baufehlern (Korngrenzen, Durchstoßpunkte von Versetzungslinien, Stufen usw.) der jeweiligen Oxid- oder Chloridkristalle. Es leuchtet ein, daß bei erforderlich hohen Aktivierungsenergiewerten der Keimbildung das erste Stadium der Reduktion eines Oxides oder Chlorids folglich sehr langsam abläuft. In dieser Induktionsperiode muß eine genügende Anzahl von Keimen gebildet werden, damit die weitere Reaktion — gekennzeichnet auch durch das Keimwachstum — voranschreiten kann. Speziell in Kap. 2.2.3. und 5.3. wird ausführlicher auf Fragen der Keimbildung an Phasengrenzen eingegangen.

Das Ausmaß der Dispersität so erhaltener Metallkristallite hängt von zahlreichen Faktoren ab. Zu ihnen zählt die Teilchengröße der zu reduzierenden Oxidpartikeln. Diese wiederum wird vorrangig von der Höhe der Zersetzungstemperatur der Verbindungen, aus denen die Oxide hergestellt worden sind, bestimmt. Als Faustregel gilt, daß niedrige Zersetzungstemperaturen feindisperse Oxide und folglich höherdisperse Metallpulver bedingen[1]. Deshalb bevorzugt man für die Oxidherstellung solche Metallverbindungen, deren Zersetzungstemperaturen möglichst niedrig sind. Neben den bereits erwähnten Formiaten und Oxalaten finden somit Nitrate, Carbonate und Hydroxide (bzw. Aquoxide) eine bevorzugte Anwendung.

Andererseits kennt man Methoden, die auch bei Vorliegen grobkristallinen oxidischen Materials die Herstellung hochdisperser Metallteilchen gestatten. Eine dieser Methoden besteht in der „Beimischung" weiterer, mit Wasserstoff jedoch nicht reduzierbarer Oxide. Diese können beispielsweise durch vorheriges Schmelzen in den mit Wasserstoff reduzierbaren Oxiden gelöst werden.

Während der einzelnen Stadien des Reduktionsvorganges kommt es zur Anreicherung der erstgenannten Oxide an den Korngrenzen der Metallpartikel, so daß zwangsläufig das Sintern der Metallpulver erschwert ist. Ein augenfälliges Beispiel hierfür bietet die Herstellung von Eisenkatalysatoren für die Fischer-Tropsch- bzw. Ammoniak-Synthese. So ergab die Reduktion eines synthetischen Magnetits, der geringe Mengen (etwa 1 Masse-%) von SiO_2, Al_2O_3 und K_2O enthielt, mittels Wasserstoff bei 650 K Eisenprimärkristallite des Größenbereichs 17,5 bis 25 nm [7]. Die Teilchengrößenbestimmung erfolgte durch Auswerten der Röntgenlinienverbreiterung (Kap. 3.3.2.). Der starke Einfluß der genannten Strukturpromotoren auf die Dispersitätsstabilität des

[1] Diese allgemeine Aussage gilt zumeist dann, wenn die betreffenden Reaktionen in Durchflußapparaturen dergestalt ablaufen, daß die Reaktionsgase (z. B. H_2O) unmittelbar abgeführt werden können. Bei sogenannten deep-bed-Bedingungen läßt sich ein „Umkristallisieren" der Reaktionsprodukte — entsprechend den Gegebenheiten chemischer Transportreaktionen — von vornherein nicht ausschließen. Hiermit kann auch ein Kristallitwachstum verbunden sein.

Eisens zeigte sich darin, daß selbst nach 24stündigem Tempern der Proben bei 750 K die Teilchengröße nur geringfügig anstieg (19 bis 25 nm).

Die Forderung nach praktisch vollständiger Unreduzierbarkeit von Strukturpromotoren braucht in ähnlich gelagerten Fällen keineswegs immer erfüllt zu werden. So ist vielfach für eine Sinterbehinderung die Existenz systemfremder Phasen ganz allgemein als notwendige Bedingung anzusehen. Beispielsweise bestimmen bei der mittels Wasserstoff durchgeführten reduktiven Zersetzung (870 K) von Proben der Systeme $Pd(NO_3)_2$-MoO_3 bzw. $Pd(NO_3)_2$-WO_3 die sich ausbildenden Oxidphasen von Molybdän und Wolfram in niedrigeren Oxydationsstufen als +6 die resultierende Dispersität des Palladiums [8].

Hochdisperse Oxide der Platinmetalle (Ru, Rh, Pd, Ir, Pt), die sich sehr leicht durch Wasserstoff zu (ebenso oberflächenreichen) Metallpulvern reduzieren lassen (vgl. auch Tab. 2.2), erhält man schon seit langem nach der Methode von Adams [9]. Hierbei werden entsprechende Chloride der Metalle oder — im Fall des Platins — Platinchlorwasserstoffsäure, H_2PtCl_6, bei etwa 770 K mit Natriumnitrat geschmolzen, z. B.

$$H_2PtCl_6 + 6NaNO_3 \rightarrow Pt(NO_3)_4 + 6NaCl + 2HNO_3 \quad (2.7)$$

$$Pt(NO_3)_4 \rightarrow PtO_2 + 4NO + O_2 \quad (2.8)$$

Das Schmelzgut wird mit Wasser behandelt und das abfiltrierte Oxid sorgfältig gewaschen; anschließend erfolgt die Reduktion mit Wasserstoff, die im Fall des Platin(IV)-oxids bereits bei Raumtemperatur, ansonsten bei wenig erhöhten Temperaturen quantitativ abläuft. Derartig hergestellte Platinmetalle — mit spezifischen Oberflächenwerten bis zu $50\ m^2 \cdot g^{-1}$ [10] — dienen vorrangig als Katalysatoren bei Wasserstoffaktivierungsreaktionen.

Bei der unmittelbaren Reduktion entsprechender Metallchloride werden Metallpulver mit einer zumeist deutlich niedrigeren Dispersität erhalten. So wies beispielsweise ein aus Rhodium(III)-chlorid, $RhCl_3 \cdot 3H_2O$, hergestelltes Rhodiumpulver eine spezifische Oberflächengröße von $1{,}88\ m^2 \cdot g^{-1}$ (mittlerer Kristallitdurchmesser: 256 nm) auf [11].

2.1.1.2. Reduktion von Metallverbindungen durch feste Reduktionsmittel

Hochdisperse Metalle können auch durch Reduktion geeigneter Verbindungen mittels anderer Metalle oder Verbindungen hergestellt werden, die unter Normalbedingungen im festen Zustand auftreten, vgl. zum Beispiel [12]. Das geschichtlich älteste Beispiel bietet die Reduktion von Oxiden oder Halogeniden mittels anderer Metalle (Metallothermie), z. B.

$$Cr_2O_3 + 2Al \rightarrow 2Cr + Al_2O_3 \text{ (Aluminothermie)} \quad (2.9)$$

$$ThO_2 + 2Ca \rightarrow Th + 2CaO \text{ (Calciothermie)} \quad (2.10)$$

$$TiCl_4 + 2Mg \rightarrow Ti + 2MgCl_2 \text{ (Kroll-Verfahren)} \quad (2.11)$$

Dabei bedeutet ein hoher (negativer) Wert der freien Bildungsenthalpie der resultierenden Oxide bzw. Chloride eine große Affinität des betreffenden reduzierenden Metalls zum Sauerstoff bzw. Halogen und ist somit ein quantitatives Maß seiner Reduktionswirkung[1].

Von den genannten Verfahren dient zwar das Kroll-Verfahren zur technischen Herstellung von Titanium und Zirconium. Andererseits sind in der Technik nicht in jedem Fall feindisperse Metallpulver erwünscht. Hinzu kommt eine mögliche Verunreinigung so hergestellter Metalle durch oxidische Verunreinigungen (z. B. Al_2O_3, CaO) bzw. auf Grund von Legierungsbildung. Die gleichen Einschränkungen treffen auch auf die Herstellung derartiger Metallpulver im Labormaßstab zu. Eine gewisse Bedeutung hatte früher die technische Herstellung von Eisenpulvern durch Reduktion technischer Eisenoxide (bzw. teilweise oxydierten, feinzerteilten Roheisens) mit kohlenstoffreichem Eisenpulver bei etwa 1220 K.

Ist eine unmittelbare Reduktion von Oxiden beispielsweise mit Wasserstoff nicht möglich[2], kann die reduzierende Wirkung durch Anwendung von Hydriden reaktionsfähiger Metalle erhöht werden. So lassen sich u. a. TiO_2, ZrO_2 und Cr_2O_3 mittels Calciumhydrid, CaH_2, zu den jeweiligen (pulverförmig anfallenden) Metallen glatt reduzieren, z. B.

$$Cr_2O_3 + 3CaH_2 \rightarrow 2Cr + 3Ca + 3H_2O \qquad (2.12)$$

bzw.

$$Cr_2O_3 + 3CaH_2 \rightarrow 2Cr + 3CaO + 3H_2 \qquad (2.13)$$

2.1.1.3. *Skelettmetalle* (Raney-*Metalle*)

Eine Reihe von Metallen, wie z. B. Nickel, Cobalt, Eisen, Kupfer, Silber und Rhenium, können als äußerst feindisperse Pulver aus ihren jeweiligen Aluminiumlegierungen durch Auslaugen des Aluminiums mittels wäßriger NaOH-Lösungen erhalten werden [13, 14]. Hierbei geht das Aluminium als Natriumaluminat in Lösung (vereinfacht: $Al + OH^- + 3H_2O \rightarrow [Al(OH)_4]^- + 1^1/_2 H_2$), während der andere Legierungsbestandteil als hochdisperse Suspension zurückbleibt, aus der sich dann das betreffende Metall „schwammig“ zu Boden setzt. Derartig feinverteilte Metalle sind sehr oxydationsempfindlich und müssen demnach unter einer Flüssigkeitsschicht (organisches Lösungsmittel, Wasser) aufbewahrt werden. Vielfach verwendet man diese Skelettmetalle in der organischen Chemie bei katalytischen Hydrierungen[3], wobei Raney-Nickel das mit Abstand am meisten genutzte Metall ist. Aus diesem Grunde sind auch die Kenntnisse über Zusammensetzung und Struktur des Raney-Nickels sehr umfangreich.

Zur Herstellung von Raney-Nickel verwendet man Al-Ni-Legierungen mit Nickelgehalten im Bereich von etwa 40 bis 50 Masse-%. Die in [15] untersuchten Raney-Nickel-Legierungen setzten sich aus einem Eutektoid (Al-Ni-Mischkristalle mit 0,05 Masse-% Ni und $NiAl_3$) sowie den Fernordnungsphasen $NiAl_3$ und Ni_2Al_3 zusammen.

[1] Besonders Calcium ist bis zu hohen Temperaturen ein äußerst wirksames Reduktionsmittel, mit dessen Hilfe nahezu alle Metalloxide reduziert werden können. So beträgt die molare Bildungsenthalpie ΔG^B für CaO bei 2000 K noch rd. -400 kJ · mol^{-1} (zum Vergleich: ΔG^B_{20000} (NiO): -55 kJ · mol^{-1}, ΔG^B_{20000} (MgO): -319 kJ · mol^{-1}).

[2] Die Reduktion mittels Wasserstoff ist bei den Oxiden möglich, deren — auf 1/2 Mol Sauerstoff bezogene — Freie Bildungsenthalpie maximal -250 bis -290 kJ · mol^{-1} beträgt.

[3] In diesem Fall empfiehlt sich die Herstellung der Katalysatoren unmittelbar vor ihrer Verwendung, da durch das Aufbewahren unter einem Lösungsmittel zumeist ein starker Abfall der katalytischen Aktivität eintritt.

Die im System Ni-Al ebenfalls existierenden Phasen Ni_3Al und NiAl [16] wurden von den Autoren der Arbeit [15] nicht beobachtet. Die Zusammensetzung des Auslaugungsprodukts hängt weiterhin von den Bedingungen der Präparation ab, die gewöhnlich bei höheren Temperaturen durchgeführt wird. Das RANEY-Nickel enthält noch geringe Anteile der nicht vollständig aufgeschlossenen Legierung, Aluminium in fester Lösung mit Nickel (α-Mischkristalle), β-Aluminiumoxidhydrat sowie kleinste Mengen an Wasserstoff. Die Zusammensetzung des von FOUILLOUX et al. [17] erhaltenen RANEY-Nickels kann als typisch angesehen werden: 95,4% Ni, 3,5% Al, 0,03% Al_2O_3 und 0,5% NiO. Andererseits werden auch Produkte beschrieben, die einen wesentlich höheren Gehalt an Aluminium aufweisen, wobei dieses sowohl im metallischen Zustand als auch in Form des Oxidhydrats vorliegt.

Ebenso werden Dispersität und damit zugleich die spezifische Oberflächengröße des RANEY-Nickels durch die Auslaugungsbedingungen entscheidend beeinflußt. Es lassen sich Oberflächenwerte von 60 bis 100 $m^2 \cdot g^{-1}$ erreichen [18]. Elektronenmikroskopische Untersuchungen haben gezeigt, daß die Nickelkristallite vielfach eine „Schwammstruktur" aufweisen [17, 19]; in einigen Fällen ist auch ein pyramidaler Habitus ausgebildet [20]. Die Größe der einzelnen Sekundärkristallite liegt über 100 nm, während die sie aufbauenden Primärkristallite wesentlich kleiner sind (2 bis 15 nm) [18]. RANEY-Silber-Proben, die bei 443 bzw. 523 K im Vakuum erhitzt worden waren, hatten dagegen wesentlich größere (mittlere) Teilchendurchmesser (600 bzw. 500 nm) und entsprechend auch kleinere spezifische Oberflächen (0,98 bzw. 1,15 $m^2 \cdot g^{-1}$), [21]. Dieses Ergebnis unterstreicht nachdrücklich die Tatsache, daß die Dispersität von Metallen mit einem vergleichsweise niedrigen Schmelzpunkt durch deren thermische Behandlung sehr deutlich erniedrigt werden kann.

2.1.2. *Herstellung hochdisperser Metalle durch Reduktion aus Lösungen*

2.1.2.1. *Silber, Gold und Platinmetalle*

Die Abscheidung von Metallen aus zumeist wäßrigen Ionenlösungen durch flüssige oder gasförmige Reduktionsmittel findet gewöhnlich bei Raumtemperatur oder wenig erhöhter Temperatur statt. Hiernach können die Metalle in pulver- bzw. schwammförmigem Zustand mit einer sehr kleinen mittleren Teilchengröße erhalten werden. Prinzipiell ist diese Methode auf die Herstellung aller mit Wasser nicht reagierenden Metalle übertragbar; sie wird überwiegend bei der Präparation metallischer Katalysatoren sowie zur Metallgewinnung im Rahmen der chemischen Aufarbeitung von Erzen angewandt. Zahlreichen Verfahren gebührt heutzutage nur noch ein historisches Interesse, so daß nachfolgend — in einer Auswahl — lediglich auf gegenwärtig genutzte Methoden bzw. Problemlösungen eingegangen wird.

Silber [21] und Gold [22] können aus wäßrigen, ihre Komplexionen enthaltenden Lösungen mittels Formaldehyd in „kolloidalem" Zustand erhalten werden. Für die Abscheidung von Silberpulvern und -spiegeln aus derartigen Lösungen werden schon seit langem auch Glucoselösungen oder Hydrazinhydrat, $N_2H_4 \cdot H_2O$, verwendet. Gleichermaßen können feine Goldpulver durch Einsatz von Wasserstoffperoxid oder Formaldehyd als Reduktionsmittel hergestellt werden [23]. Zur Gewinnung von Platinschwarz, einer Aggregation sehr kleiner Platinkristallite, wird ebenfalls schon sehr lange die Reduktion der Platinchlorwasserstoffsäure, H_2PtCl_6, durch Formaldehyd im alkalischen Medium genutzt [24, 25]. Gewöhnlich führt man die Reduktion bei Temperaturen um 273 K durch, um die Reaktion zu verlangsamen. Auf analoge Weise können beispielsweise auch hochdisperses Palladium [24] und Ruthenium [26] gewonnen werden. Palladiumschwarz, durch Reduktion von $PdCl_2$-Lösungen mittels Hydrazinchlorid oder Ameisensäure erhalten und anschließend bei 373 K mit Wasserstoff behandelt, wies spezifische Oberflächenwerte von 5,8—44 $m^2 \cdot g^{-1}$ und Kristallitgrößen im Bereich von 45 bis 5 nm auf [27]. Rheniumschwarz entsteht u. a. bei der Reduktion von in Dioxan, Eisessig oder Ethanol gelöstem Rhenium(VII)-Oxid, Re_2O_7, mittels Wasserstoff bei 390—420 K unter Druck (rd. 15—21 MPa) [28]. Verwendet man Ruthenium/Kohle-Katalysatoren, so lassen sich die Reaktionstemperatur auf 330—335 K und der Wasserstoffdruck auf etwa 0,4 MPa reduzieren.

Zur Herstellung hochdisperser Platinmetalle, die als Katalysatoren dienten, hat man bei der Reduktion ihrer wäßrigen Salzlösungen Natrium-tetrahydridoborat, $Na[BH_4]$, verwendet [29]. Die hiermit erhaltenen Proben von Platin und Ruthenium wiesen spezifische Oberflächenwerte von 3,7 bis 12,1 $m^2 \cdot g^{-1}$ und Teilchengrößen von 30 bis 50 nm auf. In einer weiteren Arbeit wurden für Platinschwarz mittlere Teilchengrößen von etwa 10 nm ermittelt [30].

2.1.2.2. *Unedle Metalle*

Zu den unedlen Metallen, die in hochdispersem Zustand durch Reduktion ihrer Ionen aus wäßrigen Lösungen erhalten werden können, zählen Cobalt, Nickel und Kupfer. Für ihre Darstellung verwendet man als Reduktionsmittel des öfteren $Na[BH_4]$, wobei jedoch zumeist mit Bor verunreinigte Produkte entstehen. Dagegen erhält man chemisch reine Metallpulver bei der Reduktion von Amminkomplexen der genannten Metalle mittels Wasserstoff bei etwa 470 K und einem Druck von rd. 5 MPa. Die mittlere Teilchengröße derartig erzeugter Metallpulver schwankt in weiten Grenzen, vielfach liegen die Werte jedoch unter 44 µm [5]. Die Methode der Wasserstoffreduktion wird bevorzugt in der Hydrometallurgie angewendet.

Von einer Reduktion der Ionen unedler Metalle aus wäßrigen Lösungen mittels verschiedener Reduktoren macht man schon seit langem in der qualitativen und quantitativen Analyse vielfach Gebrauch. Dabei werden bevorzugt $SnCl_2$-Lösungen oder Wasserstoff in statu nascendi genutzt. Die erhaltenen Niederschläge weisen allerdings oft einen hohen Dispersitätsgrad auf, so daß beispielsweise der Filtriervorgang erschwert ist. Durch Zugabe von Substanzen, die eine Koagulation der äußerst feinteiligen Metallpartikel hervorrufen, kann dieser Nachteil vermieden werden. Vielfach hilft auch ein kurzzeitiges Erhitzen der Suspensionen, um ein „Ausflocken" der Teilchen zu erreichen.

Mittels elektrolytischer Abscheidung können bei Wahl geeigneter Versuchsbedingungen ebenfalls hochdisperse Metallpulver anfallen. Ein interessantes Beispiel hierfür bietet die Elektrolyse wäßriger Eisen(II)-sulfat-Lösungen unter Verwendung einer Quecksilberkatode. Das an dieser Elektrode abgeschiedene Eisen bildet wegen seiner Unlöslichkeit in Quecksilber eine sehr feine „Suspension", wobei die Eisenpartikel lediglich eine Größe von etwa 5 nm aufweisen. Diese Suspension wird unkorrekterweise als „Amalgam" bezeichnet.

Schützt man das Elektrolysegefäß sorgfältig gegen Erschütterungen, bildet das abgeschiedene Eisen verzweigte Aggregationen (Dendrite) bis zu einer Größe von einigen Zehn Nanometern. Das nach Abtrennen des Quecksilbers zurückbleibende Eisenpulver eignet sich sehr gut für eine pulvermetallurgische Verarbeitung; insbesondere ist es ein hochgeschätztes Material zur Herstellung magnetischer Legierungen mit hoher Koerzitivkraft und hohem Energieprodukt $B \cdot H$ [31]. Diese Eigenschaften zeichnen auch Eisen-Cobalt-Legierungen mit einem Co-Gehalt von 40 Masse-% aus, die nach der oben genannten Methode hergestellt wurden [32]. Die Teilchengrößen der Legierungskristallite lagen um Werte von 20 nm; die aus ihnen hergestellten Dauermagnete übertrafen hinsichtlich der $B \cdot H$-Werte die hohe Qualität der hinlänglich bekannten Alnico-Magnete.

2.1.3. *Herstellung hochdisperser Metalle aus gasförmigen Verbindungen*

Durch thermische Zersetzung geeigneter gasförmiger Metallverbindungen (z. B. Carbonyle, Hydride, Halogenide) gelangt man ebenfalls zu hochdispersen Metallpulvern. Beispielsweise werden schon seit mehr als 50 Jahren Eisen- und Nickelpulver im technischen Maßstab aus den Carbonylen $Fe(CO)_5$ bzw. $Ni(CO)_4$ gewonnen. Diese beiden Carbonyle sind leichtsiedende Flüssigkeiten (Kp: 376 K bzw. 316 K), die in Dampfform bei gewöhnlichem Druck und Temperaturen bis maximal 450—470 K sehr leicht zersetzt werden, z. B.

$$Fe(CO)_5 \rightarrow Fe + 5CO \tag{2.14}$$

Die dabei entstehenden Metallpulver zeichnen sich durch einen hohen Reinheitsgrad aus. So enthält das gewöhnliche Carbonylnickel (Mond-Nickel) — im Gegensatz zum Elektrolytnickel — kein Cobalt, und die Gehalte an weiteren Verunreinigungen sind sehr gering (typische Werte: 0,03% Fe, 0,03% C, 0,003% S und 0,01% Si). Carbonylnickel nach dem Hochdruckverfahren gewonnen, weist einen noch niedrigeren Schwefelgehalt als das Mond-Nickel auf (0,001%). Mit Wasserstoff entkohltes Carbonyleisenpulver hat einen Kohlenstoffgehalt von maximal 0,02%. Die Eisenpulver-Teilchen (Korngröße zumeist im Bereich von 2 bis 15 nm) besitzen vielfach einen sphäroiden Aufbau, der durch zahlreiche übereinander gelagerte Kugelschalen gebildet wird.

Die äußere Form und Größe der Körner von Carbonylpulvern hängen natürlich sehr stark von der Höhe der Zersetzungstemperatur und weiteren Parametern ab, die u. a. auch die Konzentration der Kristallisationskeime beeinflussen. Durch geeignete Wahl der Prozeßbedingungen lassen sich durchaus Korngrößen von etwa 10 µm erreichen [33].

Eine weitere Methode zur Herstellung hochdisperser Metallpulver ist die thermische Zersetzung flüchtiger Metallhalogenide, sofern deren Dissoziationstemperatur weit unterhalb der Schmelztemperatur des Metalls liegt, z. B.

$$ZrI_4 \rightarrow Zr + 4I \tag{2.15}$$

In der Praxis bedient man sich allerdings dieser Methode (van-Arkel-de Boer-*Verfahren* mehr zur Gewinnung reiner, hochschmelzender Metalle in massiver Form. Dazu wird die thermische Zersetzung der Halogenide bei hohen Temperaturen (vielfach an glühenden Drähten) durchgeführt, vgl. dazu [34].

Gasförmige Arsen-, Antimon-, Blei- und Zinnhydride zersetzen sich ebenfalls sehr leicht zu dem jeweiligen Halbmetall bzw. Metall und Wasserstoff, wovon man teilweise in der analytischen Chemie beim Nachweis geringer Mengen der genannten Elemente

Gebrauch macht (z. B. Arsennachweis mittels der MARSHschen Probe). Allerdings werden diese wegen ihres niedrigen Schmelzpunktes dabei nicht in Pulverform, sondern als dünne, zusammenhängende Schichten auf der Zersetzungsunterlage erhalten.

2.1.4. Herstellung hochdisperser Legierungen

Einige der bisher erwähnten Methoden eignen sich auch zur Herstellung sehr kleiner Kristallite von Metallegierungen unterschiedlichen Phasentyps (Mischkristalle, Phasengemische, intermetallische Verbindungen). Sie können beispielsweise aus den jeweiligen Komponenten auf pulvermetallurgischem Wege gewonnen werden. Während des Sintervorganges kann in den Preßlingen durch Diffusion nahezu die Einstellung der Phasenverhältnisse erfolgen, die für die jeweiligen Zustandsdiagramme gelten[1]. Andererseits führen die vielfach erforderlichen hohen Sintertemperaturen zu einem ausgeprägten Kristallitwachstum. Hochdisperse Legierungen, die bei möglichst niedriger Temperatur hergestellt werden, sind vor allem für vielfältige Belange der Forschungsarbeiten auf dem Gebiet der heterogenen Katalyse sowie unmittelbar als technische Katalysatoren von allergrößtem Interesse. Aus diesen Gründen nutzt man auch für die Entwicklung neuer Katalysatoren bestimmte Präparationsmethoden, die von den oben genannten Verfahren zur Herstellung reiner Metalle Gebrauch machen.

Von BEST und RUSSEL [36] wurden pulverförmige Nickel-Kupfer-Legierungen für die katalytische Ethylenhydrierung durch Fällen der gemischten Carbonate/Bicarbonate von Nickel und Kupfer, deren Calcinieren (673 K) zu den Mischoxiden und nachfolgende Reduktion mit Wasserstoff bei 773 K (10 h) hergestellt. Auf Grund der relativ hohen Reduktionstemperatur (die zwar eine Homogenisierung der Legierungskristallite ermöglichte) entstanden lediglich Pulver mit einer kleinen spezifischen Oberfläche (0,22—0,67 $m^2 \cdot g^{-1}$) und entsprechend großen Teilchen (mittlerer Durchmesser: etwa 100 nm). Werden in derartigen Fällen merklich niedrigere Reduktionstemperaturen gewählt, resultieren zwangsläufig hochdisperse Legierungspulver. So wurde beispielsweise nach Reduktion völlig analog hergestellter Nickel-Kupfer-Mischoxide bei Temperaturen zwischen 520 und 620 K (Reduktionsbeginn: 420 K) für die Probe mit 58,8 At.-% Ni ein spezifischer Oberflächenwert von 1,82 $m^2 \cdot g^{-1}$ ermittelt [37].

McKEE und NORTON [38] erhielten katalytisch aktive Legierungen der Systeme Pt-Pd (10,7—94 Masse-% Pd) und Pd-Rh (8,1—75 Masse-% Rh) durch Reduktion wäßriger Lösungen von H_2PtCl_6 und $PdCl_2$ bzw. den betreffenden Chloriden (System Pd-Rh) mittels einer 5%igen $Na[BH_4]$-Lösung, Trocknen der entstandenen Pulver bei 390 K an Luft und anschließende Behandlung der Proben im Wasserstoffstrom bei 573 K (3 h). Die spezifischen Oberflächenwerte lagen bei den Pt-Pd-Legierungen im Bereich von 3,2 bis 6,2 $m^2 \cdot g^{-1}$ und bei den Pd-Rh-Legierungen zwischen 5,9 und 9,6 $m^2 \cdot g^{-1}$; die Teilchengrößen betrugen 10—30 nm.

Pd-Rh-Legierungen, die durch Reduktion von wäßrigen $Pd(NO_3)_2$—$Na_3[RhCl_6]$-Lösungen mittels Hydrazinhydrat hergestellt wurden, wiesen nach einer Vorbehandlungstemperatur von 423 K entsprechend höhere Oberflächenwerte auf (15—28 $m^2 \cdot g^{-1}$), [39]. Für analog hergestellte Palladium-Silber-Pulver wurden bei den palladiumreichen Proben (bis 53,5 At.-% Pd) Oberflächenwerte im Bereich von 5,9 bis 10,9 $m^2 \cdot g^{-1}$ ermittelt [40].

---

[1] Von einer thermodynamisch bedingten Oberflächenanreicherung (vgl. dazu z. B. die Übersicht in [35] sowie Kap. 6.2.2.3.) soll hier abgesehen werden.

Selbstverständlich spielen für die Ausbildung verschieden großer Oberflächenwerte zahlreiche Faktoren der Probenpräparation eine bestimmende Rolle (Konzentration und Temperatur der Ausgangslösungen; chemische Natur, Konzentration und Zugabegeschwindigkeit des Reduktionsmittels usw.). So können bei Wahl unterschiedlicher Reduktionsmittel und -bedingungen die auftretenden spezifischen Oberflächenwerte in weiten Grenzen schwanken, wie beispielsweise für Pd-Ag-Pulver gezeigt wurde [41].

Die Herstellung von Katalysatoren des Systems Pt-Ru durch Reduktion wäßriger Lösungen aus den entsprechenden Chloriden (bzw. bei Platin auch H_2PtCl_6-Lösungen) mittels $Na[BH_4]$- oder Hydrazinhydrat-Lösungen führte nach einer Wasserstoffbehandlung bei 573 K (3 h) zu Pulvern mit spezifischen Oberflächen zwischen 3 und 12 $m^2 \cdot g^{-1}$ und Teilchengrößen im Bereich von 30 bis 50 nm [42]. Bei der Reduktion von homogenen Gemischen aus $(NH_4)_2[PtCl_6]$ und $[Ru_3O_2(NH_3)_{14}]Cl_6$ (Rutheniumrot) mittels Wasserstoff (773 K, 6 h) ergaben sich maximale Oberflächengrößen für die Proben Pt25Ru75 (11,4 $m^2 \cdot g^{-1}$) und Pt20Ru80 (11,5 $m^2 \cdot g^{-1}$), [2, 43]. Die aus den RÖNTGEN-Beugungsaufnahmen formalrechnerisch bestimmten Teilchengrößen der Primärkristallite betrugen 38–70 nm (kubische Phase) und 16–25 nm (hexagonale Phase).

Eine große Anzahl von Platin- und Palladiumlegierungen (Pt-Me, Me: Ru, Rh, Pd, Ir, Fe, Co, Ni; Pd–Me, Me: Co, Ni, Ru, Rh) wurde in Form von „Metallschwarz“ mittels der oben beschriebenen ADAMS-Methode (Kap. 2.1.1.1.) erhalten [44]. Untersuchungen zur Dispersität von Pt-Re- [1, 34, 45, 46], Pd-Re- [47], Pt-Ir- [3] sowie Pt-Fe-Pulvern [48] belegen den stark dispersitätserhöhenden Einfluß von Zusatzmetallen (Re, Ir) mit einem hohen Schmelzpunkt (und folglich einer hohen TAMMANN-Temperatur) auf die Kristallitgröße des Matrixmetalls sowie die dispersitätsfördernde Wirkung durch Ausbildung von Überstrukturphasen (im System Pt-Fe vorrangig durch Pt_3Fe und PtFe).

FASMAN, SOKOLSKIJ und Mitarbeiter stellten zahlreiche katalytisch aktive Legierungspulver unter Verwendung von RANEY-Proben (50% Al und Ni) mit verschiedenen Zusätzen her, wie Molybdän [49, 50], Eisen [49, 51], Mangan [52], Chromium [53], Ruthenium [54], Kupfer [51], Rhodium [55], Platin [56], Rhenium [57], Vanadium [58], Zirconium, Niobium und Tantal [59] sowie Palladium [60]. Allerdings wurden die meisten der untersuchten Katalysatorproben hinsichtlich ihrer chemischen und Phasenzusammensetzung nicht näher charakterisiert. In einigen Fällen konnte die Existenz verdünnter Nickel-Mischkristalle (Ni-Re, -Pd, -Pt bzw. -Rh) nachgewiesen werden. Reduziert man für die Herstellung pulverförmiger Pd-Ni-Katalysatoren dagegen innige Gemische aus NiO und $Pd(NO_3)_2$ (zweimalige Trocknungs- und Mahlfolge) bei 673 K im Wasserstoffstrom (4 h), so tritt keine vollständige Legierungsbildung entsprechend den Phasenverhältnissen des Zustandsdiagramms ein [61].

Auch pulverförmige ternäre Nickellegierungen lassen sich durch Auslaugen von RANEY-Legierungen mit zwei Metallzusätzen herstellen, z. B. Ni-Ti-Me (Me: Mn, V, Mo) und Ni-Mo-V [62]. Für die Präparation von Ni-Cu-Re-Proben wurden Eindampfprodukte aus den Mischoxiden von Nickel und Kupfer sowie Ammoniumperrhenat, NH_4ReO_4, bei 773 K im Wasserstoffstrom (5 h) reduziert [63]. Zu den auffälligsten Eigenschaften derart erhaltener Pulver gehört die Tatsache, daß einzelne Ni-Cu-Re-Proben die Oberflächengröße des Nickels um eine Größenordnung übertreffen.

Der Maximalwert (rd. 5,7 $m^2 \cdot g^{-1}$) wurde für die Legierung Ni45Cu45Re10 gefunden. Entsprechend niedrig liegen auch die röntgenographisch ermittelten Primärteilchengrößen, z. B. für Ni45Cu45Re10: 18 nm, zum Vergleich Ni50Cu50: 40 nm. Insgesamt gesehen besteht ein enger

Zusammenhang zwischen den Teilchenabmessungen und den mittels N_2-Physisorption bestimmten Oberflächengrößen. Andererseits ist es auch in diesem Fall nicht angebracht, aus den röntgenographisch bestimmten mittleren Teilchenabmessungen unmittelbar auf die Größe der für Gasmoleküle zugänglichen Oberfläche zu schließen, wie am Beispiel der Probe Ni50Cu50 ersichtlich ist ($S_{\text{röntg.}}$: 16,3 $m^2 \cdot g^{-1}$, $S_{N_2\text{-Phys.}}$: 0,85 $m^2 \cdot g^{-1}$, vgl. dazu auch Tab. 2.1).

Zur Erzeugung und Fixierung des hochdispersen Metallzustands eignen sich im besonders hohen Maße die entsprechenden Metall- bzw. Bi/Multimetall-Träger-Systeme. Auf die hiermit im Zusammenhang stehenden Problemstellungen und Ergebnisse wird im Kapitel 2.3. eingegangen werden.

2.2. Physikalische Methoden

Zu den physikalischen Methoden, die für die Herstellung hochdisperser Metalle am häufigsten genutzt werden, zählen

1. Zerstäubung von Metallen durch einen elektrischen Lichtbogen in flüssigen oder gasförmigen Medien
2. Verdampfen von Metallen in einer inerten Gasatmosphäre
3. Verdampfen von Metallen im Vakuum
4. Mechanische Zerkleinerung massiver Metallproben
5. „Atomisierung“ flüssiger Metalle im Gasstrom

2.2.1. Bogenzerstäubung

Durch die Zerstäubung von Metallen in einem unter Flüssigkeiten „brennenden“ Gleichstromlichtbogen, zum ersten Mal von Bredig [64] um die Jahrhundertwende ausgeführt, lassen sich viele Metalle als kolloide Suspensionen (sog. Metallsole) erhalten. Schon bei den ersten Arbeiten setzte man verschiedene Schutzkolloide hinzu, um die Stabilität derartiger Sole zu erhöhen. Die Methode wurde in der Folgezeit von Svedberg [65] weiter ausgearbeitet und vervollkommnet und wird bis zum heutigen Tage genutzt. Allerdings erlaubt die Bogenzerstäubung lediglich eine Darstellung kleiner Mengen an verdünnten Metallsolen, so daß zwangsläufig auch deren Nutzung beschränkt war. In neuerer Zeit wird jedoch dieser speziellen Art hochdisperser Metalle mit ihrer möglichen Anwendung als Katalysatoren, Zusätze bei Schmierstoffen sowie ihrem Einsatz bei der Herstellung von Metall-Polymermischungen eine größere Aufmerksamkeit gewidmet. Lunina und Novožilov [66] haben die Herstellung einiger Organosole des Kupfers, Cadmiums, Silbers, Zinks, Nickels und Platins in polaren (Aceton, Methyl- und Propylalkohol, Ethylacetat, Amylacetat, Cyclohexanon) und nichtpolaren Flüssigkeiten (Benzen, Toluen) beschrieben. Die Teilchengrößen lagen zumeist im Bereich von 10 bis 40 nm; bei Versuchsdurchführung in den polaren Flüssigkeiten wurden für Nickel, Silber und Platin wesentlich kleinere Teilchengrößen erhalten (1—1,5 nm). Der methodische Fortschritt bei der zitierten Arbeit bestand in der Anwendung eines Hochfrequenzbogens, wodurch die Herstellung sehr kleiner Metallpartikel ermöglicht wurde. Dadurch konnte die Konzentration der Suspensionen erheblich vergrößert und deren Beständigkeit wesentlich erhöht werden.

2.2.2. *Verdampfen von Metallen in einer Inertgasatmosphäre*

Nach dieser Methode werden Metalle mittels einer Heizspirale oder in einem Tiegel bis zu Temperaturen erhitzt, bei denen ein ausreichender Dampfdruck auftritt. Dieses ist in den meisten Fällen erst oberhalb der jeweiligen Schmelztemperatur der Fall. In der Gasphase erfolgt (in unmittelbarer Nähe der Metalloberfläche) eine homogene Keimbildung. Die Metallatome in der Gasphase verlieren durch vielfache Zusammenstöße mit den Atomen des chemisch inerten Gases (z. B. Helium, Argon) einen Teil ihrer kinetischen Energie, was gleichbedeutend mit einer Temperaturerniedrigung ist. Somit wird eine Übersättigung hervorgerufen, bei der die zusammenstoßenden Metallatome zuerst

Tabelle 2.3. Verdampfen von Halbmetallen und Metallen in unterschiedlichen Gasatmosphären

Halbmetall, Metall oder Legierung	Temperatur der Verdampfungsquelle (K)	Art der Heizung	Gas und Druck (Pa)	Mittlere Teilchengröße (nm)	Literatur
Bi	–	W-Spirale	Luft, 25	„Schwarz“	[71]
Bi, Sb	–	W-Spirale	Luft, 25	„Schwarz“	[72]
Au	–	W-Spirale	N_2, 40–400	bei 40 Pa: 1,5–10; bei 400 Pa: bis 20	[73]
Au	–	W-Spirale	N_2, 400	10	[74]
Bi	–	W-Spirale	Luft, 20–80	10–40	[75]
Ag–Cu	2150	W-Spirale	Ar, He	50–130	[76]
Fe–Co	2370	W-Spirale	–	1,6–8,3	[77]
Mg, Zn, Cd, Al, Fe, Cu, Ag	–	W-Spirale	He	kleiner als im Ar	[78]
Be, Mg, Al, Cr, Fe, Ni, Co, Cu, Zn, Ag, Cd	–	W-Spirale	Xe, 170–2100	min. (Ni): 5–60; max. (Mg, Cd, Be, Al): 100–400	[79]
Fe–Co, Fe–Ni, Fe–Co–Ni	–	W-Spirale	Ar, 400	5–30	[80]
Fe–Co–Ni 63:27:10	–	Plasmastrom	He, 1330–$3{,}3 \cdot 10^4$	10–100	[69]
Al	1370, 1570 und 1770	W-Schiffchen	He, 1330, 6300, $3{,}3 \cdot 10^4$	10–230	[81]
Mn, Mg, Te, Be	–	W-Schiffchen	Ar, He	Mg > 1000; Te < 500	[68]
Al, Mg, Zn, Sn, Cr, Fe, Co, Ni, Cu	bis 1870	Graphittiegel, W-Spirale	Ar, He, Xe bis $2 \cdot 10^4$	Al, Sn: bis 10; Zn: bis 1000	[67]

die Keime der flüssigen Phase bilden, die sich zu größeren Tröpfchen vereinigen (Koaleszenz). Diese gelangen durch Konvektion zu einer kühleren Unterlage, wo die Kristallisation zu feinen Partikeln eintritt. Letztere kann bereits unmittelbar aus der Gasphase einsetzen, was jedoch u. a. von der Höhe der Schmelztemperatur des betreffenden Metalls und der Umgebungstemperatur abhängt.

Eine leistungsfähige Apparatur, in der jeweils einige Gramm äußerst fein verteilter Metalle mittels der erläuterten Methode hergestellt werden können, wurde von Granquist und Buhrman [67] beschrieben. Danach erfolgt das Verdampfen der Metalle bei einem Druck reinen Argons von 50 bis 500 Pa; ebenso ist es u. U. günstig, in den Heizraum geringe Zusätze reaktiver Gase (z. B. Sauerstoff) einzuführen, um die entstehenden Kristallite mit einer dünnen Schicht einer chemischen Verbindung (z. B. Oxidschicht) zu überziehen. Die Ermittlung der Teilchengröße erfolgte auf elektronenmikroskopischem Wege. Die Mediane der Teilchendurchmesser (vgl. dazu Kap. 1.2.3.1.) war annähernd dem Druck des verwendeten Edelgases (He, Ar, Xe) proportional und betrug für Magnesium und Zink 8—800 nm und für Aluminium und Kupfer 5—200 nm. Ebenso wurde ein Zusammenhang zwischen Teilchendurchmesser und Molmasse des anwesenden Edelgases nachgewiesen. Aus den gefundenen Lognormalgrößenverteilungsfunktionen zogen die Autoren den Schluß, daß die Parameter σ und $\bar{x}$ (Kap. 1.2.3.1.) dieser Funktionen durch den Mechanismus der Teilchenbildung auf Grund der Koaleszenz in der Gasphase, und nicht durch Adsorption der einzelnen Metallatome auf einer festen Unterlage bestimmt sind.

Zur Metallverdampfung in verschiedenen Gasatmosphären hat man anfänglich Wolframspiralen als Heizelement verwendet (Tab. 2.3). Dabei können jedoch nur sehr geringe Mengen (Bruchteile eines Milligramms bis zu wenigen Milligrammen) hochdisperser Metalle erhalten werden. Größere Mengen von ihnen entstehen, wenn das Verdampfen aus einem (durch den eigenen elektrischen Widerstand) aufgeheizten Wolframschiffchen bzw. mittels eines Plasmastrahls erfolgt [69]. Mittels dieser Methoden können — neben reinen Metallpulvern — auch feindisperse Legierungskristallite erhalten werden.

Die Bildungsgeschwindigkeit der Metallteilchen in der der Oberfläche benachbarten Zone der homogenen Keimbildung hängt vom Druck des (inerten) Gases, seiner Molmasse sowie vom jeweiligen Partialdruck des zu verdampfenden Metalls ab. Der sich einstellende Metalldampfdruck ist auch bei anderen Darstellungsmethoden eine bestimmende Größe (vgl. Kap. 2.2.3.). In Abb. 2.1 sind die Temperatur-Dampfdruck-Diagramme für eine Reihe von Metallen angeführt.

Metallschwarze (vgl. auch Kap. 2.1.2.1.) sind lose Aggregate von kleinen Teilchen, die die sichtbare Strahlung im gesamten Wellenlängenbereich absorbieren. Derartige Produkte entstehen im vorliegenden Fall durch Kondensation der Metalldämpfe im Gasraum zwischen Metalloberfläche und Innenwandung. Von Mizushima [70] wurde hierzu eine halbquantitative Theorie entwickelt. Sie erfuhr durch die oben erwähnte Arbeit von Granquist und Buhrmann [67] eine Ergänzung, wobei besonders auf die große Bedeutung der Koaleszenz der Keime in Nähe der Metallatomquelle hingewiesen wurde.

Neben der erwähnten Fähigkeit, die sichtbare (und infrarote) Strahlung zu absorbieren (im Gegensatz zu den im Vakuum aufgedampften Schichten, die vielfach metallischen Glanz zeigen), besitzen die in einem Inertgas verdampften Metalle eine sehr kleine Scheindichte und einen um viele Größenordnungen höheren elektrischen Widerstand [74].

Diese Eigenschaften erweisen sich in einer Reihe von Fällen als sehr vorteilhaft; andererseits haben die geringe mechanische Festigkeit derartiger Produkte sowie die Schwierigkeit bei der Herstellung größerer Metallschwarzmengen eine breite Anwendung solcher Metallformen verhindert.

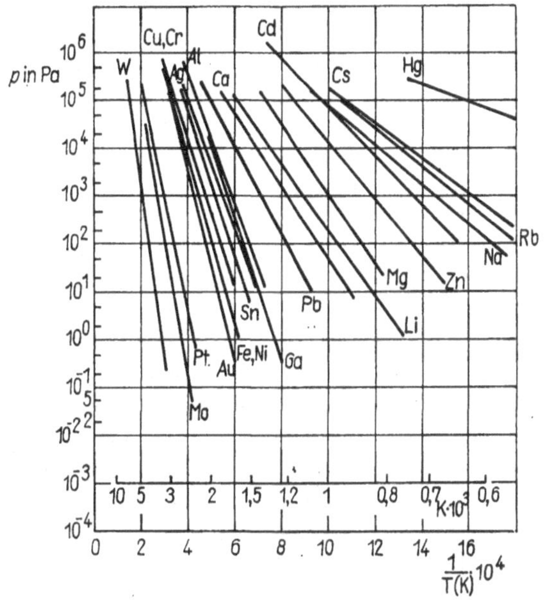

Abb. 2.1. Temperatur-Dampfdruck-Diagramme einiger Metalle

2.2.3. Verdampfen von Metallen im Vakuum

Die Metallverdampfung im Vakuum mit nachfolgender Kondensation der Dämpfe au einer festen Unterlage ist ebenfalls eine seit langer Zeit genutzte Methode zur Gewinnung hochdisperser Metalle, die dabei gewöhnlich in Form dünner, zusammenhängender Schichten anfallen. Unterbricht man das Verdampfen in dem Moment, in dem lediglich ein Teil der Unterlage mit dem jeweiligen Metall bedeckt ist, gelangt man zu „inselartigen" Schichten.

Im Gegensatz zum Verdampfen von Metallen in einer geeigneten Gasatmosphäre (Kap. 2.2.2.) entsteht bei der Vakuumverdampfung die betreffende Schicht durch Bildung und Wachstum der Metallkeime auf der festen Unterlage, auf die der Strom der aus einer erhitzten Quelle emittierten Atome fällt. Für die Keimbildung spielen Struktur und chemische Eigenschaften der Unterlage eine entscheidende Rolle. Die entstandenen Keime können durch Koaleszenz wachsen, da sie in vielen Fällen auf der Unterlage frei beweglich sind [82, 83, 84]. Mögliche Mechanismen der Keimbildung und des -wachstums sind in zahlreichen Artikeln [85—92] und Monographien [93, 94, 95] ausführlich dargestellt und werden hier nicht näher besprochen. Hier sei lediglich bemerkt, daß für verschiedene Metalle und Unterlagen sicher unterschiedliche Mechanismen zutreffen.

Früher wurde allgemein angenommen, daß die aus der Quelle einfallenden Atome auf der Unterlage adsorbiert werden, aber nach einer gewissen Zeit τ wieder in die Gasphase

Vakuum) desorbieren. Diese Zeit ist durch Gl. (2.16) bestimmt:

$$\tau = \tau_0 \exp \frac{Q_a}{RT} \tag{2.16}$$

τ_0: Konstante, Q_a: Adsorptionswärme, R: Gaskonstante, T: Temperatur

Während der Aufenthaltszeit τ läuft auf der Unterlage infolge Oberflächendiffusion und Zusammenstöße der adsorbierten Atome die Keimbildung ab. Die dabei entstandenen mehratomigen Keime können durch Koaleszenz oder durch direkte Anlagerung der aus einer Quelle einfallenden Atome wachsen. Eine freie Wanderung adsorbierter Atome und kleiner Keime ist jedoch nur dann möglich, wenn die durch Q_a gegebene Wechselwirkung zwischen ihnen und der Unterlage nicht zu stark ist.

Von mehreren Autoren [86, 87] konnte nämlich gezeigt werden, daß in einer Reihe von Fällen infolge hoher Wechselwirkungsenergie sowohl Oberflächendiffusion als auch Desorption der Metallatome bei gewöhnlichen Temperaturen praktisch unmöglich ist. Die Keimbildung ist dann durch die Existenz spezifischer Adsorptionszentren an der Oberfläche bedingt, und sie erfolgt durch Anlagerung der aus der Gasphase einfallenden Atome, die sich innerhalb des „Einfangradius" der ursprünglich adsorbierten Metallatome befinden. Dieser Bereich hat lediglich eine Ausdehnung von wenigen Nanometern. Die Atome dagegen, die in einem größeren Abstand von den Adsorptionszentren auf die Unterlage treffen, werden anschließend nicht desorbiert, sondern diffundieren in diese ein, was scheinbar einen geringen Wert des Haftkoeffizienten zur Folge hat. Andererseits gibt es aber auch Metalle (z. B. Zink, Cadmium), die wegen ihrer äußerst schwachen Wechselwirkung mit den jeweiligen Unterlagen einen verschwindend geringen (wahren) Haftkoeffizienten aufweisen. Sie können von einer Unterlage erst dann zurückgehalten werden, wenn sich auf dieser bereits Keime befinden, die aus stark wechselwirkenden Metallatomen (z. B. Palladium und Silber auf einer Kohlenstoffunterlage) gebildet worden sind [86].

Es läßt sich einschätzen, daß gegenwärtig keine universelle Theorie zur Entstehung von Metallkeimen auf festen, nichtmetallischen Unterlagen vorliegt, da der Verlauf dieses Prozesses sehr stark von den spezifischen Wechselwirkungen zwischen den verschiedenen Metallatomen und der jeweiligen Unterlage abhängt.

Um isolierte, kleine Metallkristallite auf Unterlagen zu erzeugen, muß man die Metallverdampfung dann unterbrechen, wenn die benachbarten Teilchen noch nicht unmittelbar in Verbindung stehen. In Abhängigkeit von der Natur des Metalls und der Unterlage beträgt in diesem Verdampfungsabschnitt die nominale Schichtdicke 2—20 nm und entspricht somit wenigen bis zu einigen Zehn Atomschichten. Die Präparation derartiger „Inselschichten" bereitet keine experimentellen Schwierigkeiten. Sie finden eine gewisse Anwendung als hochohmige Widerstände und halbdurchlässige optische Filter. Weiterhin eignen sich diese Schichten für die Grundlagenforschung zur Modellierung von Metall-Träger-Katalysatoren.

2.2.4. *Weitere physikalische Methoden zur Herstellung hochdisperser Metalle*

2.2.4.1. *Mechanische Zerkleinerung*

Dieses Verfahren ist vom Prinzip her eine sehr einfache, jedoch zumeist nicht sehr leistungsfähige Methode für die Gewinnung kleiner Metallteilchen. Sie kann vorrangig dann angewendet werden, wenn es sich um harte und zugleich spröde Metalle handelt; zähe und schmiedbare Metalle können durch Verreiben bzw. Schneiden zerkleinert werden. Aus diesen Gründen hat die mechanische Zerkleinerung auch in der Pulvermetallurgie gelegentliche Anwendung gefunden. Es entstehen jedoch nahezu immer Metallteilchen, deren Größe die untere Grenze von einigen µm nicht unterschreitet. Die physikalischen und physikalisch-chemischen Eigenschaften derartiger Teilchen unterscheiden sich nur in Ausnahmefällen von denen der kompakten Metalle, so daß ihrer Untersuchung im Rahmen der Grundlagenforschung keine Bedeutung zukommt.

Zu ähnlichen Ergebnissen hinsichtlich der Teilchengröße gelangt man auch bei der Zerkleinerung flüssiger Metalle mittels turbulenter Gasströmung („Atomisierung"). Dieses Verfahren findet eine ziemlich breite Anwendung bei der Metallbeschichtung von Werkstoffen für Korrosionsschutz- und Dekorationszwecke.

2.2.4.2. *Herstellung kleiner, in festen Phasen verteilter Metallpartikel*

Der photographische Entwicklungsprozeß, der in der Reduktion von Ag^+-Ionen zu Silberatomen und deren nachfolgender Agglomerisation zu größeren Partikeln besteht, liefert Silberkristallite in der Größenordnung von einigen µm. Diese rufen die starke Schwärzung des photographischen Materials hervor. An dem Aggregationsprozeß sind sogenannte Entwicklungskeime (Zentren des latenten Bildes) beteiligt, die man als „kritische" Keime auffassen kann. An ihnen erfolgt durch das in der Entwicklerlösung befindliche Reduktionsmittel die Reduktion des Silberbromids der photographischen Schicht.

Die Bildung ähnlicher Primärzentren läuft auch bei der Einwirkung ultravioletter oder RÖNTGEN-Strahlung auf Silber- bzw. Gold-Ionen enthaltender Gläser ab [96, 97]. Erhitzt man anschließend derart bestrahlte Gläser bis zur Erweichungstemperatur, koagulieren diese Zentren, indem sie sich unter Beteiligung der im Glaskörper reduziert vorliegenden Atome vergrößern. So wurden in verschiedenen Gläsern Silber- und Goldkristallite des mittleren Durchmessers 2—25 nm [96] und 1—10 nm [97] erhalten.

Die Existenz kolloidal dispergierter Metalle in Gläsern kann beispielsweise zur gesteuerten Kristallisation bestimmter Glasphasen ausgenutzt werden, was zur Entwicklung des Photoformglases geführt hat. Hierbei handelt es sich um Produkte auf der Basis von $Li_2O—Al_2O_3—SiO_2—K_2O$ mit geeigneten Metallionendotierungen (z. B. Ag^+-, Cu^+-, Ce^{3+}-, Au^{3+}-Ionen); diese ermöglichen bei Bestrahlung mit ultraviolettem Licht den Ablauf von Redox-Reaktionen, z. B.

$$Ce^{3+} + Ag^+ \rightarrow Ce^{4+} + Ag \qquad (2.17)$$

Werden derart bestrahlte Proben anschließend auf etwa 820 K erwärmt, scheidet sich in der Glasmatrix kolloidales Silber mit einer durchschnittlichen Teilchengröße von 8 nm aus. Diese Silberteilchen sind die Kristallisationskeime für die Bildung von Lithiummetasilicat bei einer Wärmebehandlung (etwa 870 K). Die Ausscheidung der kristallinen Metasilicatphase macht sich in einer deutlichen Trübung des Glases bemerkbar. Von Photoceramen spricht man vielfach dann, wenn die gesamte Glasmasse in den kristallinen Zustand übergeführt worden ist.

In ähnlicher Weise, wie oben erläutert, verläuft die Bildung von kolloidal verteilten Alkalimetallen bzw. Silber in den mit einer ionisierenden Strahlung behandelten Alkali- bzw. Silberhalogeniden [98, 99].

2.3. Chemische Methoden zur Erzeugung kleiner, im Volumen oder an der Oberfläche fester Stoffe vorliegender Metallkristallite

2.3.1. Allgemeine Bemerkungen

In den nachfolgenden Abschnitten soll an Hand ausgewählter Beispiele auf einige Stoffklassen eingegangen werden, die — vielfach in Form von Metall-Trägerkatalysatoren — sowohl in der Grundlagenforschung als auch in ihrer industriellen Anwendung teilweise von größter Bedeutung sind. Die Metallphase macht bei derartigen Systemen zumeist nur einen kleinen Anteil aus, bestimmt jedoch in starkem Maße deren katalytische Aktivität und Selektivität. Die Funktion der gemeinhin als „Träger" bezeichneten nichtmetallischen, vielfach sehr oberflächenreichen Komponente (verschiedene Modifikationen bzw. Zustandsformen des Al_2O_3; SiO_2, röntgenamorphe und kristalline Alumosilicate, Aktivkohle usw.) ist eine vielfältige. Neben der Tatsache, daß das Träger„gerüst" u. a. eine feine Verteilung der metallischen Aktivkomponente(n) ermöglicht (und folglich zur Einsparung oft teurer Metalle führt), sind bei einer ganzen Reihe von Katalysatoren auch spezielle Oberflächengruppen der Trägersubstanz unmittelbar am Ablauf der Reaktion beteiligt. Weiterhin gestattet die Verformbarkeit der meisten Trägermaterialien die Herstellung geeigneter, mechanisch fester Formlinge (Voll- und Hohlstränge, Kugeln, Zylinder) für Reaktorfüllungen. Und schließlich entscheidet auch die thermische Beständigkeit der Katalysatoren über ihren technischen Einsatz. Auf eine Erläuterung weiterer allgemeiner Gesichtspunkte zur Funktion der Trägermaterialien bei heterogen wirkenden Katalysatoren sei an dieser Stelle verzichtet (vgl. auch Kap. 6.).

In einer Vielzahl derartiger Katalysatoren liegen als feinverteilte metallische Phasen hauptsächlich die Metalle der 8. Nebengruppe des Periodensystems der Elemente, teilweise kombiniert mit (vorrangig) weiteren Nebengruppenmetallen vor. Gegenwärtig zeichnet sich der Trend zur Untersuchung und zum Einsatz ternärer bzw. polynärer Metall-(Träger)Systeme ab.

Bei der Herstellung der hier interessierenden Katalysatoren stehen vorrangig solche Präparationsmethoden im Vordergrund, die eine gleichmäßige Verteilung der metallischen Aktivkomponente an der Trägeroberfläche und/oder im gesamten Katalysatorkorn garantieren. Letztere Forderung wird zumindest dann erhoben werden müssen, wenn derartige Katalysatoren im Wirbelschichtverfahren oder im Wanderbett eingesetzt werden, wo in beiden Fällen ein mechanischer Abrieb der Formlinge auftritt. Die verwendeten Trägermaterialien sind vielfach durch eine sehr große spezifische Oberfläche (bis zu einigen Hundert $m^2 \cdot g^{-1}$) und hohe Porosität gekennzeichnet. Ein zumeist großer Anteil des Porenvolumens entfällt dabei auf die Mikroporen, deren Durchmesser lediglich einige nm beträgt. Infolgedessen wird auch die gleichmäßige Verteilung der entsprechenden Aktivkomponenten-Lösungen im Träger durch auftretende Kapillarkräfte erleichtert (Imprägnation des Trägermaterials)[1].

Eine sehr gute Verteilung der Aktivkomponenten kann durch Ionenaustausch erreicht werden. Dieser ist beispielsweise bei den oxidischen Materialien möglich, die eine große Anzahl von Oberflächenhydroxidgruppen aufweisen (z. B. natürliche und synthetische Zeolithe). Zeolithe sind kristalline Alumosilicate der allgemeinen Zusammensetzung $Me^{n+}_{x/n} \cdot x\, Al_2O_3 \cdot y\, SiO_2 \cdot z\, H_2O$ (Me^{n+}: Metallion der Wertigkeit n; x, y, z: stöchiometrische Koeffizienten). Die an bestimmten Plätzen des jeweiligen Zeolithgitters lokalisierten Metallionen sind gegen andere in Lösung vorhandenen Ionen austauschbar, z. B.

$$Na_{56}(AlO_2)_{56}(SiO_2)_{138} \cdot 264\, H_2O + 56\, Ag^+ \rightarrow$$
$$Ag_{56}(AlO_2)_{56}(SiO_2)_{138} \cdot 264\, H_2O + 56\, Na^+ \qquad (2.18)$$

Ein ähnlicher Austausch ist auch bei den amorphen SiO_2-Präparaten möglich, da diese ebenfalls zahlreiche Oberflächenhydroxidgruppen besitzen, die ihre Protonen gegen Metallkationen austauschen können. Der Austausch in Zeolithen, die an Stelle von Kationen austauschfähige Protonen aufweisen, verläuft in derselben Weise.

Als weitere Methode zur Erzeugung gleichmäßig verteilter (reduzierbarer) Kationen in einer oxidischen Matrix kann die „Mischfällung" von geeigneten Oxalaten, Formiaten, Hydroxiden oder Carbonaten dienen, z. B. (formal):

$$Mg^{2+} + Ni^{2+} + 2\, C_2O_4^{\,2-} \rightarrow MgC_2O_4 - NiC_2O_4\downarrow \qquad (2.19)$$

$$Al^{3+} + Ni^{2+} + 5\, OH^- \rightarrow Al(OH)_3{-}Ni(OH)_2\downarrow \qquad (2.20)$$

Aus den erhaltenen Fällprodukten kann man durch Erhitzen (an Luft) bei mäßig hohen Temperaturen Mischoxide[2] darstellen, die die reduzierbaren Kationen (z. B. Ni^{2+}-Ionen) in der nicht reduzierbaren Oxidmatrix (z. B. MgO, Al_2O_3) enthalten. Nach erfolgter Reduktion mittels Wasserstoff liegt das jeweilige Metall in Form sehr kleiner Kristallite vor. Im Fall von Ni—Me-Mischoxalat- bzw. -formiat-Fällungen führt bereits die thermische Zersetzung zur Bildung feindispersen Nickels (vgl. auch Kap. 2.1.1.1.), das andererseits in wesentlichem Maße die Kinetik des Festkörperzerfalls beeinflussen kann [100].

2.3.2. *Eisen, Cobalt und Nickel auf Trägermaterialien*

Hochdisperses Eisen geringer Konzentration auf Trägermaterialien findet nur in Ausnahmefällen als Katalysator eine gewisse Anwendung; andererseits gelangen Eisenkatalysatoren, die lediglich kleine Anteile einer nichtmetallischen Phase aufweisen, zum technischen Einsatz (Kap. 2.1.1.1.). Für Nickel- und teilweise auch Cobalt-Trägerkatalysatoren bestanden und bestehen in der chemischen Technik vielfältige Anwendungs-

[1] Darüber hinaus spielen für eine gleichmäßige Verteilung der „Tränkkomponenten" zahlreiche weitere Faktoren eine überaus wichtige Rolle, z. B.: chemische Natur der Tränkkomponente, Verdünnung und pH-Wert der Tränklösung, Temperatur, Anwesenheit von Coadsorbaten, vorheriges Entgasen des Trägermaterials bzw. dessen Begasen, letzteres z. B. mit Kohlendioxid.

[2] Hierbei treten — je nach Natur der Komponenten — unterschiedliche Phasenverhältnisse auf (vollständige bzw. beschränkte Mischkristallbildung, Kristallgemische usw.). Beispielsweise kann Calciumoxalat bis zu etwa 3 Mol.-% Nickel in das Gitter einbauen; im System NiO—CuO liegt die Löslichkeitsgrenze — je nach Herstellungsbedingungen — bei 37 At.-% Cu oder weniger.

möglichkeiten. So dienten Nickel und Cobalt — mit Zusätzen von Thoriumoxid und Alkalioxiden — auf Kieselgur als Trägermaterial zur Synthese verschiedener organischer Verbindungen im technischen Maßstab [101] (FISCHER-TROPSCH-Verfahren). Die Katalysatoren können durch gemeinsames Ausfällen von Nickel- bzw. Cobalt- und Thoriumhydroxid (oder den entsprechenden basischen Carbonaten) in einer Suspension von Kieselgur und anschließende Wasserstoffreduktion hergestellt werden. Für Nickel-Trägerkatalysatoren wird in der Technik vielfach Al_2O_3 als oxidische Trägerkomponente genutzt. Zu ihrer Herstellung geht man u. a. von einer gemeinsamen Hydroxidfällung (vgl. oben) aus.

Die Fällprodukte werden nach gründlichem Waschen getrocknet, bei höheren Temperaturen calciniert und nachfolgend mit Wasserstoff reduziert. Eine weitere Möglichkeit zur Herstellung von Nickel-Träger-Katalysatoren besteht in der Imprägnation („Tränken") von Al_2O_3 mit Nickelnitratlösungen, anschließender Calcination und der Reduktion mit Wasserstoff [102]. Ni/Al_2O_3-Katalysatoren (Nickelgehalt: 9—27 Masse-%), die nach dem Imprägnieren unmittelbar bei 770 K reduziert wurden, wiesen spezifische Metalloberflächengrößen von rd. 10 bis 19 $m^2 \cdot g^{-1}$ auf [103]. Eine nach dem Tränken vorgenommene Calcination bei 670 K an Luft reduzierte die spezifische Metalloberflächengröße auf rd. 4—10 $m^2 \cdot g^{-1}$.

Bei der Präparation von Ni/Al_2O_3-Katalysatoren besteht die Möglichkeit zur Spinellbildung ($NiAl_2O_4$), was die Reduktion des bei der Calcination ursprünglich entstehenden Nickeloxids erschweren kann. In [104] werden Ni/η-Al_2O_3-Katalysatoren (maximale Glühtemperatur: 670 K) beschrieben, deren Nickelreduktionsgrad bei 60% lag. Andererseits muß die Spinellbildung für die Wirksamkeit derartiger Katalysatoren nicht immer von Nachteil sein. Läßt sich der Nickelaluminiumspinell bei den gewählten Reaktionsbedingungen reduzieren, steht folglich für den weiteren Prozeßablauf eine „Nickelreserve" zur Verfügung [105].

Nickel- und Cobalt-Katalysatoren auf oxidischen Trägern, die durch thermische Zersetzung entsprechender Mischsalze hergestellt wurden, sind in einer Reihe von Arbeiten beschrieben [100, 106—110]. Einige dieser Veröffentlichungen [109, 110; 111] enthalten auch Angaben zur Nickelkristallitgröße (2—20 nm) und Größenverteilungsfunktion, deren Werte aus Ergebnissen magnetischer Messungen ermittelt wurden.

Die Reduktion von Nickel-Magnesiumchrysotil, $(Ni, Mg)_3[(OH)_4Si_2O_5]$ (tubusartige Struktur[1]), mit Wasserstoff bei 530 K führt zu Nickelkristalliten des Durchmessers von etwa 3 nm, die im gesamten Volumen des SiO_2-Gerüstes verteilt sind. Mit Erhöhung der Reduktionstemperatur auf 770 K wächst der Teilchendurchmesser bis 8 nm. Bei der reduktiven Zersetzung einer weiteren Ausbildungsform von Chrysotil („Blattstruktur") wurden deutlich größere Nickelkristalle (rd. 20 nm) erhalten. Diese Ergebnisse weisen auf den Einfluß der Trägerstruktur bei der Ausbildung des dispersen Metallzustandes hin [112].

Katalysatoren, die Nickel in synthetischen A-, X- und Y-Zeolithen aufwiesen, waren durch Ionenaustausch ihrer Natriumformen und nachfolgende Wasserstoffreduktion präpariert worden [113—116]. Mittels magnetischer Untersuchungen konnte nachgewie-

[1] Beim Zweischichtengitter des Chrysotils kommt es zu einer Krümmung der $Mg_3[(OH)_4Si_2O_5]$-Pakete, offenbar durch die Tatsache bedingt, daß die $Mg(OH)_2$- und $[Si_2O_5]$-Schichten nicht genau aufeinander passen. Die Krümmung bedingt eine morphologische Besonderheit: „Röllchenbildung".

sen werden, daß ein bedeutender Anteil des Nickels in Form äußerst kleiner (nahezu atomar dimensionierter) Teilchen vorlag. Durch Erhitzen der Proben im Vakuum bei 720 K aggregierten die Teilchen zu größeren Kristalliten mit normalen magnetischen Eigenschaften. Auch bei mehrfach ausgetauschten Zeolithen trat das Nickel nach einer Wasserstoffreduktion bei 570 K teilweise in äußerst feinverteilter Form auf. Beispielsweise wurde an NH_4NaNi-Y-Zeolithen nahezu atomare Verteilung des Nickels nachgewiesen [117].

2.3.3. Platinmetalle enthaltende Trägerkatalysatoren

Platinmetalle werden in der chemischen Industrie auf Grund ihres hohen Preises nahezu ausschließlich in Form von Trägerkatalysatoren eingesetzt[1]. Als Trägermaterialien dienen vorwiegend verschiedene Modifikationen des Al_2O_3 sowie Alumosilicate und Aktivkohle. Die Verbindungen der Platinmetalle werden zumeist durch Imprägnieren auf den Träger gebraucht; bei Zeolithen kann man sich auch des Ionenaustausches bedienen. Die im Ergebnis der Probenpräparation erzielte Metallteilchengröße hängt von zahlreichen Faktoren ab; dazu zählen u. a. die chemische Natur der Tränkverbindung und folglich ihre Wechselwirkung mit dem Träger (vgl. dazu auch Kap. 2.3.1.), ferner das Ausmaß der thermischen Behandlung (in unterschiedlichen Gasatmosphären) vor der eigentlichen Reduktion, Höhe der Reduktionstemperatur, Zeitdauer des Reduktionsvorganges, Textur des Trägers. Eine übersichtsmäßige Darstellung wesentlicher Einflußgrößen auf die Metalldispersität wird in [118] gegeben.

Von Jaworska und Wrzyszcz [119] wurde die Bestimmung der spezifischen Platinoberfläche an Pt/Al_2O_3-Katalysatoren (0,5 Masse-% Pt, H_2PtCl_6-Imprägnation, Calcination und Reduktion bei 750 K) mittels der Wasserstoffadsorptionsmethode durchgeführt. Man fand, daß die spezifische Platinoberflächengröße von der thermischen Behandlung des Katalysators vor der Reduktion sowie der Art der Trägerherstellung abhängig ist. Es wurden spezifische Oberflächenwerte bis zu 190 $m^2 \cdot g^{-1}$ erreicht, was einem mittleren Teilchendurchmesser des Platins von etwa 1,5 nm entspricht.

An Ru, Rh, Pd bzw. Ir enthaltenden Katalysatoren, die durch Tränken von SiO_2 (Cabosil, 300 $m^2 \cdot g^{-1}$) mit den entsprechenden Chloridlösungen (im Fall von Ir: H_2IrCl_6), Trocknen und Reduktion mittels Wasserstoff bei 720 K hergestellt worden waren, hat man Metallteilchengrößen von 1,4 bis 10,6 nm gefunden [120a]. Dabei wiesen die Ir/SiO_2-Proben die kleinsten Teilchen, Pd/SiO_2-Katalysatoren die größten Kristallite auf. Weiterhin wurde an den Rh/SiO_2-Präparaten die Abhängigkeit der Kristallitgröße von dem Metallgehalt und der Erhitzungstemperatur nach der Reduktion untersucht. Bei Änderung des Metallgehaltes im Bereich von 0,1 bis 1 Masse-% ändert sich die mittlere Teilchengröße (rd. 1,1 nm) nahezu nicht [120b]. Ein Aufheizen des $5Rh/SiO_2$-Katalysators bis 810 K bzw. 1070 K hatte dagegen eine Teilchenvergrößerung (4,1 bzw. 12,7 nm) zur Folge. Erwähnenswert ist weiterhin, daß die Kristallite des unter denselben Bedingungen hergestellten (trägerfreien) Rhodiumpulvers eine Teilchengröße von über 250 nm aufwiesen.

In typischen Pt/Y-Zeolithkatalysatoren (0,25 Masse-% Pt) betrug nach Erhitzen in Luft (373–873 K) und Reduktion mit Wasserstoff (773 K, 3 h) die Platinkristallit-

---

[1] Eine der bekannten Ausnahmen sind die bei der katalytischen Ammoniakoxydation verwendeten Platin- bzw. Platin-Rhodium-Netze.

größe 1—7,5 nm. Katalysatoren, die vor der Reduktion lediglich bei 373 K getrocknet worden waren, hatten Pt-Teilchengrößen von <1 nm [121].

Aus den wenigen hier angeführten Beispielen ist schon ersichtlich, daß unter den verschiedenen Präparationsbedingungen der Behandlung von Proben in bestimmten Gasatmosphären (vgl. beispielsweise die Calcination mittels Luftsauerstoff) eine zentrale Bedeutung zukommt. In gleichem Maße trifft diese Tatsache auch für Vorgänge zu, die sich bei der Aktivierung und Reaktivierung von Katalysatoren abspielen. In einer Reihe von Fällen handelt es dabei um Prozesse, die mit einer Redispergierung der Metallkomponente verbunden sind. So ist beispielsweise der Alterungsvorgang von technisch eingesetzten platinhaltigen Reformierkatalysatoren u. a. mit einem deutlichen Kristallitwachstum der Metallkomponente verbunden. Eine thermische Behandlung derartiger Katalysatoren in Gegenwart von chlorhaltigen Gasen (Chlor, Chlorwasserstoff oder chlorierte Kohlenwasserstoffe, zumeist in Kombination mit Sauerstoff) führt — unter bestimmten Regenerationsbedingungen — u. a. zu deutlichen Verbesserungen der Platindispersität. Besonders die Untersuchungen der letzten Jahre haben gezeigt, daß das Tempern von gealterten Platinkatalysatoren in Gegenwart der oben genannten Gase eine sehr aussichtsreiche Methode zur gezielten Beeinflussung der Platindispersität ist [122—124].

2.3.4. *Bimetall/Träger-Systeme*

Die auf Trägern aufgebrachten Metallkombinationen („Legierungen"[1]) erhält man nach denselben Methoden wie bei den Monometall-Träger-Systemen erläutert.

Prinzipiell hängt die Dispersität der Bimetallkristallite zum einen von den Faktoren ab, die auch für Monometall/Träger-Proben zutreffen. So wurden z. B. in Katalysatoren des Systems Pt-Cu/SiO_2 bei Verwendung von SiO_2 mit der spezifischen Oberfläche von 340 $m^2 \cdot g^{-1}$ und einem Gesamtmetallgehalt von 5 Masse-% Teilchengrößen zwischen 5 und 15 nm ausgebildet, während bei Einsatz eines wesentlich oberflächenreichen Siliciumdioxids (700 $m^2 \cdot g^{-1}$) und geringerem Gesamtmetallgehalt (0,55 Masse-%) die Teilchengrößen lediglich 3 nm betrugen [125].

Weiterhin kann die resultierende Dispersität bei (trägerfreien und) trägerenthaltenden Bi- und Multimetallsystemen wesentlich von der Art der Zusatz(metall)-komponente abhängen. So führen vielfach schon geringe Zusätze an Metallen mit einem — im Vergleich zum Matrixmetall — hohen Schmelzpunkt (und folglich hoher TAMMANN-Temperatur) zu einem deutlichen Dispersitätsanstieg, wie beispielsweise für Pt-Re- [35, 45, 46], Pt-Ir- [3, 46] (vgl. auch [126]), Pt-Ru- [2, 127] und Pd-Re-Systeme [47, 128] (trägerfrei bzw. in Kombination mit Al_2O_3) gezeigt worden ist.

Wegen der Bedeutung des Nickels vorrangig als Hydrierkatalysator sind auch zahlreiche modifizierte Ni-Me/Trägersysteme untersucht worden. Im Mittelpunkt der Arbeiten standen bislang Ni-Cu/Trägerkatalysatoren (Träger: SiO_2, Y-Zeolithe, Al_2O_3). In den Arbeiten [129—131] konnte mittels magnetischer Messungen nachgewiesen werden, daß — besonders bei Verwendung des Zeolith-Trägers — die Einstellung des thermodynamischen Gleichgewichts zwischen den Legierungskomponenten sehr langsam verläuft. Die gleiche Aussage wurde auch für Ni-Cu/η-Al_2O_3-Proben getroffen [104, 132, 133].

---

[1] Zur Bezeichnung vgl. man Fußnote[1] auf S. 27

Untersuchungen an Ni-Ag/SiO_2-Katalysatoren (spezifische Oberfläche des Trägers: 17,5 $m^2 \cdot g^{-1}$, 10 Masse-% Gesamtmetallgehalt) haben ergeben, daß bei dieser Metallkombination die Dispersitätserzeugung in einer erhöhten Keimbildungsgeschwindigkeit und der (infolge einer niedrigen Reduktionstemperatur: 720 K) verminderten Wachstumsgeschwindigkeit der Kristallite bei der Reduktion begründet ist [134].

Auf Grund bestimmter katalytischer Eigenschaften von Ru-Cu/SiO_2- und Os-Cu/SiO_2-Proben schloß SINFELT auf eine erhöhte Mischbarkeit (der Metallkomponenten) bei Vorliegen von Mikrokristalliten [135]. Die untersuchten Muster dieser beiden Systeme zeigen nämlich ein katalytisches Verhalten, das nicht durch additive Eigenschaften der jeweiligen Metallkomponenten erklärbar ist, obwohl nach den Zustandsdiagrammen für die betreffenden Makro(legierungs)systeme Kupfer weder mit Ruthenium noch Osmium mischbar ist.

Diese und weitere experimentelle Ergebnisse sind ein Beleg dafür, daß die für Makrosysteme ermittelten Zustandsdiagramme im Fall des Vorliegens kleiner Metallkristallite zweifelsohne modifiziert werden müssen. Auf diesen Sachverhalt hat OLLIS erstmals hingewiesen [136]. Nach dessen Vorstellungen sollte eine nach dem makroskopisch bestimmten Phasendiagramm zu erwartende Phasentrennung unterbleiben, wenn die bei einem solchen Übergang eintretende Erniedrigung der freien Enthalpie des Volumens vom Anstieg der freien Oberflächenenergie übertroffen wird. Diese sollte für Kristallite mit einem Durchmesser von kleiner 20 nm eine Rolle spielen.

HOFFMAN [137] dagegen vertritt die Auffassung, daß die Entmischung weniger durch den Anstieg der Größe der freien Oberflächenenergie als vielmehr durch eine Unterdrückung der Keimbildung der neuen Phase vermieden wird. Aber auch dieser Erklärung ist widersprochen worden [138]. Von RUCKENSTEIN [139] wird auf die verbesserte Mischbarkeit der Metallkomponenten infolge eines Trägereinflusses verwiesen.

Abschließend sei noch auf Ergebnisse eingegangen, die an Proben von Pt-Fe/Träger-Systemen erhalten wurden. In [140] sind Angaben zur Metallphasengestaltung sowie Dispersität von Pt-Fe/Aktivkohle-Katalysatoren (Träger: 87 $m^2 \cdot g^{-1}$, Reduktion mit Wasserstoff bei 773 K) enthalten. Wenngleich sich Legierungen des Systems Pt-Fe durch die Existenz mehrerer Phasen (statistische Mischkristalle; Überstrukturphasen, z. B. Pt_3Fe, PtFe) auszeichnen und die Bedingungen der Katalysatorpräparation eine Einstellung des thermodynamischen Gleichgewichts nicht immer ermöglichen (vgl. dazu z. B. [48]), wurden in den oben erwähnten Pt-Fe/C-Katalysatoren keine Einzelphasen des Platins und Eisens beobachtet [140]. Der mittlere Durchmesser der Legierungskristallite betrug etwa 3 nm.

Hochdisperse Platin-Eisen-Phasen konnten auch bei Untersuchungen an Pt-Fe/η-Al_2O_3-Katalysatoren festgestellt werden [141]. Ebenso wie im Fall trägerfreier Pt-Fe-Pulver [48] wurde mittels magnetischer Resonanzmessungen im Bereich geringer Eisengehalte u. a. die bevorzugte Bildung der Pt_3Fe-Phase nachgewiesen, die sich durch eine relativ hohe Dispersität auszeichnet. Die mittlere Teilchengröße betrug maximal 30 nm (zum Vergleich: Pt: wesentlich größer als 50 nm). Diese Eigenschaft ist ganz allgemein für Überstrukturphasen charakteristisch. Aus Untersuchungen von Platzwechselvorgängen ist bekannt, daß die Aktivierungsenergie der Diffusion in einer Fernordnungsphase größer als in dem jeweiligen statistischen Mischkristall gleicher Zusammensetzung ist. Daraus resultiert, daß auch Vorgänge wie die Ausbildung derartiger Phasen sowie die Rekristallisation in ihnen langsamer verlaufen.

Literatur

[1] TRÂN-KIM-THANH, Dissertation, Technische Hochschule „Carl Schorlemmer“ Leuna-Merseburg, 1975; M. WILDE, S. ENGELS u. TRÂN-KIM-THANH, Vortrag, 10. Jahrestagung der Vereinigung für Kristallographie, Berlin 1975
[2] S. ENGELS, NGUYEN PHUONG KHUE u. M. WILDE, Z. anorg. allg. Chem. **452**, 27 (1979)
[3] S. ENGELS, TRÂN-KIM-THANH u. M. WILDE, Chem. Techn. **27**, 459 (1975)
[4] P. G. FOX, J. EHRETSMANN u. C. E. BROWN, J. Catal. **20**, 67 (1971)
[5] W. D. JONES, „*Fundamental Principles of Powder Metallurgy*“, Edward Arnold Publishers, London 1960
[6] C. L. THOMAS, „*Catalytic Processes and Proven Catalysts*“, Academic Press, London—New York 1970
[7] F. H. HERBSTEIN u. J. SMUTS, J. Catal. **2**, 69 (1963)
[8] S. ENGELS u. L. LEHMANN, Z. anorg. allg. Chem. **435**, 214 (1977)
[9] R. ADAMS u. R. L. SCHRINER, J. Amer. Chem. Soc. **45**, 2171 (1923)
[10] D. W. MCKEE, J. Catal. **8**, 240 (1967)
[11] D. J. C. YATES u. J. H. SINFELT, J. Catal. **8**, 348 (1967)
[12] W. SCHREITER, „*Seltene Metalle*“, Bd. I—III, VEB Deutscher Verlag für Grundstoffindustrie, Leipzig 1960—1962
[13] U. S. Patent 1563787 (1925), 1629191 (1927), 1915473 (1933)
[14] H. ADKINS u. H. R. BILLICA, J. Amer. Chem. Soc. **70**, 695 (1948)
[15] J. FREEL, W. J. M. PIETERS u. R. B. ANDERSON, J. Catal. **14**, 247 (1969); ibid. **16**, 281 (1970)
[16] W. O. ALEXANDER u. W. B. VAUGHAN, J. Inst. Metals **61**, 247 (1937); J. SCHRAMM, Z. Metallkunde **33**, 347 (1941); L. GUSIEVA, Dokl. Akad. Nauk SSSR **77**, 415 (1951)
[17] P. FOUILLOUX, G. A. MARTIN, A. J. RENOUPREZ, B. MORAWECK, B. IMELIK u. M. PRETTRE, J. Catal. **25**, 212 (1972)
[18] J. FREEL, S. D. ROBERTSON u. R. B. ANDERSON, J. Catal. **18**, 243 (1970)
[19] A. KNAPPVOST u. K. H. MADER, Naturwissenschaften **52**, 590 (1965)
[20] J. YASUMURA, Nature (London) **173**, 80 (1954)
[21] J. J. F. SCHOLTEN, J. A. KONVALINKA u. F. W. BEEKMAN, J. Catal. **28**, 209 (1973)
[22] R. ZSIGMONDY, Z. Phys. Chem. **56**, 65 (1906); ibid. **56**, 77 (1906)
[23] W. TRZEBIATOWSKI, Z. Phys. Chem. A **169**, 91 (1934)
[24] R. WILLSTÄTTER u. E. WALDSCHMIDT, Ber. Deut. Chem. Ges. **64**, 113 (1921)
[25] O. LOEW, Ber. Deut. Chem. Ges. **23**, 289 (1890)
[26] M. KOBAYASHI u. T. SHIRASAKI, J. Catal. **28**, 289 (1973)
[27] H. KUBICKA, J. Catal. **5**, 39 (1966)
[28] H. S. BROADBENT, G. C. CAMPBELL, W. I. BARTLEY u. J. H. JOHNSON, J. Org. Chem. **24**, 1847 (1959)
[29] D. W. MCKEE u. F. J. NORTON, J. Phys. Chem. **68**, 481 (1964)
[30] D. W. MCKEE, J. Phys. Chem. **67**, 841 (1967)
[31] F. E. LUBORSKY, T. O. PAINE u. L. I. MENDELSOHN, J. Appl. Phys. **28**, 344 (1957)
[32] L. I. MENDELSOHN, F. E. LUBORSKY u. T. O. PAINE, J. Appl. Phys. **26**, 1274 (1955)
[33] C. G. GOETZEL, „*Treatise on Powder Metallurgy*“, Interscience Publishers London, 1949, Bd. 1, S. 51
[34] H. SCHÄFER, „*Chemische Transportreaktionen*“, Verlag Chemie GmbH, Weinheim/Bergstr. 1962; Academic Press, New York 1964
[35] S. ENGELS, M. WILDE u. TRÂN-KIM-THANH, Z. Chem. **17**, 10 (1977)
[36] R. J. BEST u. W. W. RUSSEL, J. Amer. Chem. Soc. **76**, 838 (1954)
[37] W. K. HALL u. P. H. EMMETT, J. Phys. Chem. **62**, 816 (1958)
[38] D. W. MCKEE u. F. J. NORTON, J. Catal. **3**, 252 (1964)
[39] S. ENGELS, J. HAGER u. J. HILLE, Z. anorg. allg. Chem. **406**, 45 (1974)
[40] S. ENGELS, J. HAGER, J. HILLE u. P.-E. NAU, Z. anorg. allg. Chem. **405**, 239 (1974)
[41] S. ENGELS, Dissertation, Humboldt-Universität zu Berlin, 1964; G. RIENÄCKER u. S. ENGELS, Monatsber. Deut. Akad. Wiss. Berlin **4**, 213 (1962); ibid. **4**, 716 (1962); G. RIENÄCKER u. S. ENGELS, Z. anorg. allg. Chem. **336**, 259 (1965)

[42] D. W. McKee u. F. J. Norton, J. Phys. Chem. **68**, 481 (1964)
[43] S. Engels, Nguyen Phuong Khue u. M. Wilde, Z. Chem. **16**, 455 (1976)
[44] G. C. Bond u. D. E. Webster, Ann. New York Acad. Sci. **158**, 540 (1969)
[45] S. Engels, Trân-Kim-Thanh u. M. Wilde, Z. Chem. **14**, 492 (1974)
[46] S. Engels, M. Wilde u. Trân-Kim-Thanh, Heterogenous Catalysis, Proc. of the 3rd Intern. Symp., Varna 1975; Publ. House of the Bulgarian Academy of Science, Sofia 1978, S. 222
[47] S. Engels u. L. Lehmann, Z. anorg. allg. Chem. **431**, 201 (1977); Z. Chem. **18**, 266 (1978)
[48] S. Engles, W. Mörke u. J. Siedler, Z. anorg. allg. Chem. **431**, 181 (1977)
[49] T. N. Nalibaev, A. B. Fasman u. N. Š. Inajatov, Zh. Fiz. Khim. **45**, 383 (1971)
[50] A. B. Fasman, T. Kabiev, D. V. Sokolskij, N. I. Moljukova, A. A. Batkov, I. V. Kiriljus u. K. T. Černousova, Zh. Fiz. Khim. **40**, 114 (1966)
[51] N. I. Moljukova, A. B. Fasman u. I. V. Chižnjak, Zh. Fiz. Khim. **42**, 1673 (1968)
[52] B. F. Petrov, A. B. Fasman u. D. V. Sokolskij, Zh. Fiz. Khim. **44**, 3049 (1970)
[53] A. B. Fasman, N. I. Moljukova, T. Kabiev, D. V. Sokolskij u. K. T. Černousova, Zh. Fiz. Khim. **40**, 1758 (1966)
[54] A. B. Fasman, A. Isabekov u. B. K. Almašev, Zh. Fiz. Khim. **42**, 903 (1968)
[55] G. A. Puškareva, A. B. Fasman, Ju. F. Ključnikov u. I. A. Sapukov, Zh. Fiz. Khim. **46**, 1468 (1972)
[56] A. B. Fasman, A. Isabekov, D. V. Sokolskij, A. A. Presnjakov u. K. T. Černousova, Zh. Fiz. Khim. **40**, 2086 (1966)
[57] A. B. Fasman, D. V. Sokolskij, T. Kabiev, B. K. Almašev u. K. T. Černousova, Zh. Fiz. Khim. **40**, 2212 (1966)
[58] N. I. Moljukova, B. F. Petrov, A. B. Fasman u. D. V. Sokolskij, Zh. Fiz. Khim. **41**, 1411 (1967)
[59] A. B. Fasman, T. Kabiev u. T. A. Jagudeev, Zh. Fiz. Khim. **41**, 2809 (1967)
[60] A. Isabekov, A. B. Fasman u. B. K. Almašev, Zh. Fiz. Khim. **41**, 1890 (1967)
[61] S. Engels u. L. Lehmann, Z. Chem. **17**, 195 (1977)
[62] A. B. Fasman, B. K. Almašev, Ju. F. Ključnikov u. I. A. Sapukov, Zh. Fiz. Khim. **46**, 2559 (1972)
[63] S. Engels, E. Conrad, D. Sager u. M. Wilde, Z. anorg. allg. Chem. **436**, 216 (1977)
[64] G. Bredig, Z. Elektrochem. **4**, 514 (1898); Z. Phys. Chem. **32**, 127 (1900); vgl. auch G. Bredig, Anorganische Fermente, Leipzig 1901
[65] M. Svedberg, Kolloid-Z. **24**, 1 (1919)
[66] M. A. Lunina u. Ju. A. Novožilov, Koll. Zh. **31**, 467 (1969)
[67] C. G. Granquist u. R. A. Buhrman, J. Appl. Phys. **47**, 2200 (1976)
[68] S. Kasukabe, S. Yatsuya u. R. Ueda, Jap. J. Appl. Phys. **13**, 1714 (1974)
[69] N. Wada, Jap. J. Appl. Phys. **8**, 551 (1969)
[70] Y. Mizushima, Z. Naturforsch. A **16**, 1260 (1961)
[71] A. H. Pfund, Rev. Sci. Instr. **1**, 397 (1930)
[72] H. C. Burger u. P. H. van Cittert, Z. Phys. **66**, 210 (1930)
[73] L. Harris, D. Jeffries u. B. M. Siegel, J. Appl. Phys. **19**, 791 (1948)
[74] L. Harris u. J. K. Beasley, J. Opt. Soc. Amer. **42**, 134 (1952)
[75] L. Fritzsche, F. Wolf u. A. Schaber, Z. Naturforsch. A **16**, 31 (1961)
[76] M. Ja Gen, E. A. Veličenkova, I. V. Ermina u. M. S. Ziskin, Fiz. Tverd, Tela **6**, 1622 (1964)
[77] M. Ja Gen, I. V. Ermina u. E. A. Fedorova, Fiz. Met. Metal Metalloved. **22**, 721 (1966)
[78] N. Wada, Jap. J. Appl. Phys. **6**, 553 (1967)
[79] N. Wada, Jap. J. Appl. Phys. **7**, 1287 (1968)
[80] K. Kusaka, N. Wada u. A. Tasoku, Jap. J. Appl. Phys. **8**, 599 (1969)
[81] S. Yatsuya, S. Kasukabe u. R. Ueda, Jap. J. Appl. Phys. **12**, 1675 (1973)
[82] W. B. Phillips, E. A. Desloge u. J. G. Skofronick, J. Appl. Phys. **39**, 3210 (1967)
[83] R. Kern, A. Masson u. J. J. Metois, Surface Sci. **27**, 483 (1971)
[84] A. Masson, J. J. Metois u. R. Kern, Surface Sci. **27**, 463 (1971)
[85] J. F. Hamilton, J. Vac. Sci. Technol. **113**, 318 (1976)

[86] J. F. HAMILTON u. P. C. LOGEL, Thin Solid Films **16**, 49 (1973); ibid. **23**, 89 (1974)
[87] B. N. CHAPMAN u. M. R. JORDAN, J. Phys., C. Ser. 2, **2**, 1550 (1969)
[88] R. M. LOGAN, Thin Solid Films **3**, 59 (1969)
[89] I. MARKOV, Thin Solid Films **6**, 119 (1970)
[90] B. LEWIS, Surface Sci. **21**, 273 (1970)
[91] B. LEWIS, Thin Solid Films **7**, 179 (1971)
[92] G. ZINSMEISTER, Vakuum Techn. **22**, 85 (1973)
[93] K. L. CHOPRA, „*Thin Film Phenomena*", Mc Graw Hill Book Comp., New York 1969
[94] „*Chemisorption and Reactions on Metallic Films*", hrsg. von J. R. ANDERSON, Academic Press, London 1971
[95] W. ROMANOWSKI in „*Cienkie warstwy metaliczne*", unter der Redaktion von W. ROMANOWSKI, PWN, Warszawa—Wrocław 1974, Kap. 2
[96] R. P. MAURER, J. Appl. Phys. **29**, 1 (1958)
[97] M. A. SMITHARD u. R. DUPREE, Phys. Status Solidi A **11**, 695 (1972)
[98] J. H. SCHULMAN u. W. D. COMPTON, Colour Centres in Solids, Pergamon Press, London 1962, Kap. IX
[99] K. PRZIBRAM, „*Irradiation Colours and Luminescence*", Pergamon Press, London 1956
[100] G. RIENÄCKER, Z. Chem. **16**, 218 (1976)
[101] H. PICHLER, Advan. Catal. **4**, 271 (1952)
[102] C. L. THOMAS, loc. cit.
[103] C. H. BARTHOLOMEW u. R. J. FARRAUTO, J. CAtal. **45**, 41 (1976)
[104] S. ENGELS, P. HARTMANN, R. MALSCH u. M. WILDE, Z. Chem. **16**, 330 (1976)
[105] H. BLUME, K. BECKER, S. ENGELS, J. HILLE, H. MEYE u. K. RICHTER, Z. anorg. allg. Chem. **405**, 211 (1974)
[106] H. DREYER u. D. NEHRING, Z. anorg. allg. Chem. **300**, 122 (1959)
[107] W. LANGENBECK, H. DREYER, D. NEHRING u. J. WELKER, Z. anorg. allg. Chem. **281**, 90 (1955)
[108] W. LANGENBECK u. A. GILLER, Z. anorg. allg. Chem. **272**, 64 (1953)
[109] W. ROMANOWSKI, H. DREYER u. D. NEHRING, Z. anorg. allg. Chem. **310**, 286 (1961)
[110] W. ROMANOWSKI, Z. anorg. allg. Chem. **351**, 193 (1967)
[111] H. DREYER, Z. anorg. allg. Chem. **362**, 245 (1968)
[112] C. L. KIBBY, F. E. MASSOTH u. H. E. SWIFT, J. Catal. **42**, 350 (1976)
[113] USA-Patent 3013990, zitiert nach C. A. **56**, 5942 (1962)
[114] W. ROMANOWSKI, Przem. Chem. **47**, 741 (1968)
[115] W. ROMANOWSKI, Z. anorg. allg. Chem. **351**, 180 (1967)
[116] W. ROMANOWSKI, Rocz. Chem. **45**, 427 (1971)
[117] K. H. BAGER, F. VOGT u. H. BREMER, Amer. Chem. Soc. Symp., Ser. **40**, (Mol. Sieves-2), 528 (1977)
[118] H. SPINDLER, Z. Chem. **13**, 1 (1973); Intern. Chem. Eng. **14**, 725 (1974)
[119] Z. JAWORSKA-GALAS u. J. WRZYSZCZ, Chemia Stos. **1A**, 105 (1966).
[120] a) J. H. SINFELT u. D. J. C. YATES, J. Catal. **8**, 82 (1967); b) ibid. **8**, 348 (1967)
[121] T. KUBO, H. ARRAI, H. TOMINAGA u. T. KUNAGI, Bull. Chem. Soc. Jap. **45**, 607 (1972)
[122] P. BIRKE u. S. ENGELS, Z. Chem. **17**, 77 (1977); ibid. **18**, 37 (1978)
[123] P. BIRKE, S. ENGELS, K. BECKER u. H.-D. NEUBAUER, Chem. Techn., **31**, 473 (1979)
[124] P. BIRKE, S. ENGELS, K. BECKER u. H.-D. NEUBAUER, Chem. Techn., **32**, 253 (1980)
[125] J. H. ANDERSON, P. J. CONN u. S. G. BRANDENBURGER, J. Catal. **16**, 326 (1970)
[126] S. ENGELS, R. MALSCH u. M. WILDE, Z. Chem. **16**, 416 (1976)
[127] S. ENGELS, NGUYEN PHUONG KHUE u. M. WILDE, Konferenzband, Allunionskonferenz „Metall-Träger-Katalysatoren", Novosibirsk 1978, S. 259; Z. anorg. allg. Chem. **452**, 27 (1979)
[128] S. ENGELS, L. LEHMANN, E. RICHTER u. M. WILDE, Z. Chem. **17**, 387 (1977)
[129] S. D. ROBERTSON, S. C. KLOET u. W. M. H. SACHTLER, J. Catal. **39**, 234 (1975)
[130] W. G. RENAN, A. H. ALI u. G. C. A. SCHUIT, J. Catal. **20**, 374 (1971)
[131] W. ROMANOWSKI, React. Kinet. Catal. Lett. **4**, 129 (1976)
[132] S. ENGELS u. M. WILDE, Kristall u. Techn. **10**, 1169 (1975)
[133] S. ENGELS, G. HÖFER, I. HÖFER, J. RADKE u. M. WILDE, Z. Chem. **15**, 459 (1975)

[134] P. Birke, S. Engels, A. Laugwitz, W. Mörke, L. Schuster u. M. Wilde, Vortrag, XII. Jahrestreffen der Katalytiker der DDR, **1979**, Tagungsband S. 43; S. Engels, A. Laugwitz, L. Schuster u. M. Wilde, Z. Chem. **20**, 305 (1980)
[135] J. H. Sinfelt, J. Catal. **29**, 308 (1973)
[136] D. F. Ollis, J. Catal. **23**, 131 (1971)
[137] D. W. Hoffman, J. Catal. **27**, 374 (1972)
[138] J. J. Burton, E. Hyman u. D. G. Fedek, J. Catal. **37**, 106 (1975)
[139] E. Ruckenstein, J. Catal. **35**, 441 (1974)
[140] C. H. Bartholomew u. M. Boudart, J. Catal. **25**, 173 (1972)
[141) S. Engels, W. Mörke u. J. Siedler, Z. anorg. allg. Chem. **431**, 191 (1977)

3. Einige dispersitätsabhängige Metalleigenschaften und deren Nutzung zur Bestimmung des Dispersitätsgrades

3.1. Elektrische Eigenschaften hochdisperser Metalle

Die Elektronenleitfähigkeit ist eine seit langem bekannte und vielfältig genutzte Grundeigenschaft der Metalle. Die Größe der spezifischen elektrischen Leitfähigkeit der einzelnen Körner von Metallpulvern entspricht so lange der von Makrokristallen des kompakten Körpers, bis eine Verkleinerung der Kristallitdimensionen die Elektronenstruktur des Metalls beeinflußt. Auf die Veränderung der Elektronenstruktur durch die Größe des jeweiligen Metallkristallits wird im folgenden noch näher eingegangen werden (Kap. 4.4.) An dieser Stelle genügt es zu erwähnen, daß ein derartiger Effekt existiert und sich bei Dimensionen des Metallkörpers von <10 nm bemerkbar macht.

Der elektrische Gesamtwiderstand eines aus mehreren Metallkristallen zusammengesetzten Systems wird bei Teilchengrößen über 10 nm hauptsächlich durch den Kontaktwiderstand zwischen den Metallkörnern bestimmt. Je besser dieser Berührungskontakt ist, um so kleiner ist der Gesamtwiderstand. Die Qualität dieses Kontaktes hängt von der Größe und Reinheit der Berührungsflächen ab. Für lose geschüttete und aggregierte Proben ist er demnach größer als für die unter hohem Druck gepreßten Proben. Wie bereits erwähnt (Kap. 2.2.2.), ist der elektrische Widerstand der durch Verdampfen und anschließende Kondensation erhaltenen Teilchenaggregate um mehrere Zehnerpotenzen größer als der kompakter Metalle. Alle Einwirkungen, die die Porosität der Proben herabsetzen, verbessern auch den Kontakt zwischen den Teilchen und haben somit eine Erniedrigung des elektrischen Widerstandes zur Folge.

3.1.1. *Veränderungen der elektrischen Leitfähigkeit von Metallpulvern durch Pressen und Sintern*

Die Änderungen des elektrischen Widerstandes von Metallpulvern während des Sinter- und Preßvorganges wurden schon frühzeitig in der Pulvermetallurgie als ein Qualitätskriterium für das so bearbeitete Material (im Vergleich zu kompakten Körpern) ausgenutzt. Diese Methode führten Sauerwald und Kubik [1] bei ihren Untersuchungen über das Sintern von Eisen- und Kupferpulvern ein, die gepreßt und anschließend bei 1173 K (Cu) bzw. 1373 K (Fe) getempert werden. Die Autoren stellten eine Abnahme des elektrischen Widerstandes derartiger Pulver mit zunehmender Sintertemperatur fest.

Messungen des elektrischen Widerstandes sowie seines Temperaturkoeffizienten in Abhängigkeit von der Sintertemperatur haben für Kupfer- und Goldpulver ergeben, daß diese bei Raumtemperatur unter 1,5 GPa gepreßten Proben (Korngröße kleiner 1 μm) einen bedeutend größeren elektrischen Widerstand besaßen als die kompakten

Metalle. Wurden die Pulver jedoch unter demselben Druck bei 573—673 K gepreßt, näherten sich der Widerstand und sein Temperaturkoeffizient sowie die Dichte der Preßlinge den Werten, die für die kompakten Metalle charakteristisch sind [2].

Die Bestimmung des spezifischen Widerstandes von mit Drücken bei 80, 200 und 400 MPa gepreßten Carbonylnickelpulvern in Abhängigkeit von der Sintertemperatur (2 h) wurde durch Grube und Schlecht [3] durchgeführt. Aus den erhaltenen Meßdaten (Abb. 3.1) ist einmal ersichtlich, daß die Widerstandsänderung mit der Temperatur stark vom Preßdruck abhängt. Weiterhin erkennt man, daß — unabhängig von dem angewandten Druck — die für das kompakte Metall charakteristischen Werte bei der Sintertemperatur von 1573 K nahezu erreicht wurden.

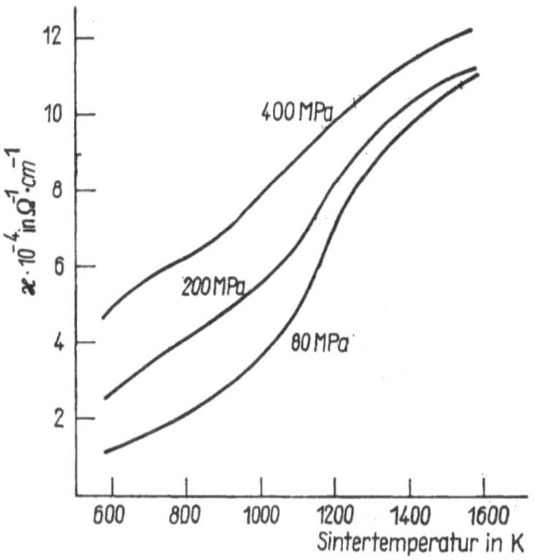

Abb. 3.1. Abhängigkeit der spezifischen elektrischen Leitfähigkeit $\varkappa$ von Carbonylnickelpulver von Sintertemperatur und Preßdruck (nach [3])

Raub und Plate [4] stellten eine Reihe binärer Legierungen des Goldes mit Eisen, Nickel, Kupfer, Zink, Cadmium und Blei durch Sintern der entsprechenden Pulvermischungen bei Temperaturen bis 1273 K her. Es wurde ebenfalls die Messung des elektrischen Widerstandes der Proben — neben der Verfolgung anderer Eigenschaften — als Nachweis für die Annäherung des zu untersuchenden Systems an die Phasenverhältnisse des Zustandsdiagramms genutzt.

Die von Martinet und Tacvorian [5] durchgeführten Messungen des elektrischen Widerstandes der unter einem Druck von 50 bis 500 MPa bei Raumtemperatur gepreßten Kupfer-, Nickel-, Eisen- und Silberpulver haben ergeben, daß während des Erhitzens dieser Proben in einer Wasserstoffatmosphäre anfangs eine Zunahme und dann eine rasche Abnahme des Widerstandes auftrat. Dieser Effekt wurde von den Autoren einer Reduktion der an der Oberfläche der Metallkörner vorkommenden Oxidschicht zugeschrieben. Grube und Schlecht [3] haben eine ähnliche Widerstandsabnahme beim Erhitzen von Nickelpulver im Vakuum und in Argon beobachtet und diesen Effekt mit der thermischen Desorption der an der Metallkornoberfläche adsorbierten Gase erklärt.

Aus den wenigen angeführten Beispielen kann man bereits ersehen, daß die Messungen des elektrischen Widerstandes von Metallpulvern vielfache Anwendung zur Untersuchung verschiedener Prozesse in der Pulvermetallurgie finden können.

3.1.2. Elektrische Leitfähigkeit diskontinuierlicher Metallschichten

Hochdisperse Metalle können auch in einer Form auftreten, in der zwischen den einzelnen Teilchen kein unmittelbarer Kontakt besteht. Dieses ist z. B. dann gegeben, wenn man geringe Metallmengen auf poröse, nichtmetallische Unterlagen (Aktivkohle, Siliciumdioxid, andere Oxide und Salze) oder einen nichtporösen „Träger" aufbringt.

Abb. 3.2. Inselartige Schicht metallischen Cobalts auf einer Kohlenstoffunterlage. Elektronenmikroskopische Aufnahme. Vergrößerung $6{,}8 \cdot 10^4$

Im Fall poröser Unterlagen können die Teilchen auch bei höheren Metallgehalten räumlich voneinander getrennt sein. Vom Standpunkt der elektrischen Eigenschaften sind diese Unterlagen Isolatoren oder Halbleiter. Wie bereits im Kap. 2.3. erwähnt, finden die als kleine Kristallite auf einem Träger verteilten Metalle wichtige praktische Anwendungen als Katalysatoren.

Dünne Metallschichten auf der Oberfläche von Isolatoren bilden im Anfangsstadium ihrer Präparation einzelne „Inseln" des jeweiligen Metalls (Abb. 3.2). Nachfolgend wird über die Ergebnisse einiger experimenteller und theoretischer Arbeiten zur Stromleitung in derartigen Metallschichten berichtet.

Diese Arbeiten befassen sich vorwiegend mit „ultradünnen" Inselschichten, in denen die Größe der einzelnen Teilchen etwa 10 nm nicht überschreitet; ebenso sind die Abstände zwischen ihnen von derselben Größenordnung. Der Elektronentransport von einer Inselschicht zur anderen kann auf verschiedenen Wegen realisiert werden:

1. Thermische Emission
2. SCHOTTKY-Emission (Feldemission)
3. Quantenmechanischer Tunneleffekt

Die thermische Emission spielt nur bei höheren Temperaturen und solchen Schichten eine bedeutende Rolle, die aus kleinsten Inseln mit entsprechend großen Lücken zwischen ihnen bestehen. Der thermische Emissionsstrom I wird durch die RICHARDSON-DUSHMAN-Gleichung ausgedrückt:

$$I = \frac{4\pi m e^2 k^2 D}{h^3} T^2 \exp\left(-\frac{e\Phi}{kT}\right) \tag{3.1.}$$

m, e: Masse bzw. Ladung des Elektrons, k: BOLTZMANN-Konstante, h: PLANCKsches Wirkungsquantum, T: Temperatur, Φ: Höhe der Aktivierungsbarriere, D: Durchlässigkeit der Barriere

Wenn man annimmt, daß im Fall metallischer Inseln auf einer nichtmetallischen Unterlage die Elektronenübertragung von einer Insel zur anderen nicht über das Vakuum, sondern durch das Leitfähigkeitsband der Unterlage vermittelt wird [6], entspricht die Größe von Φ der Barrierenhöhe zwischen dem FERMI-Niveau des Metalls und dem Boden des Leitfähigkeitsbandes der Unterlage. In der ursprünglichen Theorie, in der man den Übergang des Elektrons durch das Vakuum postulierte, bedeutete Φ die Elektronenaustrittsarbeit des Metalls.

Eine rein thermische Emission liegt aber nur dann vor, wenn die Entfernung zwischen den Metallteilchen die freie Weglänge der Elektronen in der Unterlage nicht überschreitet. Ist dies jedoch der Fall, so werden die in die Unterlage emittierten Elektronen in sogenannten Elektronenfallen eingefangen, und die Leitfähigkeit nimmt den Charakter einer Volumenleitfähigkeit an.

Die SCHOTTKY-(Feld-)-Emission kann nur in Gegenwart starker elektrischer Felder ($>10^4$ V · cm^{-1}), die eine merkliche Erniedrigung der Energiebarriere zwischen Metall und Vakuum (oder Unterlage) verursachen, eine Rolle spielen. Folglich bleibt als einziger Mechanismus, der unter normalen Bedingungen für die Elektronenübertragung zwischen den Metallinseln auf nichtmetallischer Unterlage verantwortlich ist, der quantenmechanische Tunneleffekt übrig.

3.1.2.1. *Quantenmechanischer Tunneleffekt bei der Stromleitung in diskontinuierlichen Metallschichten*

Die erste Theorie zur elektrischen Leitfähigkeit in dünnen inselartigen Metallschichten wurde von NEUGEBAUER und WEBB aufgestellt [7]. Um die experimentell beobachteten Abhängigkeiten der Leitfähigkeit von Temperatur, elektrischer Feldstärke und Teilchengröße theoretisch zu erfassen, haben die Autoren angenommen, daß der Vorgang der Ladungsbildung im Teilchen thermisch aktiviert ist und der Ladungsübergang durch „Tunneln" über das Vakuum stattfindet. Nach dieser Theorie ist die Zahl n der Ladungen, die an der Leitung teilnehmen, gleich

$$n = N \exp\left(-\frac{\varepsilon_{\text{eff}}}{kT}\right) \tag{3.2}$$

N: Zahl der sich zwischen den Elektroden befindenden Teilchen, ε_{eff}: effektive Aktivierungsenergie, sie beträgt annähernd $e^2 \cdot r^{-1}$ (e: Elektronenladung, r: lineare Dimension des Teilchens)

Für n ergibt sich demnach

$$n \sim \frac{1}{r^2} \exp\left(-\frac{e^2/r}{kT}\right) \tag{3.3}$$

Wenn $n \ll N$, d. h. $\varepsilon_{eff} \gg kT$, ist die Wechselwirkung zwischen den Teilchen am kleinsten, und für die Leitfähigkeit σ folgt

$$\sigma \sim P \exp\left(-\frac{e^2/r}{kT}\right) \tag{3.4}$$

P ist eine sogenannte Überführungsfunktion des Elektrons, die exponentiell von der Barrierenhöhe sowie der Elektronenenergie abhängt.

Nach dieser Theorie konnte vorausgesagt werden, daß a) die Leitfähigkeit in einem breiten Intervall exponentiell von der Temperatur abhängen sollte, b) die Spannung (zumindestens bei kleinen Werten) keinen Einfluß auf den Widerstand ausübt und c) eine Teilchengrößenabhängigkeit der Aktivierungsenergie besteht. Diese Leitungscharakteristik wurde experimentell an Inselschichten aus Platin, Gold bzw. Nickel bestätigt [7]. Sie hat sich auch in der Arbeit von HARTMAN [8] als gültig erwiesen. In dieser wurde ein Modell der Inselschicht angenommen, in dem man die Teilchen (von gleicher Größe) als Potentialkästen der Breite a, die voneinander durch gleiche Abstände b getrennt sind, darstellte. Die Aktivierungsenergie E_a für die Leitfähigkeit wurde als Differenz zwischen der Energie des höchsten besetzten und des niedrigsten unbesetzten Elektronenzustandes bestimmt:

$$E_a = \Delta E_n = E_{n+1} - E_n = \frac{h^2\pi^2}{2m\,a^2}(2n+1) \tag{3.5}$$

Die Leitfähigkeitsformel nach HARTMAN lautet:

$$\sigma = \sigma_0 \exp\left(-\frac{\Delta E_n}{kT}\right) \tag{3.6}$$

wobei

$$\sigma_0 = \left[\frac{8\pi m e^2}{h^3}\,\varepsilon(a+b)\right] P(E_{n+1}) \tag{3.7}$$

ist.

$P(E_{n+1})$: Durchgangskoeffizient, der für das Energieintervall $E_{n+1} \pm \varepsilon$ konstant bleibt.

Aus dieser Theorie folgt auch die Abhängigkeit der Aktivierungsenergie von der Teilchengröße:

$$a = \frac{h^2\pi^2}{4m\Delta E_n d}\left[1 + \left(1 + \frac{8m\Delta E_n d^2}{h^2\pi^2}\right)^{1/2}\right] \tag{3.8}$$

d: Abstand zwischen den nächsten Atomen im Metall

Für genügend große Teilchen, d. h. wenn $a \gg d$ ist, ergibt sich:

$$a \approx \frac{h^2\pi^2}{2m\Delta E_n d} \tag{3.9}$$

Diese einfache Abhängigkeit paßt gut zu den experimentellen Daten von NEUGEBAUER und WEBB [7], wobei man für Aktivierungsenergien im Bereich von 0,04 bis 0,64 eV die Teilchengröße 30—2,3 nm erhält.

Hill [9, 10] äußerte die Vermutung, daß das Tunneln des Elektrons auch durch die Unterlage stattfinden kann. Damit hat er die Theorie der Leitung in nichtkontinuierlichen Schichten weiterentwickelt (vgl. [6]) und auf dieser Basis zugleich eigene experimentelle Ergebnisse, die an im Ultrahochvakuum hergestellten Platin-, Gold-, Silber- und Chromium-Schichten gewonnen wurden, erklärt. Nach dieser Theorie sind vier Typen inselartiger Schichten zu unterscheiden:

1. Kleine Teilchen, kleine Abstände
2. Kleine Teilchen, große Abstände
3. Größere Teilchen, kleine Abstände
4. Größere Teilchen, große Abstände

Jeder dieser Grenztypen ist durch verschiedene komplizierte Formeln für die elektrische Stromdichte gekennzeichnet. Hier genügt es anzuführen, daß mittels dieser Theorie und experimenteller Daten die Fälle festgestellt werden konnten, in denen die Leitung mit einem Anteil der Volumenleitfähigkeit oder durch thermische Emission stattfand. Die für den Typ 1 berechnete Aktivierungsenergie E_a stimmte durchaus gut mit den experimentell ermittelten Werten überein:

$$E_a = \frac{e^2(d + 2s)}{\varepsilon\varepsilon_0 d(d + s)} \tag{3.10}$$

e: Elektronenladung; d bzw. s: mittlere Teilchengröße bzw. Teilchenabstand; ε bzw. ε_0: Dielektrizitätskonstante der Unterlage bzw. des Vakuums

Andererseits ist zu bedenken, daß die aus elektronenmikroskopischen Aufnahmen erhaltenen d- und s-Werte mit einem gewissen Fehler behaftet sind, was sich zwangsläufig auf den Grad der Übereinstimmung zwischen Theorie und experimentellen Werten auswirkt.

Für weitere Informationen über den aktuellen Stand zur Theorie und zu experimentellen Untersuchungen der elektrischen Leitfähigkeit in nichtkontinuierlichen Metallschichten sei auf die zusammenfassende Arbeit von Morris und Coutts [11] verwiesen.

3.2. Magnetische Eigenschaften kleiner Metallkristallite

3.2.1. *Ferromagnetische Metalle*

3.2.1.1. *Sättigungsmagnetisierung und magnetisches Moment kleiner ferromagnetischer Teilchen*

Frenkel, Dorfman und Néel [12] haben gezeigt, daß die kleinsten Kristallite eines Ferromagnetikums (etwa von der Größe 10 nm und darunter) nur einfache Domänen (Bezirke) der spontanen Magnetisierung bilden können, da die „Aufteilung" eines jeden dieser kleinen Teilchen auf mehrere Domänen nicht mit dem Zustand der niedrigsten freien Energie vereinbar ist. Eine weitere Frage, die im Zusammenhang mit den magnetischen Eigenschaften sehr kleiner ferromagnetischer Metallkristallite beantwortet werden muß, betrifft den Wert ihrer Sättigungsmagnetisierung im Vergleich zu dem des kompakten Metalls. Es ist bekannt, daß die Sättigungsmagnetisierung mit der Elektronenstruktur der ferromagnetischen Metalle im Zusammenhang steht. Unterscheidet sich diese bei kleinen Teilchen von der Elektronenstruktur des jeweiligen kompakten Metalls, (vgl. dazu Kap. 4.4.), so ändert sich auch die Sättigungsmagnetisierung. Demnach ist zu erwarten, daß unterhalb einer gewissen Größe der ferromagnetischen Metallteilchen eine parallele Anordnung der atomaren magnetischen Momente (zumindestens teilweise) verschwindet und das magnetische Gesamtmoment der Teilchen kleiner wird als für das gleiche Volumen des kompakten Metalls.

Eine theoretische Abschätzung der Mindestgröße von Teilchen, die noch ferromagnetische (parallele) Anordnung der magnetischen Atommomente aufweisen, hat VONSOVSKIJ [13] vorgenommen. Der Ausdruck für diese kritische Größe δ ergab sich dadurch, daß die HEISENBERGsche Unschärferelation auf den Impuls p des Elektrons, das sich frei im Innern eines Teilchens bewegt, angewendet wurde. Die diesem Impuls entsprechende Nullpunktsenergie ist gleich der Austauschenergie:

$$p = \frac{\hbar}{\delta} \tag{3.11}$$

und

$$\Delta\varepsilon_0 = \frac{\hbar^2}{2m\delta^2} \approx kT_C \tag{3.12}$$

$\Delta\varepsilon_0$: Austauschenergie; $\hbar = \frac{h}{2\pi}$, h: PLANCKsches Wirkungsquantum; m: Masse des Elektrons; k: BOLTZMANN-Konstante; T_C: CURIE-Temperatur

Nach Gl. (3.12) ergibt sich z. B. für Nickel (T_C: 630 K) die kritische Größe zu $\delta =$ 0,9 nm; für Eisen (T_C: 1043 K) und Cobalt (T_C: 1393 K) folgen entsprechend noch kleinere Werte. Man kann also auf Grund der Aussagen von Gl. (3.12) annehmen, daß das Verschwinden des Ferromagnetismus bei den genannten Metallen erst unterhalb der Teilchengröße von 1 nm eintritt, d. h. also für die „Kristallite", die nur aus wenigen Atomen aufgebaut sind (vgl. dazu auch Tab. 1.1).

3.2.1.2. Magnetisierung von Systemen, die kleine ferromagnetische Teilchen enthalten

Kleine, einfache magnetische Domänen bildende Teilchen weisen ein großes magnetisches Moment auf: $\mu_T = n \cdot \mu_f$ (n: Zahl der Atome, μ_f: magnetisches Atommoment im ferromagnetischen Zustand). Dieses Teilchenmoment μ_T kann in manchen Fällen einige Hundert oder sogar Tausende von BOHRschen Magnetonen betragen. Befinden sich die Teilchen in großen Abständen voneinander, so ist die magnetische Wechselwirkung zwischen ihnen schwach; folglich können die magnetischen Dipole der Teilchen sogar bei mäßigen Temperaturen den thermischen Fluktuationen unterliegen. Das gesamte magnetische Moment wird demnach — analog wie für Paramagnetika — durch die LANGEVINsche Beziehung ausgedrückt:

$$\frac{M}{M_s} = \operatorname{cth} \frac{\mu_T H}{k \cdot T} - \frac{kT}{\mu_T H} = L\,\frac{\mu_T H}{kT} \tag{3.13}$$

M bzw. M_s: Magnetisierung bei der Feldstärke H bzw. Sättigungsmagnetisierung der Probe; k: BOLTZMANN-Konstante; T: Temperatur, L: LANGEVINsche Funktion

Der geschilderte Zustand ist für kleine ferromagnetische Teilchen charakteristisch, die in einer nichtferromagnetischen Phase verteilt oder auf der Oberfläche einer derartigen Phase fixiert sind, also für zahlreiche in der Praxis wichtige Fälle.

Ist das Teilchenmoment verhältnismäßig klein und die Temperatur nicht zu niedrig, so daß $\frac{\mu_T H}{kT} \ll 1$ gilt, kann man die LANGEVINsche Funktion mit guter Annäherung durch die Beziehung

$$L\left(\frac{\mu_T H}{kT}\right) = \frac{\mu_T H}{3kT} \tag{3.14}$$

ausdrücken, die mit dem CURIEschen Gesetz für Paramagnetika identisch ist. Aus den Diagrammen der Abb. 3.3 ist ersichtlich, daß damit eine gute Annäherung für Nickelteilchen von der Größe 100—1000 Atome (entsprechend Durchmessern von 1,2 bis 3 nm) bei Raumtemperatur erreicht wird. Für derartige Teilchen ist die magnetische Suszeptibilität $\chi_g = \frac{\sigma}{H}$ (σ: Magnetisierung/Masseeinheit) von der Feldstärke unabhängig, und die reziproke Suszeptibilität ist eine lineare Funktion der Temperatur, d. h. ähnlich wie für gewöhnliche Paramagnetika.

Für den Fall $\frac{\mu_T H}{kT} > 1$ kann die LANGEVINsche Funktion mit der Formel (3.15) angenähert werden:

$$L\,\frac{\mu_T H}{kT} = 1 - \frac{\mu_T H}{kT}, \tag{3.15}$$

die den Teil der Magnetisierungskurve beschreibt, der sich dem Sättigungswert nähert. Das entspricht den Bedingungen tiefer Temperaturen, sehr hoher Feldstärken und größerer Teilchen.

Die aus kleinen ferromagnetischen Teilchen zusammengesetzten Systeme, deren Magnetisierung der LANGEVINschen Gleichung gehorcht, werden als Superparamagnetika oder kollektive Paramagnetika bezeichnet [14]. Diese beiden Termini sollen die Tatsache betonen, daß man es hier — im Gegensatz zu magnetischen Ionen, Atomen oder Molekülen in gewöhnlichen Paramagnetika — mit Riesenmomenten zu tun hat, die aus parallel angeordneten Atommomenten zusammengesetzt sind.

Im Fall polydisperser Systeme, die aus ferromagnetischen Teilchen verschiedener Größe bestehen, wird die Magnetisierung des Systems wie folgt ausgedrückt:

$$\frac{M}{M_s} = \int_{\mu_1}^{\mu_2} L\left(\frac{\mu_T H}{kT}\right) F(\mu_T)\, d\mu_T \tag{3.16}$$

Bei Berücksichtigung der Abhängigkeit $\mu_T = v \cdot I$ (v: Teilchenvolumen, I: Magnetisierung/Volumeneinheit) ergibt sich für die Magnetisierung

$$\frac{M}{M_s} = \int_{v_1}^{v_2} L\left(\frac{v \cdot I \cdot H}{kT}\right) F(v)\, dv \tag{3.17}$$

v_1 bzw. v_2: Volumen des kleinsten bzw. größten Teilchens des Systems; $F(v)$: Volumenverteilungsfunktion

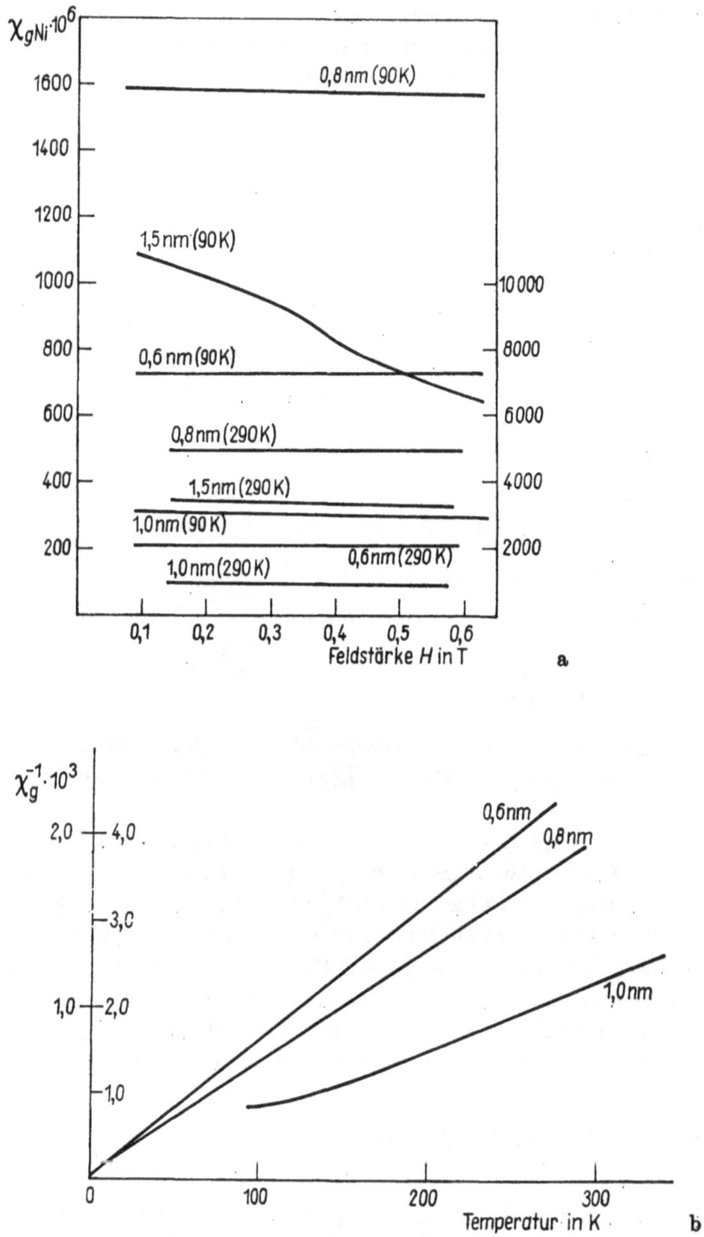

Abb. 3.3. Magnetische Suszeptibilität, χ, berechnet für kugelförmige Nickelteilchen mit den Radien 0,6, 0,8, 1,0 und 1,5 nm in Abhängigkeit von a) der Feldstärke $\mathscr{H}$ (in Tesla) und b) der Temperatur.

Linke Ordinate (in a) für r = 0,6 und 0,8 nm; rechte Ordinate für r = 1,0 und 1,5 nm

Die Funktion $F(v)$ kann auf unabhängigem Wege, z. B. durch Auswertung elektronenmikroskopischer Aufnahmen bestimmt werden. In den meisten Fällen ist $F(v)$ jedoch unbekannt, und man wertet die Messungen der Magnetisierungskurve zur Bestimmung dieser Funktion aus. ROMANOWSKI [15] und später DREYER [16] haben gezeigt, wie diese Verteilungsfunktion annähernd in Form des Histogramms ermittelt werden kann. Das Integral in den Gln. (3.16) und (3.17) wird mit der entsprechenden Summe angenähert, indem für das gegebene System eine gewisse Anzahl i der repräsentativen Teilchengrößen mit den Momenten μ_T gewählt wird sowie dazu die entsprechenden Wahrscheinlichkeitsdichten (statistische Gewichte) n_i. Danach ergibt sich Gl. (3.16) zu:

$$\frac{M}{M_s} = \sum_i n_i L \left(\frac{\mu_{T,i} H}{kT} \right), \text{ wobei } \sum_i n_i = 1 \tag{3.18}$$

Die Wahl von n_i und μ_i wird so vorgenommen, daß die experimentell gefundene Magnetisierungskurve — die die Abhängigkeit der Magnetisierung M von der Feldstärke H bei konstanter Temperatur widergibt — mit der nach Gl. (3.18) berechneten zusammenfällt. Aus der so angenäherten Verteilungsfunktion kann man charakteristische Verteilungsparameter erhalten und diese dann mit den nach anderen Methoden gefundenen Werten vergleichen.

Die überwiegende Mehrzahl experimenteller Untersuchungen über die magnetischen Eigenschaften kleinster ferromagnetischer Teilchen wurde bisher an Nickel-Trägerkatalysatoren ausgeführt. Die Aufgabe war hierbei eine Berechnung oder Abschätzung der Teilchenmomente μ_T und der Teilchengröße, in einigen Fällen auch die Bestimmung der Verteilungsfunktion, sofern diese Größen aus einer Reihe von Gründen mit anderen Methoden nicht zu gewinnen waren. Es ist möglich, diese Methode in einem weiten Bereich von Teilchengrößen und auch bei kleinem Gehalt an ferromagnetischen Teilchen in einer nichtferromagnetischen Matrix anzuwenden. Weiterhin ist diese Methode recht empfindlich; andererseits ist sie nur auf ferromagnetische Metalle beschränkt.

In neueren Untersuchungen dieser Art wurde mit sehr hohen magnetischen Feldstärken (bis 10 Tesla) gearbeitet, was ein Erreichen von Magnetisierungswerten bis nahe der Sättigung, sogar für kleinste ferromagnetische Teilchen, ermöglichte [17].

3.2.1.3. Magnetisierung von Systemen kleiner ferromagnetischer Teilchen unter Berücksichtigung einer magnetischen Wechselwirkung

Sind die Abstände zwischen kleinen ferromagnetischen Teilchen von der Größenordnung 1—3 nm (was bei einem kleinen Metallgehalt in Trägerkatalysatoren oder in inselartigen Schichten bei größeren nominellen Schichtdicken der Fall sein kann), darf die magnetische Wechselwirkung zwischen den Teilchen nicht vernachlässigt werden. Sie kann als ein zusätzliches inneres magnetisches Feld angesehen werden, das auf jedes Teilchen wirkt und von den magnetischen Momenten der benachbarten Teilchen hervorgerufen wird. Dieses Feld ist am größten, wenn die Teilchenmomente parallel ausgerichtet sind (Sättigungsmagnetisierung) und ist am kleinsten (nahezu Null), wenn sie ungeordnet sind (keine Magnetisierung).

Für die dazwischen liegenden Zustände wird das innere Feld gleich

$$H_i = \frac{M}{M_s} H_d \tag{3.19}$$

sein, wobei H_d die Feldstärke ist, die durch Wechselwirkung der Dipole bei $\frac{M}{M_s} = 1$ erzeugt wird. Die in dem System resultierende Feldstärke ergibt sich also zu:

$$H_{\text{total}} = H + H_i = H + \frac{M}{M_s} H_d \tag{3.20}$$

Die Magnetisierung des Systems kann man in diesem Fall nach ROSENFELD [18] durch die verallgemeinerte LANGEVIN-Funktion darstellen:

$$\frac{M}{M_s} = \text{th}\,\frac{M_s v\, H_{\text{total}}}{kT} = \text{th}\,\frac{M_s v\left[H + \frac{M}{M_s} H_d\right]}{kT} \tag{3.21}$$

Führt man die Bezeichnungen

$$\alpha = \frac{M_s v\left[H + \frac{M}{M_s} H_d\right]}{kT} \tag{3.22}$$

und

$$\Theta = \frac{M_s v H_d}{k} \tag{3.23}$$

ein, kann Gl. (3.21) wie folgt ausgedrückt werden:

$$\frac{M}{M_s} = \frac{T}{\Theta}\,\alpha - \frac{H}{H_d} \tag{3.24}$$

In Abb. 3.4 sind die Diagramme der verallgemeinerten LANGEVIN-Funktion nach den Gln. (3.21) und (3.24) dargestellt. Aus Gl. (3.21) ergibt sich eine Magnetisierungskurve des Superparamagnetikums: $\frac{M}{M_s} = \text{th}\,\alpha$, während Gl. (3.24) unter Berücksichtigung des Parameters $\frac{T}{\Theta}$ die Geraden ergibt, die die Ordinate in der Entfernung $-\frac{H}{H_d}$ von Null schneiden.

Diese Geraden schneiden zugleich die Magnetisierungskurve im Punkt S, der den Wert $\frac{M}{M_s}$ für gegebenes H und T bestimmt. Für $H = 0$ verläuft die nach Gl. (3.24) bestimmte Gerade durch den Ursprung des Koordinatensystems. Gilt $T < \Theta$, so wird die Magnetisierungskurve von der Geraden geschnitten, für $T > \Theta$ ist das nicht der Fall. Diese Ergebnisse bedeuten, daß im Fall $T < \Theta$ eine spontane Magnetisierung im System auftritt (bei $H = 0$, $\frac{M}{M_s} > 0$), während für $T > \Theta$ keine spontane Magnetisierung vorliegt.

Die Größe Θ hängt vom Teilchenvolumen und dem inneren Feld H_d ab. Die obere Grenze des Wertes für das innere Feld kann man nach NEUGEBAUER [19] gleich

$$H_{d,\max} \approx \frac{2}{3}\,\pi M_s \tag{3.25}$$

setzen, was z. B. für $\Theta = 300$ K und $H_d \approx 0{,}1$ Tesla (Nickel) ein Teilchenvolumen $v = \frac{k\Theta}{M_s H_d} = 8{,}2 \cdot 10^{-20}$ cm³, d. h. die Größe 4,4 nm ergibt. Die Nickelkristalle dieser oder einer kleineren Größe werden demnach bei Temperaturen höher als 300 K keine magnetische Wirkung aufeinander ausüben und somit der LANGEVIN-Gleichung folgen. Für Nickelteilchen der Größe 2 nm beträgt $\Theta = 30$ K. Die im Abschn. 3.2.1.2. erwähnten Teilchen, die eine Übereinstimmung des Magnetisierungsverlaufs mit der LANGEVIN-Funktion aufwiesen, hatten mittlere Teilchengrößen dieses Bereichs.

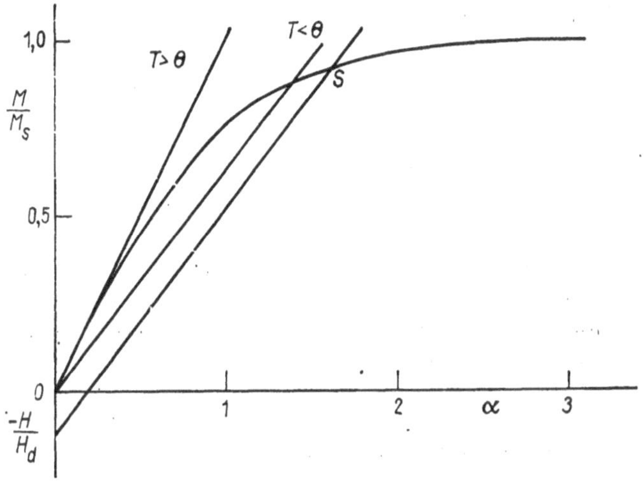

Abb. 3.4. Diagramm der verallgemeinerten LANGEVIN-Funktion (Erläuterungen s. Text).

In den Systemen, die ferromagnetische Teilchen von der Größenordnung einiger nm enthalten, sind sowohl bei denen, die die LANGEVIN-Gleichung befolgen, als auch für solche, die eine magnetische Wechselwirkung aufeinander ausüben, die $\frac{M}{M_s}$-Werte bei Feldstärken von der Größenordnung einiger Zehntel Tesla und Temperaturen bis zu einigen Hundert Kelvin erheblich kleiner, als die für kompakte Ferromagnetika. Die $\frac{M}{M_s}$ — T-Kurven verlaufen hierbei flacher als die für kompakte Materialien, und sie sind in einigen Fällen gegenüber der Temperaturachse sogar konkav durchgebogen, was früher als Auftreten „anomaler CURIE-Punkte" interpretiert wurde. Diese wurden auch mit dem Auftreten der im Vergleich zu grobkristallinen Metallen kleineren Koordinationszahlen derartiger Teilchen erklärt [20].

3.2.2. *Paramagnetische Metalle*

Die ferromagnetischen Metalle oberhalb ihres CURIE-Punktes sowie einige andere Übergangsmetalle weisen in einem großen Temperaturbereich paramagnetische Eigenschaften auf. Da die paramagnetische Suszeptibilität dieser Metalle durch ihre Elektronenstruktur im festen Zustand bedingt ist, kann man erwarten, daß die paramagnetischen Eigenschaften auch von der Änderung der Elektronenstruktur (als Folge sich ändernder Teilchengröße) beeinflußt werden.

Die Kristallitgrößenabhängigkeit der paramagnetischen Suszeptibilität von Palladiumschwarz (Teilchengröße oberhalb 5 nm) wurde durch KUBICKA [21] experimentell festgestellt und näher untersucht. Für Palladiumkristallite von etwa 5 nm konnte dabei eine Erniedrigung des Suszeptibilität um etwa 35%, bezogen auf das kompakte Metall, ermittelt werden. Eine noch stärkere Erniedrigung ergab sich für Palladium, das auf einem diamagnetischen Träger feinverteilt vorlag. In früheren Arbeiten haben andere Autoren eine Suszeptibilitätserhöhung für Platin und Palladium von ähnlichem Dispersitätsgrad festgestellt [22—24]; diese Resultate scheinen jedoch durch bestimmte experimentelle Gegebenheiten künstlich hervorgerufen worden zu sein. Durch eine neuere Arbeit über die paramagnetische Suszeptibilität hochdispersen Platins sind die Resultate von KUBICKA [21] vollauf bestätigt worden [25]. Die gefundene Suszeptibilitätserniedrigung läßt sich durch verschiedene Annahmen über die Änderung der Elektronenstruktur kleiner Palladiumkristallite, die Anwesenheit von Oberflächenzuständen usw. erklären.

Allerdings können zur Zeit (ganz allgemein) noch keine weitreichenden Aussagen über die Suszeptibilität kleiner Teilchen von paramagnetischen Metallen getroffen werden. Die Gründe hierfür sind gegenwärtig das Fehlen eines umfangreichen experimentellen Materials sowie die erst teilweise vorliegenden Ergebnisse von Berechnungen zur Elektronenstruktur metallischer Mikrokristallite [26]. Andererseits verspricht gerade die Entwicklung auf dem letztgenannten Gebiet (hierzu vgl. man [27]) auch weitere Fortschritte bezüglich der angesprochenen Problematik.

3.3. Wechselwirkung kleiner Teilchen mit elektromagnetischer Strahlung

3.3.1. *Streuung und Absorption von Licht durch Medien, die kleine Teilchen enthalten*

Bei der Wechselwirkung des Lichtes mit einem optisch nicht homogenen System[1] treten zwei Erscheinungen in den Vordergrund: Absorption und Streuung. Die Absorption des Lichtes (oder ganz allgemein einer Strahlung) dokumentiert sich in der Abnahme der Energie der einfallenden Welle bei ihrem Durchgang durch das betreffende Medium. Hierbei findet entweder eine Umwandlung der Lichtenergie in die innere Energie des Stoffes oder in die Energie sekundärer Strahlung von verschiedener Spektralzusammensetzung und Strahlungsrichtung statt. So kann die Absorption z. B. eine Erwärmung des absorbierenden Stoffes, die Ionisation der Atome und Moleküle oder photochemische Reaktionen verursachen[2]. Sie wird durch das LAMBERTsche Gesetz beschrieben:

$$I = I_0 \exp(-\mu d) \qquad (3.26)$$

I_0 bzw. I: Intensität der einfallenden bzw. aus dem Medium austretenden monochromatischen Welle; μ: linearer Absorptionskoeffizient; d: Schichtdicke

[1] System, das kleine Teilchen mit optischen Eigenschaften enthält, die von denen des dispergierenden Stoffes verschieden sind. Derart bedingte Inhomogenitäten führen beispielsweise dazu, daß sich der Brechungsindex (die Brechzahl) bei diesen Systemen in irregulärer Weise von Punkt zu Punkt ändert.

[2] Im sichtbaren Gebiet und im anschließenden langwelligen Spektralbereich erfolgt die Umwandlung der einfallenden Strahlung vorwiegend in Wärme. Bei kurzwelliger Strahlung, z. B. im Bereich der RÖNTGEN-, Gamma- oder Höhenstrahlung, findet eine Absorption durch den lichtelektrischen Effekt, COMPTON-Effekt sowie die Paarbildung statt.

Der Wert von μ hängt von der Strahlungsfrequenz und der chemischen Natur des Stoffes ab. μ ist mit dem komplexen Brechungsindex durch die Abhängigkeit 3.27 verbunden:

$$\mu = \frac{4\pi}{\lambda} nk \tag{3.27}$$

λ: Wellenlänge, n und k: optische Konstanten des absorbierenden Stoffes.

Die Frequenzabhängigkeit des Absorptionskoeffizienten findet ihren Ausdruck im Absorptionsspektrum. Im Gegensatz zu den Linienspektren einatomiger Gase und Dämpfe und den Bandenspektren[1] von Molekülen weisen Flüssigkeiten und feste Stoffe ein kontinuierliches Absorptionsspektrum auf, das sich aus verhältnismäßig breiten Banden mit $\mu \neq 0$ zusammensetzt. Der Grund für die letztgenannte Tatsache ist in der starken Wechselwirkung der Elektronenniveaus von Atomen und Molekülen untereinander begründet, die sich in kondensierten Phasen in kleinen Abständen voneinander befinden.

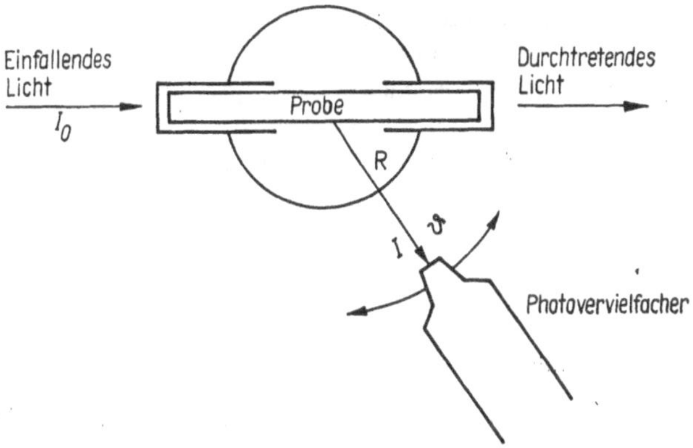

Abb. 3.5. Schema der Meßanordnung zum Nachweis der RAYLEIGH-Streustrahlung in festen Proben (nach [28])

Die Lichtstreuung ist ein Vorgang, bei dem das streuende Medium eine Richtungsänderung des einfallenden Lichtes verursacht, wobei eine nicht charakteristische Strahlung entsteht. Sie tritt beim Durchgang des Lichtes durch ein optisch nicht homogenes Medium auf. Ist die Größe der Inhomogenitäten deutlich kleiner als die Wellenlänge λ des eingestrahlten Lichtes (etwa 0,1 bis 0,2 λ), hat man es mit der sogenannten RAYLEIGH-Streustrahlung zu tun, die den TYNDALL-Effekt erklärt.

Die Untersuchung der RAYLEIGH-Streustrahlung war ursprünglich praktisch die einzige Methode, mittels der man die Anwesenheit kleiner Teilchen in durchsichtigen Medien feststellen und ihre Bewegungen verfolgen konnte (z. B. BROWNsche Bewegung kolloidaler Teilchen). In den zu diesem Zweck entwickelten Geräten (Ultramikroskopen) wird die Streuung des Lichtes unter einem Winkel von 90° zum einfallenden Lichtstrahl beobachtet (Abb. 3.5). Dabei kann man allerdings nicht die tatsächliche Form der Teil-

[1] Derartige Spektren (auch Molekülspektren genannt) bestehen ebenfalls aus einzelnen Spektrallinien, die jedoch in sehr engen Gruppen angeordnet sind. Bei großer Auflösung lassen sich die Banden fast immer in Linien auflösen.

chen erkennen, sondern nur die Lichtpunkte, die aus der Lichtbeugung an den kleinen Partikeln resultieren. Heutzutage bedient man sich dieser Methode noch dann, wenn die Anwendung des Elektronenmikroskops oder der Einsatz röntgenographischer Methoden (Kap. 3.3.2). und 3.3.3.) zur Teilchengrößenbestimmung in durchsichtigen Medien (z. B. Glas) aus einer Reihe von Gründen sehr erschwert oder unmöglich ist.

Die Gesamtintensität I des Lichtes, das unter dem Winkel ϑ an den Teilchen mit dem Volumen v gestreut wird, ist durch Gl. (3.28) bestimmt:

$$I = I_0 \frac{Nv^2}{r^2\lambda^4} \alpha(1 + \cos) \tag{3.28}$$

I_0: Intensität des einfallenden Lichtes; N: Teilchenzahl in der Volumeneinheit des streuenden Mediums; r: Abstand zwischen streuendem Volumen und Beobachtungspunkt; λ: Wellenlänge des eingestrahlten Lichtes; α: Koeffizient, der von der Differenz der Brechzahlen des Teilchens, n, und des Dispersionsmediums, n_0 ,abhängt (für $n - n_0 = 0$ folgt auch $\alpha = 0$).

Werden alle anderen Bedingungen konstant gehalten, ist die Intensität des gestreuten Lichtes der vierten Potenz von λ umgekehrt proportional. Das ist die charakteristische Eigenschaft der Rayleigh-Streuung; nähert sich die Teilchengröße dem Wert der Wellenlänge, so ist die Intensität der Streustrahlung proportional λ^{-p}, wobei $p < 4$ ist.

Der Wert des sogenannten Rayleigh-Koeffizienten R kann auf experimentellem Wege ermittelt werden:

$$R = \frac{I_{90}r^2}{I_0 v} \tag{3.29}$$

I_{90}: Intensität des unter dem Winkel von 90° gestreuten Lichtes

Dieser Koeffizient hängt von den optischen Konstanten des Systems wie folgt ab:

$$R = \frac{9\pi n_0^4}{2\lambda^4} \cdot \frac{(n^2 - k^2 - n_0^2)^2 + 4n^2k^2}{(n^2 - k^2 - 2n_0^2)^2 + 4n^2k^2} \tag{3.30}$$

n und k: optische Konstanten der Teilchen; n_0: Brechzahl des Mediums

Zur Bestimmung des Teilchenvolumens v kann man den Absorptionskoeffizienten μ heranziehen, der für den Fall kugelförmiger Teilchen im Medium mit der Brechzahl n_0 durch Gl. (3.31) bestimmt ist:

$$\mu = \frac{36\pi N_0 v\, n_0^3}{\lambda} \frac{nk}{(n^2 + k^2 + 2n_0^2)^2 + 4n^2k^2} \tag{3.31}$$

Ein Beispiel für die Anwendung der Gln. (3.29) bis (3.31) zur Bestimmung von Größen der Heterogenitätsbereiche in Gläsern sowie der Größe von Goldteilchen in lichtempfindlichen Gläsern bieten die Untersuchungen von Maurer [28, 29] sowie Smithard und Dupree [30]. Die Auswahl richtiger Werte der optischen Konstanten n und k kann vielfach erschwert sein, da sich die in verschiedenen Quellen angeführten Zahlenwerte stark voneinander unterscheiden; sie scheinen von den Herstellungsbedingungen der Proben für die jeweiligen Messungen abzuhängen.

3.3.2. *Röntgenlinienverbreiterung*

In den Röntgendiagrammen von Pulvern mit Kristallitgrößen kleiner etwa 100 nm beobachtet man eine Verbreiterung der Interferenzlinien gegenüber deren normaler Breite. Letztere ist durch verschiedene instrumentelle Faktoren, wie Geometrie der Strahlungsquelle und der Spaltblende, Absorption in der Probe, nicht vollständige Monochromatisierung der Strahlung usw. bedingt. Als einen charakteristischen Parameter für die Verbreiterung wurde die Linienhalbwertsbreite β gewählt, d. h. die Linienbreite im Winkelmaß bei der Hälfte des Intensitätsmaximums der Linie. Sie wird mit der instrumentell bedingten Linienbreite korrigiert. Dabei gilt für das GAUSS-Profil der Linie

$$B^2_{\text{beob.}} = b^2_{\text{instr.}} + \beta^2 \tag{3.32}$$

und für das CAUCHY-Profil (Abb. 3.6)

$$B_{\text{beob.}} = b_{\text{instr.}} + \beta \tag{3.33}$$

$B_{\text{beob.}}$: direkt gemessene Linienbreite; $b_{\text{instr.}}$: instrumentell bedingte Halbwertsbreite

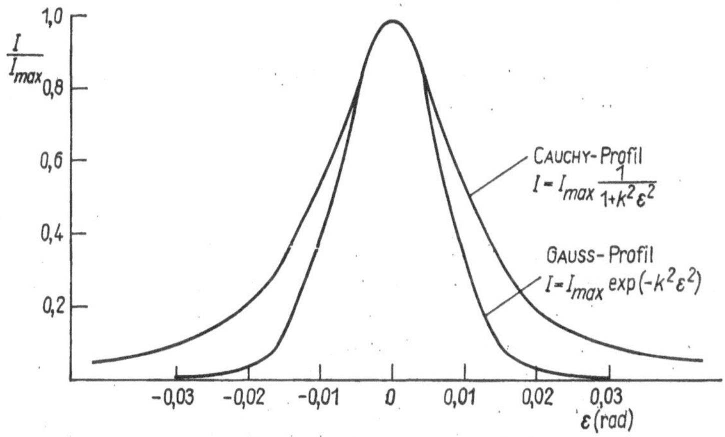

Abb. 3.6. CAUCHY- und GAUSS-Profile der Röntgenlinie von Pulveraufnahmen

In der Praxis werden sehr oft das GAUSS-Profil und die Abhängigkeit (3.32) angenommen, obwohl auch Fälle bekannt sind, bei denen das CAUCHY-Profil besser paßt. Die apparativ bedingte Linienverbreiterung, $b_{\text{instr.}}$, wird durch gleichzeitige Zugabe einer grobkristallinen, pulverigen Substanz bestimmt, die eine scharfe Interferenzlinie in der Nähe der eigentlichen Probenlinie erzeugt; $b_{\text{instr.}}$ hängt vom Beugungswinkel Θ ab. Nach Bestimmung von β erhält man aus der bekannten SCHERRER-Gleichung die mittlere Größe der Kristallite nach der Masse, $\bar{d}$:

$$\bar{d} = \frac{K\lambda}{\beta \cos \Theta} \tag{3.34}$$

K: SCHERRER-Konstante (etwa 0,9), λ: Wellenlänge der monochromatischen Strahlung, Θ: Beugungswinkel

In der ursprünglichen Ableitung der Beziehung 3.34 ist der Wert von K gleich 0,94, in der Ableitung von BRAGG dagegen 0,89. Dieser Unterschied ergibt sich daraus, daß der genaue K-Wert durch den Habitus und die Symmetrieverhältnisse der Kristallite beeinflußt wird [31]. Allerdings haben diese geringen Unterschiede — wegen der nicht allzu großen Genauigkeit der einfachen Röntgenbeugungsmethode — praktisch keine Bedeutung.

Eine von STOKES und WILDON dargelegte verallgemeinerte Ableitung der Beziehung (3.34) führt zur effektiven Kristallitgröße L_{hkl}; diese ist eine mittlere Größe nach dem Volumen T in Richtung der Normalen zur reflektierenden Fläche hkl:

$$L_{hkl} = \frac{1}{v} \int T dv. \tag{3.35}$$

L_{hkl} kann durch die Beziehung

$$\beta_i(\Theta) = \frac{\lambda}{L_{hkl} \cos \Theta} \tag{3.36}$$

bestimmt sein. Wenn man berücksichtigt, daß

$$v = A\overline{T}, \tag{3.37}$$

wobei A eine Projektion des Kristallquerschnitts parallel zur reflektierenden hkl-Fläche ist, kann man L_{hkl} auch als

$$L_{hkl} = \frac{\overline{T}^2}{T} \tag{3.38}$$

ausdrücken. Gl. (3.36) ist der SCHERRER-Gleichung (3.34) analog (für $K = 1$). Die Auswertung von L_{hkl} bietet aber die Möglichkeit, Teilchengrößen in verschiedenen (zur Beugungsrichtung hkl senkrechten) Richtungen zu berechnen, was bei einer großen Formanisotropie der Teilchen von Bedeutung ist.

Um einwandfreie Intensitätsprofile zu erhalten, sollte man unbedingt ein Zählrohrdiffraktometer anwenden, eine sorgfältig monochromatisierte Strahlung erzeugen und kleine Verschiebungsgeschwindigkeiten des Zählrohrs beachten. Beim Einsatz von Kupferstrahlung ist weiterhin eine Korrektur für die Dublettaufspaltung ($\alpha_1 - \alpha_2$) der K-Linie erforderlich [32]. Und schließlich gilt zu berücksichtigen, daß die Linienverbreiterung nicht nur von der Kristallitgröße, sondern auch von auftretenden Gitterspannungen und anwesenden Stapelfehlern abhängen kann. Man sollte demnach starke mechanische Beanspruchungen der Präparate — wie Zerstoßen, Zerreiben oder Pressen — während der Probenvorbereitung vermeiden.

Treten aber in den Substanzen Gitterspannungen auf und liegen Stapelfehler vor, ist verständlicherweise eine Analyse der Linienverbreiterung komplizierter; in diesem Fall müssen die Spannungseffekte und der Einfluß physikalischer Baufehler (Stapelfehler) quantitativ eliminiert werden. Die von WARREN und AVERBACH dazu vorgeschlagene Methode [33], vgl. auch [34], beruht auf der FOURIER-Analyse der Intensität der verbreiterten Reflexe. Für eine weniger genaue Abschätzung beider Anteile kann man sich einer einfacheren Methode bedienen, nach der man die Additivität beider Effekte und das CAUCHY-Profil der Linien annimmt. Die auf Grund von Gitterspannungen hervorgerufene Reflexverbreiterung ist durch die Beziehung (3.39) gegeben:

$$\beta_{Sp} = K' \operatorname{tg} \Theta \tag{3.39}$$

K': ein zum Ausmaß der Gitterspannung proportionaler Parameter

Für die gemessene Linienverbreiterung folgt (unter Berücksichtigung von $b_{\text{instr.}}$):

$$\beta = \frac{K\lambda}{\bar{d} \cos \Theta} + K' \operatorname{tg} \Theta \tag{3.40}$$

Aus dem $\beta \cos \Theta - \sin \Theta$-Diagramm kann man dann die mittlere Kristallitgröße d als Abschnitt auf der Ordinate gewinnen.

Die oben besprochene, auf der SCHERRER-Gleichung basierende Methode der Teilchengrößenbestimmung ergibt lediglich auf $\pm 30\%$ genaue $\bar{d}$-Werte, was hauptsächlich durch die verschiedene Form der Teilchen und ihre Größenverteilung bedingt ist. Die Methode eignet sich zur Größenbestimmung bei Partikeln im Bereich von 3 bis 50 nm. Für diese bereitet eine Bestimmung des Linienprofils keine größeren Schwierigkeiten, zumal die Differenz zwischen der beobachteten und der instrumentell bedingten Halbwertsbreite fast immer genügend groß ist. Allerdings ist es für eine genaue Ermittlung der $\bar{d}$-Werte nach dieser Methode erforderlich, daß die Interferenzlinien ziemlich stark sind und sich im Fall von Mehrphasensystemen nicht überdecken.

Bei Abwesenheit von Gitterspannungen und Stapelfehlern kann die genaue FOURIER-Analyse des Linienprofils auch zur Bestimmung der Teilchengrößenverteilung ausgenutzt werden [35].

Da die Möglichkeit gegeben ist, sich zur Ermittlung von Linienverbreiterungen der Standardapparaturen für die Aufnahme von Pulverdiagrammen zu bedienen, wird diese Methode sehr oft zur Teilchengrößenbestimmung bei Ein- und Multiphasensystemen angewendet.

3.3.3. *Röntgenkleinwinkelstreuung*

Die Beugung der Röntgenstrahlung im Winkelbereich $< 5°$ wurde bis vor einer Reihe von Jahren als Methode zur Teilchengrößenbestimmung wesentlich seltener genutzt als die Röntgenlinienverbreiterung. Gründe hierfür scheinen u. a. in der Tatsache zu liegen, daß die einfachere Form der Theorie der Kleinwinkelstreuung nur auf „verdünnte" Teilchensysteme anwendbar ist und die Leistungsfähigkeit der Methode von der Differenz zwischen dem Streuvermögen der Teilchen und dem des dispergierenden Mediums abhängt [36]. Eine aus der Sicht von Untersuchungen an Metall-Trägerkatalysatoren getroffene Wichtung der verschiedenen Streuanteile ist in der Arbeit [37] gegeben.

Die ersten Beobachtungen der Röntgenkleinwinkelstreuung wurden schon Anfang der dreißiger Jahre gemacht; wenige Jahre später stellte GUINIER eine Theorie dieser Methode auf [38].

Die Intensität I der unter einem kleinen Winkel ε gestreuten Röntgenstrahlung ist in einem System, in dem die Teilchendimensionen im Vergleich zur Wellenlänge λ groß und von beliebiger Form sind, durch die Beziehung (3.41) gegeben:

$$I = I_0 \exp\left(-\frac{4\pi^2 R_G{}^2 \varepsilon^2}{3\lambda^2}\right) \tag{3.41}$$

R_G ist der sogenannte GUINIER-Radius (gyration radius), d. h. ein Trägheitsradius in bezug auf den elektronischen Schwerpunkt des Teilchens. Für eine Kugel beträgt er $\sqrt{\frac{3}{5}}\,r$ (r: geometrischer Radius). Für andere Teilchenformen läßt sich die Abhängigkeit zwischen R_G und r auf Grund geometrischer Vorstellungen ableiten; so ergibt sich für Ellipsoide mit den Achsen a, a und na der GUINIER-Radius zu: $R_G = a\sqrt{\frac{2+n^2}{5}}$.

Nach Logarithmieren von Gl. (3.41) erhält man

$$\ln I = \ln I_0 - \frac{4\pi^2}{3\lambda^2} R_G^2 \varepsilon^2. \tag{3.42}$$

Aus dem dieser Beziehung zugrunde liegenden $\ln \frac{I}{I_0} - \varepsilon^2$-Diagramm kann man R_G als Neigung der erhaltenen Geraden bestimmen (Abb. 3.7).

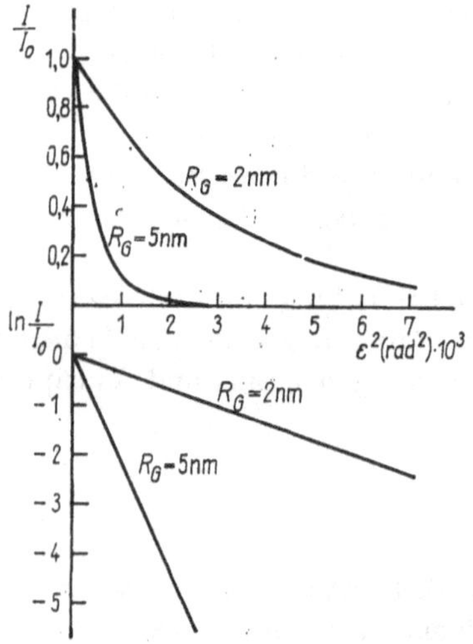

Abb. 3.7. Abhängigkeit der $\frac{I}{I_0}$- bzw. $\ln \frac{I}{I_0}$-Werte von ε^2. Es wurden $\lambda_{\mathrm{CuK}\alpha} = 0{,}154$ nm gewählt sowie für R_G die Werte 2 und 5 nm angenommen

Eine Theorie der Kleinwinkelstreuung für dicht gepackte, d. h. nicht verdünnt vorliegende Teilchen von beliebiger Form und Packung wurde später in Anwendung auf Gele und Polymere von POROD [39] und KRATKY [40] ausgearbeitet. Von Bedeutung waren auch die Arbeiten zur Interpretation der Streukurven $I - \varepsilon^2$ für polydisperse Systeme. Nach POROD ist der asymptotische Auslauf der verschmierten Streukurve bei größeren Winkeln durch die Gl. (3.43) beschreibbar:

$$J_{asy} = \frac{(\varrho - \varrho_0)^2}{8\pi} \frac{S\lambda^4}{\varepsilon^4} \tag{3.43}$$

I_{asy}: *asymptotischer* Wert der Intensität der gestreuten Strahlung; ϱ bzw. ϱ_0: Elektronendichten der streuenden Teilchen bzw. des sie umgebenden Mediums; S: spezifische Oberfläche der Teilchen.

Die Beziehung (3.43) gilt für beliebige geometrische Formen der Teilchen und eine beliebige Packungsdichte. Sie erlaubt zum Beispiel den Vergleich der spezifischen Oberflächenwerte metallischer Phasen, die in einem Medium geringer Elektronendichte (z. B. in Trägerkatalysatoren) vorliegen. Dies ist auf Grund von Messungen der Streuintensität bei einem einzigen ε-Wert möglich, der im Gültigkeitsbereich von Gl. (3.43) liegt.

3.3.3.1. *Bestimmung der Größenverteilungsfunktion von Teilchen aus Kleinwinkelstreukurven*

Für Teilchen von uneinheitlicher Größe (polydisperse Systeme) wird die Abhängigkeit $\ln I - \varepsilon^2$ nicht durch eine Gerade widergespiegelt. JELLINEK et al. [41] haben gezeigt, daß man die Größenverteilungsfunktion für derartige Systeme mittels einfacher Rechnungen durch Konstruktion der Tangenten der $\ln I - \varepsilon^2$-Kurven bei verschiedenen ε-Werten bestimmen kann. BAUER [42] hat bereits zuvor die Berechnung dieser Funktion nach der FOURIER-Transformationsmethode aus der Abhängigkeit der Streuintensität von der Verteilungsfunktion $W(R_G)$ vorgeschlagen:

$$I = C \int W(R_G) \exp\left(-\frac{4\pi^2 R_G \varepsilon^2}{3\lambda^2}\right) dR_G \tag{3.44}$$

$W(R_G)$: GUINIER-Radius-Verteilungsfunktion; C: Konstante

Ein anderer Weg zur Berechnung der Größenverteilungsfunktion ist der Arbeit von HARKNESS et al. [43] zu entnehmen. In ihr ist ein Zusammenhang zwischen den Verteilungsparametern $\bar{x}$ und σ und dem GUINIER- sowie POROD-Radius dargelegt:

$$\ln \bar{x} = \ln R_G - 1{,}714 \ln \frac{R_G}{R_p} \tag{3.45}$$

$$(\ln \sigma)^2 = 0{,}286 \ln \frac{R_G}{R_p} \tag{3.46}$$

Der POROD-Radius R_p wird aus dem asymptotischen Teil der $I - \varepsilon$-Kurve erhalten.

Unter den verschiedenen Anwendungen der Röntgenkleinwinkelstreuung zur Bestimmung der Teilchengröße von Metallen kommt in letzter Zeit der Größenbestimmung der sogenannten PRESTON-GUINIER-Zonen (lokale Heterogenitäten) in festen Lösungen [44] sowie der von Metallteilchen in Trägerkatalysatoren [45] eine große Bedeutung zu. Da diese Teilchengrößen gewöhnlich eine Verteilung aufweisen, bemüht man sich auch darum, die Methoden zur Interpretation von Streukurven zu verbessern, um damit wiederum genauere Informationen über diese Verteilung zu erhalten. Im besonderen Fall der Metall-Trägerkatalysatoren hat man die Hohlräume des Porensystems zu berücksichtigen, die während der Messungen mit Luft oder einem anderen Gas gefüllt sind und somit — neben dem Metall und der Trägersubstanz — eine dritte Art von Streuzentren darstellen. Eine Methode zur Behandlung experimenteller Daten ist für diesen Fall von RENOUPREZ und IMELIK [46] angegeben; sie wurde später von RENOUPREZ et al. zur Bestimmung der Platinteilchengröße in Al_2O_3- [47] und Y-Zeolith-Proben [48] angewandt. Im letzten Fall stellte man die Existenz auch sehr kleiner Platinkristallite (Größe etwa 1 nm) fest. In der Arbeit [37] konnte für 0,5 $Pd/\gamma-Al_2O_3$-

Proben abgeschätzt werden, daß die kleinsten zur Streuung merklich beitragenden Teilchen einen Durchmesser von 1—1,5 nm hatten. Die Bestimmung derart kleiner Teilchengrößen liegt außerhalb der Möglichkeiten der Linienverbreiterungsmethode, und sie ist auch durch die Grenze des Auflösungsvermögens normaler Elektronenmikroskope eingeschränkt.

Die apparative Seite der Röntgenkleinwinkelstreuung bot anfänglich gewisse Schwierigkeiten, da bei dieser Methode eine sehr genaue Kollimation des Strahls und die Beseitigung der Blendenstreuung in unmittelbarer Umgebung des Primärstrahls erforderlich sind. Seitdem jedoch KRATKY [49] eine einfache und sehr sinnreiche „Rahmenkamera" entwickelt hat, sind diese Schwierigkeiten beseitigt, und es stehen entsprechende leistungsfähige Geräte aus der Serienproduktion zur Verfügung.

Literatur

[1] F. SAUERWALD u. St. KUBIK, Z. Elektrochem. angew. phys. Chem. **38**, 33 (1932)
[2] W. TRZEBIATOWSKI, Z. phys. Chem. A **169**, 91 (1934)
[3] G. GRUBE u. H. SCHLECHT, Z. Elektrochem. angew. phys. Chem. **44**, 367 (1938)
[4] E. RAUB u. W. PLATE, Z. Metallkd. **40**, 171, 206 (1949)
[5] J. MARTINET u. S. TACVORIAN, Rev. Métallurgie **54**, 65 (1957)
[6] R. M. HILL, Proc. Roy. Soc., Ser. A **309**, 377 (1969)
[7] C. A. NEUGEBAUER u. M. B. WEBB, J. Appl. Phys. **33**, 74 (1962)
[8] T. E. HARTMAN, J. Appl. Phys. **34**, 943 (1963)
[9] R. M. HILL, Nature (London) **204**, 35 (1964)
[10] R. M. HILL, Proc. Roy. Soc., Ser. A **309**, 397 (1969)
[11] J. E. MORRIS u. T. J. COUTTS, Thin Solid Films **47**, 3 (1977)
[12] a) J. FRENKEL u. J. DORFMAN, Nature (London) **126**, 274 (1930)
b) L. NÉEL, C. R. Acad. Sci. **228**, 664 (1949), Rev. Mod. Phys. **25**, 293 (1953)
[13] S. V. VONSOVSKIJ, „*Magnetizm*", Izd. Nauka, Moskva 1971, S. 803
[14] P. W. SELWOOD, „*Adsorption and Collective Paramagnetism*", Academic Press, New York 1962
[15] W. ROMANOWSKI, Rocz. Chem. **34**, 239 (1960); Z. anorg. allg. Chem. **351**, 180 (1967)
[16] H. DREYER, Z. anorg. allg. Chem. **362**, 233 (1968)
[17] J. T. RICHARDSON u. P. DESAI, J. Catal. **42**, 294 (1976)
[18] L. ROSENFELD, „*Theory of Electrons*", North Holland, Amsterdam 1951
[19] C. A. NEUGEBAUER, „*Physics of Thin Films*", Bd. I, Kap. 1, Academic Press, New York 1964
[20] P. W. SELWOOD, S. ADLER u. J. PHILLIPS, J. Amer. Chem. Soc. **77**, 1462 (1955)
[21] H. KUBICKA, J. Catal. **5**, 39 (1966)
[22] W. HABERDITZL u. C. NICOLAU, Naturwissenschaften, **47**, 251 (1960)
[23] L. H. REYERSON, A. SOLBAKEN u. R. W. ZUEHLKE, J. Phys. Chem. **65**, 1471 (1965)
[24] E. A. BYLINA, V. B. EVDOKIMOV u. N. I. KOBOZEV, Zh. Fiz. Khim. **36**, 2552 (1962)
[25] S. LADAS, R. A. DALLA BETTA u. M. BOUDART, J. Catal. **53**, 356 (1978)
[26] J. CZERWONKO, Phys. Status Solidi **30**, 723 (1968)
[27] H. H. DUNKEN u. V. Y. LYGIN, „*Quantenchemie der Adsorption an Festkörperoberflächen*", VEB Deutscher Verlag für Grundstoffindustrie, Leipzig 1978
[28] R. D. MAURER, J. Chem. Phys. **25**, 1206 (1956)
[29] R. D. MAURER, J. Appl. Phys. **29**, 1 (1958)
[30] M. A. SMITHARD u. R. DUPREE, Phys. Status Solidi **11a**, 695 (1972)
[31] H. KLUG u. L. E. ALEXANDER, „*X-Ray Diffraction Procedures for Polycristalline and Amorphous Materials*", 2. Aufl., John Wiley and Sons, New York 1974, S. 635
[32] W. A. RACHINGER, J. Sci. Instr. **25**, 254 (1948)
[33] B. E. WARREN u. B. L. AVERBACH, J. Appl. Phys. **21** 595 (1950)
[34] G. K. WILLIAMSON u. W. HALL, Acta Metallurg. **1**, 22 (1953)
[35] A. BIENENSTOCK, J. Appl. Phys. **32**, 187 (1961); ibid. **34**, 1391 (1963)

[36] A. GUINIER, „*Théorie et technique de la radiocrystallographie*", Dunod, Paris 1956, S. 636ff.
[37] G. E. W. SCHULZE ,R. RADOSTA u. H. SPINDLER, Z. anorg. allg. Chem. 421, 183 (1976)
[38] A. GUINIER, C. R. Acad. Sci. **204**, 1115 (1937); Ann. Phys. (Paris) **12**, 161 (1939); J. Chim. Phys. **40**, 133 (1943)
[39] G. POROD, Kolloid-Z. **124**, 83 (1951); ibid. 125, 51, 109 (1952); G. POROD in: „*Small Angle X-Ray Scattering*", hrsg. von H. BRUMBERGER, Gordon u. Breach, New York — London 1967, S. 1—15
[40] O. KRATKY, Oesterer. Chem.-Ztg. **54**, 193 (1953) und dort angeführte Literatur
[41] M. H. JELLINEK, E. SOLOMON u. I. FANKUCHEN, Ind. Eng. Chem. Anal. Ed. **18**, 172 (1946)
[42] S. H. BAUER, J. Chem. Phys. **13**, 450 (1945)
[43] S. D. HARKNESS, R. GOULD u. J. J. HREN, Phil. Mag. **19**, 115 (1969)
[44] V. GEROLD in: „*Small Angle X-Ray Scattering*", loc cit., S. 292ff.
[45] G. A. SOMORJAI, R. E. POWELL, P. W. MONTGOMERY u. G. JURA, ibid. S. 449ff.
[46] A. J. RENOUPREZ u. B. IMELIK, J. Appl. Crystallogr. **6**, 105 (1973)
[47] A. J. RENOUPREZ, C. HOANG-VAN u. P. A. COMPAGNON, J. Catal. **34**, 411 (1974)
[48] P. GALLEZOT, A. ALARCON-DIAZ, J. A. DALMON, A. J. RENOUPREZ u. B. IMELIK, J. Catal. **39**, 334 (1975)
[49] O. KRATKY, Z. Elektrochem., Ber. Bunsenges. Phys. Chem. **58**, 49 (1954)

4. Geometrische und elektronische Struktur kleiner Metallkristallite

Der strukturelle Aufbau kleinster Teilchen, die lediglich wenige Atome enthalten, kann nicht unmittelbar — selbst beim Einsatz hochauflösender Elektronenmikroskope — erfaßt werden. Unsere Begriffe über Symmetrie und geometrische Anordnung der Atome in derartigen Systemen müssen sich also notwendigerweise auf Analogien und bekannte Tatsachen über den Aufbau größerer Kristalle stützen. Es erschien daher die Annahme zweckmäßig, daß kleinste Metallteilchen nach denselben Prinzipien der geometrischen Kristallographie aufgebaut sind wie die größeren Kristalle. Da die Mehrzahl der Metalle in den einfachen hochsymmetrischen Strukturen — wie kubisch-flächenzentriert (A_1-Struktur), kubisch-raumzentriert (A_2-Struktur) und hexagonal dichteste Kugelpackung (A_3-Struktur) — auftritt, wurden auch die Modelle für die kleinsten Metallkristallite als Polyeder konstruiert. Diese waren aus einer entsprechenden Zahl von Atomen zusammengesetzt und stellten Bruchteile des Raumgitters dar; entsprechend der kristallographischen Betrachtungsweise wurden die Atome als starre Kugeln angesehen.

Die vom geometrisch-kristallographischen Standpunkt aus erfolgten Untersuchungen über die Packung starrer Kugeln im Raum haben auch eine wichtige Rolle bei der Voraussage des Aufbaus und der Stabilität der aus einer kleinen Anzahl von Atomen zusammengesetzten Aggregate gespielt. Die Stabilitätsbedingung solcher Anhäufungen von Atomen (Cluster) besteht für eine jeweils bestimmte Zahl von Atomen im Erreichen des Minimums der potentiellen Energie oder (allgemein) des Minimums der freien Energie; letztere stellt die Summe aus potentieller Energie und der Energie der inneren Freiheitsgrade dar. Eine derartige Auffassung schließt die Berücksichtigung weiterer, nicht „gitterartiger" Polyeder der klassischen Kristallographie keineswegs aus; man kann hierbei auch vollständig ungeordnete Atomgebilde in Rechnung stellen.

Bei Wahl eines geeigneten Ansatzes für das Wechselwirkungspotential ist zu erwarten, daß ein Minimum der potentiellen Energie im Fall der dichtesten Kugelpackung erreicht wird. Wie bekannt, wird die größte Packungsdichte (rd. 74%) in den A_1- und A_3-Strukturen realisiert. Demnach wurden auch in den ersten Arbeiten, die sich mit der Aufstellung von Clustermodellen befaßten, solche aus starren Kugeln gebildete Polyeder in Betracht gezogen, die die Fragmente der erwähnten Raumgitter darstellen.

4.1. „Gitterartige“ Strukturen kleiner Atomaggregate

Einfache reguläre Polyeder, die eine maximale Packungsdichte besitzen und zumindestens einige Symmetrieelemente dichtgepackter Raumgitter aufweisen, können aus einer kleinen Zahl von Atomen aufgebaut werden. Für die A_1-Struktur sind derartige Polyeder das Tetraeder, der Kubus sowie das Oktaeder und Kubooktaeder. Die kleinste Zahl n von Atomen, aus denen diese Polyeder konstruiert werden können, ist enspre-

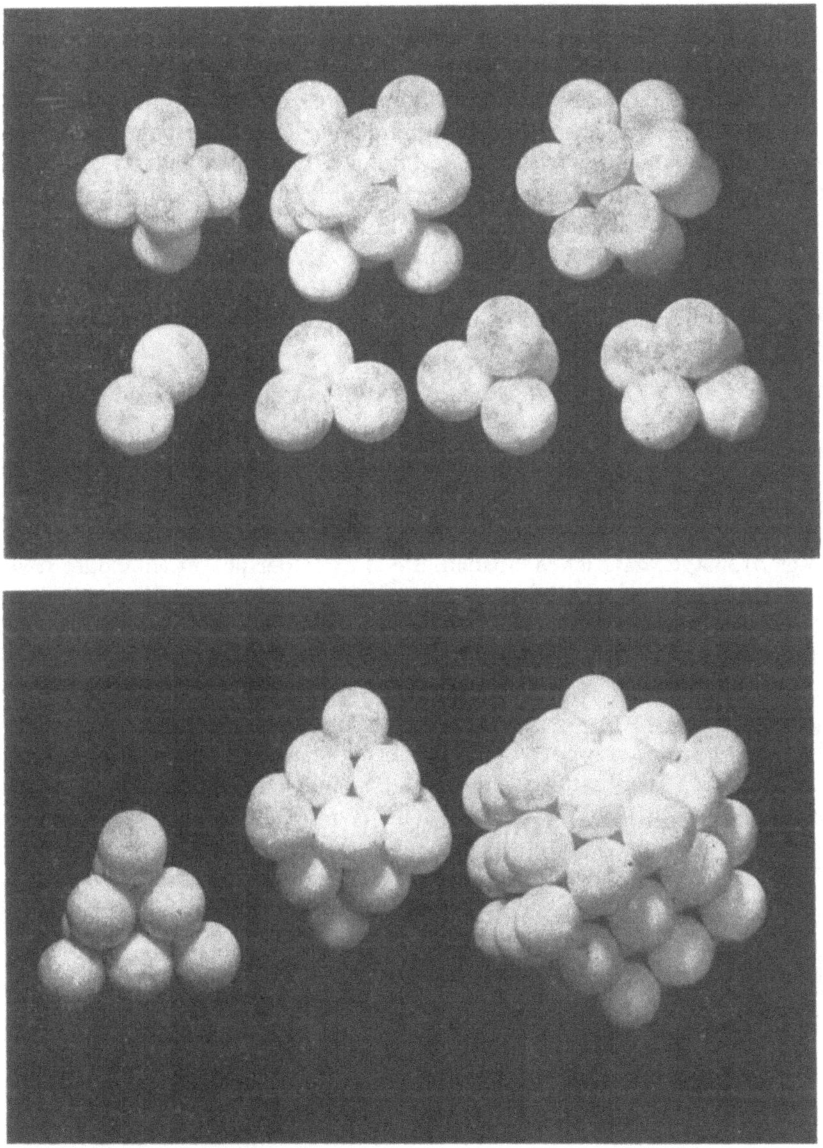

a

b

Abb. 4.1. Kleine gitterartige Cluster aus n Atomen gleicher Größe

a) *Untere Reihe:* Paar ($n = 2$); gleichseitiges Dreieck ($n = 3$); Tetraeder ($n = 4$); tetragonale Pyramide ($n = 5$). *Obere Reihe:* Oktaeder ($n = 6$); Kubus ($n = 14$); Kubooktaeder ($n = 13$)

b) Tetraeder ($n = 10$); Oktaeder ($n = 19$); Kubooktaeder ($n = 55$)

chend 4, 14, 6 bzw. 13 (Abb. 4.1). Jedes dieser Polyeder läßt sich jeweils aus einer größeren Zahl von Atomen zusammensetzen, wobei diese natürlich nicht eine beliebige Zahl sein kann. Entsprechende Polyeder für die A_2-Struktur sind der Kubus (9 Atome), die tetragonale Bipyramide (6 Atome) und das rhombische Dodecaeder (15 Atome). Für die A_3-Struktur sind analoge einfachste gitterartige Polyeder das sechseckige Prisma, die sechseckige Bipyramide sowie abgestumpfte sechseckige Bipyramide. Eine vollständige Zusammenstellung der Atomzahlen, die diese Polyeder mit wachsender Größe bilden können, enthält eine Arbeit von ROMANOWSKI [1].

Im Zusammenhang mit Untersuchungen der Eigenschaften verschiedener Adsorptionsplätze an der Oberfläche von Katalysatoren, die kleinste Metallkristallite enthalten, haben andere Autoren ähnliche Polyeder in Betracht gezogen [2, 3]. Als Stabilitätskriterium wurde in [1] das Erreichen eines Minimums der Oberflächenenergie der gebildeten Polyeder angenommen. Aus den Berechnungen folgte, daß dieses Minimum bei der A_1-Struktur für ein Kubooktaeder auftritt, während bei der A_2-Struktur das Dodecaeder und bei der A_3-Struktur die abgestumpfte sechseckige Bipyramide die energetisch stabilsten Formen sind. Wie später noch gezeigt wird, hatten diese Aussagen wegen der ausschließlichen Verwendung des „Modells starrer Kugeln“ und der Nichtberücksichtigung der Möglichkeit einer Bildung von Polyedern anderer Symmetrie nur eine beschränkte Bedeutung.

4.2. Stabilität kleiner Aggregate

4.2.1. *Minimum der potentiellen Energie*

Im Fall kleinster Atomaggregate ist es möglich, die Minima der potentiellen oder freien Energie mittels ziemlich genauer, allgemein anwendbarer Methoden zu berechnen, indem man ein gewisses Modell der Wechselwirkung zwischen den Atomen und eine bestimmte Konfiguration wählt. Die Konfiguration, die bei dem angenommenen Wechselwirkungspotential den kleinsten Wert der potentiellen Energie ergibt, kann als am stabilsten angesehen werden.

Die Aufgabe einer Berechnung der Wechselwirkungsenergie zwischen den einzelnen Kraftzentren, bekannt als das Vielteilchenproblem, ist nur bei gewisser Vereinfachung des Wechselwirkungsmodells lösbar. Als eine solche Vereinfachung dient die Annahme einer sogenannten paarweisen Wechselwirkung. Diese besteht darin, daß die Gesamtenergie der Summe der Wechselwirkungen aller Teilchenpaare[1] gleichgesetzt und die Wechselwirkung aller anderen Atome mit dem betreffenden Atompaar vernachlässigt wird.

Die potentielle Energie des Systems betragt dann:

$$E(r_1, r_2, \ldots, r_n) = \sum_i \sum_{j>i} V(|r_1 - r_j|) \tag{4.1}$$

$V(|r_1 - r_j|)$: Wechselwirkungspotential, das von den Vektoren r_{ij} des Abstandes zwischen den einzelnen Atomen abhängt.

---

[1] Es gibt $\frac{n}{2}(1 - n)$ derartiger Paare, wobei n die Zahl der Körper (im vorliegenden Fall: Atome) ist, die einen Cluster bilden.

Gewöhnlich wird eine der folgenden analytischen Formen des Potentials angenommen:

$$\text{Morse-Potential: } V(r) = \{1 - \exp[a(1 - r)]\}^2 - 1 \quad (4.2)$$

$$\text{Mie-Potential: } V(r) = \frac{1}{m - n}[nr^{-m} - mr^{-n}] \quad (4.3)$$

r: Abstand der Atome im Paar, a, m, n: Konstanten, gewöhnlich geradzahlig.

Das Mie-Potential wird bevorzugt angewendet, insbesondere mit den Konstanten $n = 6$ und $m = 12$ (Lennard-Jones-Potential). In den Gln. (4.2) und (4.3) sind die r-Werte normiert, d. h. durch r_0 dividiert (r_0: Gleichgewichtsabstand), so daß für $r = r_0$ sich $V(r) = -1$ ergibt.

Für die geordneten Atomaggregate wurden Berechnungen der potentiellen Energie mit Hilfe der oben angeführten Potentiale von verschiedenen Autoren durchgeführt, vor allem von Allpress und Sanders [4] sowie Hoare und Pal [5]. Die Wahl der geometrischen Konfiguration, die dem Minimum der potentiellen Energie entspricht, bietet keine Schwierigkeiten bei den Clustern, die nur aus drei oder vier Atomen bestehen; die entsprechenden Konfigurationen sind durch das Dreieck bzw. das Tetraeder gegeben. Aber bereits oberhalb von 5 Atomen gibt es eine rasch steigende Zahl von Stereoisomeren, d. h. geordneten Konfigurationen, die verschiedene geometrische Formen besitzen und lokale Minima der potentiellen Energie aufweisen. Die Anzahl derartiger Stereoisomere wächst mit n so stark, daß bis heute die Berechnungen für Aggregationen mit $n > 100$ nicht ausgeführt werden konnten; sogar für die Fälle mit $n < 100$ gibt es bei höheren Atomzahlen n keine Sicherheit darüber, ob die gefundenen „minimalen" Konfigurationen den absoluten Minima der potentiellen Energie entsprechen. Andererseits ist aber sichergestellt, daß relative Minima der potentiellen Energie existieren und somit Konfigurationen, deren potentielle Energie niedriger ist als die vieler anderer. Diese Konfigurationen stellen oftmals Polyeder dar, die von den im Kap. 4.1. beschriebenen Gitterpolyedern für dichtest gepackte Strukturen völlig verschieden sind. Sie können durch „Relaxation" der Gitterpolyeder entstehen, d. h. durch kleine Änderungen der Gitterabstände, die in den aus starren Kugeln konstruierten Strukturen auftreten.

Allpress und Sanders [4] haben gezeigt, daß die Bindungsenergie für Icosaeder, die bis zu 2000 Atomen enthalten, größer und die Zahl der Oberflächenatome kleiner ist als für Oktaeder mit derselben Zahl an Atomen (unabhängig von den Werten der Konstanten in den Gln. (4.2) und (4.3)). Ein icosaedrisch aufgebauter Cluster mit fünfzähliger Symmetrieachse, die in den aus starren Kugeln konstruierten „konventionellen" Gittern nicht auftreten kann, scheint dann am stabilsten zu sein, wenn man ein entspechend „weiches" Potential und eine gewisse Deformation der Atomabstände zuläßt. Hoare und Pal [5] ermittelten, daß man unter diesen Annahmen, bei Berücksichtigung eines Minimums der potentiellen Energie, optimale Cluster für $n = 55$ erhält. Diese sind nicht identisch mit Gitterpolyedern der dichtest gepackten A_1- und A_3-Struktur; sie lassen sich durch mehrfache Zwillingsbildung (multiple twinning) von Tetraedern und Relaxation der dabei entstehenden Spannungen konstruieren und sind durch eine fünfzählige Symmetrieachse gekennzeichnet. Insbesondere die von Romanowski [1] und anderen vorgeschlagenen optimalen Kubooktaeder mit $n = 13$ und $n = 55$ haben sich als geeignet erwiesen, durch Relaxation entsprechende Icosaeder zu bilden, die — gegenüber den „starren" Polyedern — eine größere Bindungsenergie

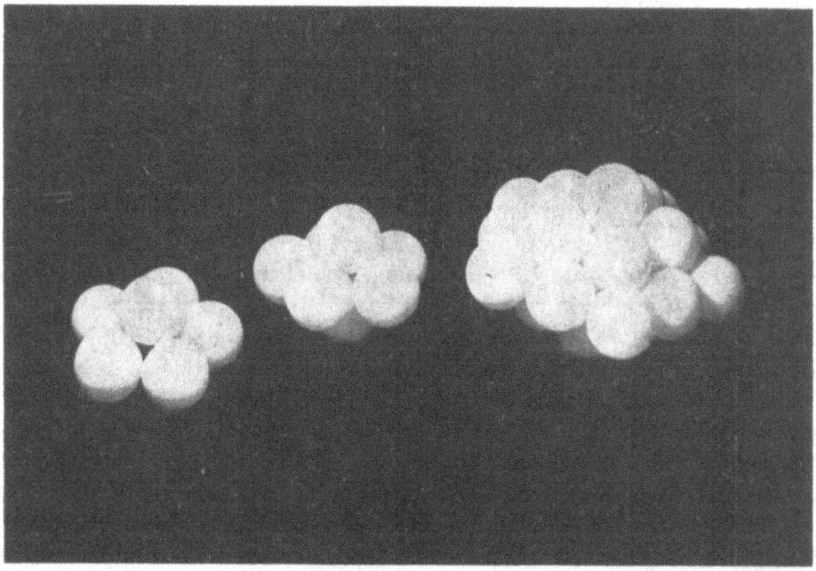

a

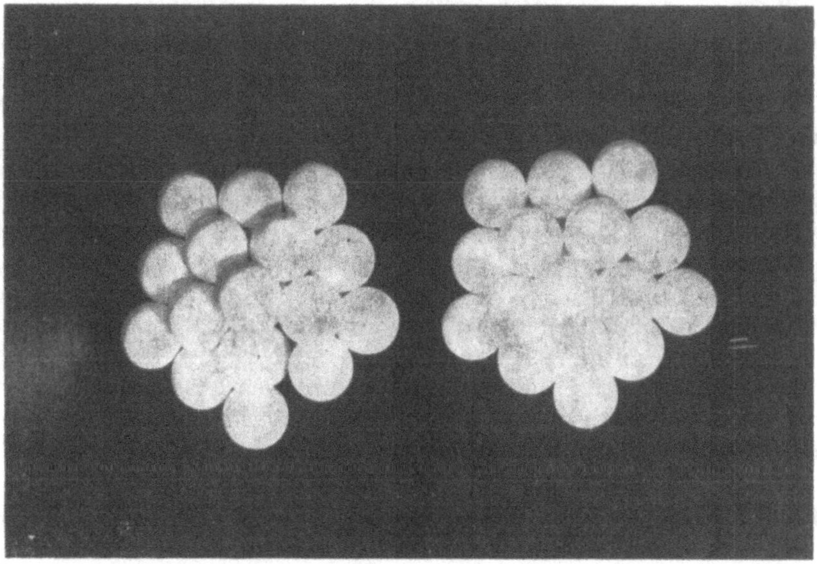

b

a) Pentagonale Pyramide ($n = 6$); pentagonale Bipyramide ($n = 7$); pentagonale Bipyramide ($n = 23$)
b) *links:* pentagonale Bipyramide durch Zwillingswachstum von 5 Tetraedern erhalten; *rechts:* dieselbe („kugelförmige“) Bipyramide nach „Relaxation“

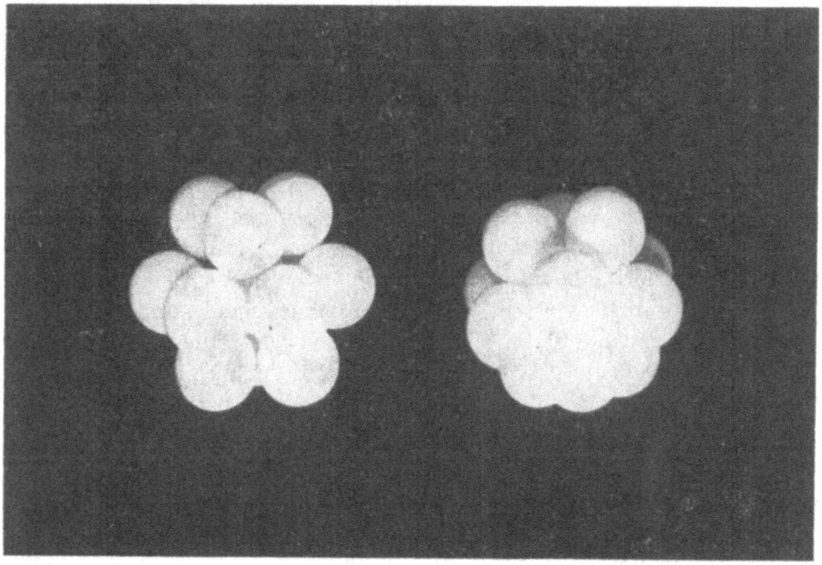

c

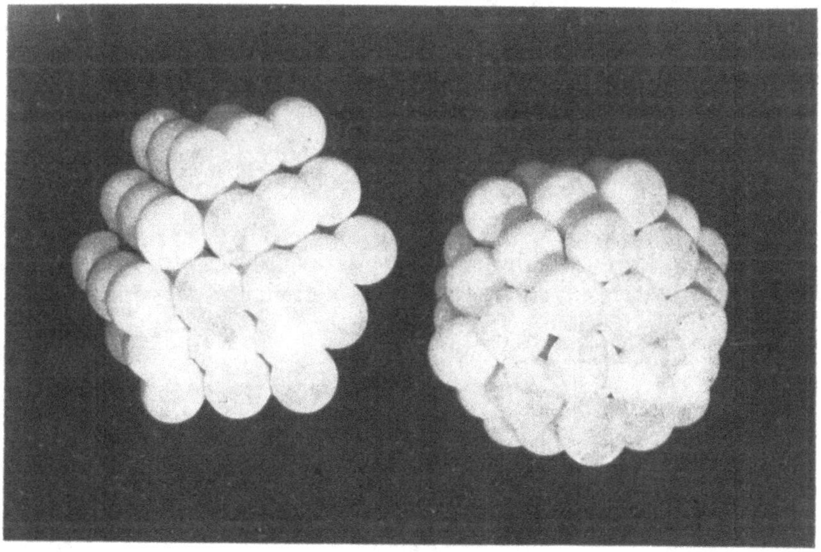

d

Abb. 4.2. Pentagonale Cluster aus n Atomen gleicher Größe

c) Kubooktaeder (links, $n = 13$) und ein ihm entsprechendes („kugelförmiges") Icosaeder
d) Kubooktaeder (links, $n = 55$) und ein ihm entsprechendes („kugelförmiges") Icosaeder

aufweisen und ein etwas kleineres Volumen besitzen [6]. Die aus starren Kugeln gebildeten Polyeder mit fünfzähliger Symmetrieachse waren bereits von Bagley [7] und später von Fukano und Wayman [8] in Betracht gezogen worden; letztere versuchten auch die Bedingungen für die größte Stabilität icosaedrischer Cluster zu berechnen. Die von Bagley diskutierte Struktur weist einen Raumfüllungsfaktor von 0,7236 auf, der sich nur geringfügig von dem Wert 0,7405 für die dichtest gepackte A_1- und A_3-Struktur unterscheidet. Das Auftreten fünfzählig symmetrischer Teilchen (Icosaeder) wurde von Gillet [9] auch durch Argumente der Kinetik gestützt. Er konnte zeigen, daß das Wachstum derartiger Kristalle, beginnend an einer beliebigen Fläche des icosaedrischen Keimes, wesentlich schneller vonstatten gehen kann als das Wachstum eines betreffenden „klassischen" Gitterpolyeders unter denselben Bedingungen. Gillet hat weiterhin festgestellt, daß die icosaedrische Form des Mikrokristalls bis zu Abmessungen von 8—10 nm beständig ist; nachdem diese Größe erreicht wird, setzt die Transformation zur A_1-Struktur ein, die aus mit vielen Zwillingsflächen begrenzten Tetraedern besteht. Die Modelle einiger Cluster mit fünfzähliger Symmetrieachse sind in Abb. 4.2 dargestellt.

4.2.2. *Thermodynamisches Stabilitätskriterium für Cluster*

Die Forderung nach Erreichen eines minimalen Wertes der potentiellen Energie ist als Stabilitätskriterium für Atomcluster nur bei Abwesenheit kinetischer Energie, d. h. am absoluten Nullpunkt, ausreichend. Bei einer endlichen Temperatur muß man das Minimum der freien Energie, die auch Entropie- und Temperaturfaktoren berücksichtigt, postulieren. Der Weg zur Ableitung der Beziehungen für Entropie und freie Energie wird durch die elementare statistische Thermodynamik vorgeschrieben. Danach muß zuerst die Verteilungsfunktion Z der Energie gefunden werden, die sich aus den Verteilungsfunktionen der Translations-, Rotations- und Schwingungsenergie zusammensetzt:

$$Z(T) = Z_{tr} \cdot Z_{rot} \cdot Z_{vib} \exp\left(-\frac{E_0}{RT}\right) \tag{4.4}$$

Z_{tr}, Z_{rot}, Z_{vib}: jeweilige partielle Verteilungsfunktion der Translation, Rotation und Schwingung (Vibration); E_0: Bindungsenergie im Minimum, das dem Mittelpunkt der Gitterschwingungen entspricht.

Nimmt man für diese Schwingung die harmonische Form und für die Rotation die des starren Rotators an, ergibt sich für die Verteilungsfunktionen:

$$Z_{tr} = \left(\frac{2mnkT}{h^2}\right)^{3/2} V \tag{4.5}$$

$$Z_{rot} = \frac{\pi^{1/2}}{\sigma} \left(\frac{8\pi^2 kT}{h^2}\right)^{3/2} (I_A \cdot I_B \cdot I_C)^{1/2} \tag{4.6}$$

$$Z_{vib} = \prod_{i=1}^{3n-6} \exp\left(-\frac{h\nu_i}{2kT}\right) \left[1 - \exp\left(-\frac{h\nu_i}{kT}\right)\right]^{-1} \tag{4.7}$$

m: Masse des einzelnen Atoms; n: Zahl der Atome; V: effektives Volumen des Systems; ν_i: normale Schwingungsfrequenzen in Nähe der Gleichgewichtslage: σ: Symmetriezahl der Rotation des Clusters (für kubische Symmetrie: 24); I_A, I_B, I_C: Trägheitsmomente in den Richtungen der Hauptachsen des Clusters.

Die Zusammenhänge zwischen den thermodynamischen Grundgrößen und der Energieverteilungsfunktion Z sind folgende:

$$\text{Energie: } E = kT^2 \frac{\delta \ln Z}{\delta T} \tag{4.8}$$

$$\text{Entropie: } S = kT \frac{\delta \ln Z}{\delta T} + k \ln Z \tag{4.9}$$

$$\text{freie Energie: } F = -kT \ln Z \tag{4.10}$$

$$\text{Spezifische Wärme: } C_v = 2kT \frac{\delta \ln Z}{\delta T} + kT^2 \frac{\delta^2 \ln Z}{\delta T^2} \tag{4.11}$$

Betrachtet man den Cluster auf einer festen Unterlage und in merklicher Wechselwirkung mit derselben, kann man von der Translation und Rotation absehen und braucht lediglich die zusätzlichen Freiheitsgrade der Schwingung des Clusters bezüglich der Unterlage zu berücksichtigen. Aber auch diese letzte Korrektur kann bei den Clustern fortfallen, die mehr als nur einige Atome enthalten, so daß die Verteilungsfunktion Z eine reine Schwingungsverteilungsfunktion wird:

$$Z(T) = \exp\left(-\frac{E_0}{kT}\right) \prod_{i=1}^{3n-6} \exp\left(-\frac{h\nu_i}{2kT}\right) \cdot \left[1 - \exp\left(-\frac{h\nu_i}{kT}\right)\right]^{-1}. \tag{4.12}$$

Die freie Schwingungsenergie, F_{vib}, ist dann gleich:

$$F_{vib} = E_0 + \varepsilon_0 + kT \sum_{i=1}^{3n-6} \ln \left[1 - \exp\left(-\frac{h\nu_i}{kT}\right)\right], \tag{4.13}$$

worin ε_0 die gesamte Nullpunktsenergie der $3n-6$ Schwingungen ist:

$$\varepsilon_0 = \frac{1}{2} \sum_{i=1}^{3n-6} h\nu_i. \tag{4.14}$$

Wenn man also die freien Schwingungsenergien für verschiedene isomere Cluster (d. h. solche mit gleicher Atomzahl n, aber verschiedener Geometrie) miteinander vergleicht, kann man entscheiden, welche von ihnen der kleinsten freien Energie entsprechen, und somit die stabilsten Konfigurationen wählen. Derartige Berechnungen wurden in letzter Zeit von verschiedenen Autoren [5, 6, 10—13] durchgeführt unter Berücksichtigung sowohl von Gitterpolyedern dichtgepackter Strukturen, als auch von nichtgitterartigen Polyedern und kugelförmigen Clustern, die durch Relaxation der Gitterpolyeder (Kap. 4.2.1.) erhalten wurden. Bei Clustern mit nicht zu großer Atomanzahl (bis 100), für die die Berechnungen bisher vorliegen, hat man Minima der freien Energie für icosaedrische Cluster mit $n = 13$ und $n = 55$ festgestellt. Die Berechnungen der spezifischen Wärme und Entropie bestätigen ebenfalls die besondere Stellung dieser Cluster [5, 14].

4.3. Experimentelle Beweise für das Auftreten von Metallkristalliten ohne Gittersymmetrie

Die Möglichkeit, eine — hinsichtlich der potentiellen bzw. freien Energie — optimale geometrische Form von Clustern zu berechnen, ist allerdings nur für solche Teilchenensembles gegeben, die sich einer direkten Beobachtung (sogar bei Nutzung hochauflösender Elektronenmikroskope) noch entziehen. Dieser Tatbestand wiederum bedeutet, daß die Ergebnisse der oben erwähnten Rechnungen für kleinste Teilchen experimentell auch nicht überprüft werden können. Historisch gesehen wurden allerdings unsere Kenntnisse über die nichtgitterartige Symmetrie kleiner Metallteilchen zuerst auf experimentellem Wege (aus mikroskopischen Beobachtungen) gewonnen. Erst danach erschienen die Arbeiten, die die Stabilität derartiger Teilchen theoretisch erklärten.

Die fünfzählige Symmetrie von Cobaltkristallen, die durch Reduktion des Cobaltchlorids mittels Wasserstoff erhalten worden waren, hat man sogar mit dem Lichtmikroskop nachgewiesen [15], da die Kristalle Durchmesser bis zu 30 μm hatten. Dieselbe Symmetrie wurde auch bei dendritischen, auf elektrolytischem Wege erhaltenen Kupferwhiskern festgestellt [16]. Eine gleiche Beobachtung machte man mittels des Feldemissions-Elektronenmikroskops (Kap. 6.1.1.4.) bei Whiskern aus Eisen, Nickel und Platin, die auf verschiedenen Unterlagen gezüchtet worden waren [17]. Mit Hilfe hochauflösender Elektronenmikroskope konnte man auch Mikrokristalle in Form pentagonaler Pyramiden und Icosaeder während der Anfangsstadien einer Aufdampfung dünner Metallschichten im Vakuum feststellen [18, 19]. Kimoto und Nishida [20] haben dieselben Formen (mit einer Größe bis 100 nm) durch Verdampfen von Silber und Gold unter Argon geringen Drucks gewonnen. Bei kleinen Kristallen mit pentagonal-pyramidaler Form konnte man auch durch elektronenmikroskopische Untersuchungen das Auftreten elastischer Spannungen innerhalb der Grenzen verzwillingter Tetraeder beobachten [21]. Die Bildung pentagonaler Pyramiden durch ein Zwillingswachstum von Tetraedern wurde schon früher von Ino [18] postuliert. Fukano und Wayman [8] haben allerdings darauf hingewiesen, daß das Wachstum einer pentagonalen Pyramide nicht unbedingt durch Zwillingsbildung erfolgen muß; vielmehr kann in diesem Fall auch die einfachste, aus sechs Atomen bestehende pentagonale Pyramide (vgl. Abb. 4.2a) als Wachstumskeim dienen.

4.4. Zur Elektronenstruktur von Metallclustern

Die feste metallische Phase und das einzelne Atom haben, wie hinlänglich bekannt, einen unterschiedlichen Elektronenaufbau, der durch das Bändermodell für Kristalle bzw. die diskreten Elektronenniveaus für Atome beschrieben wird. Man kann also erwarten, daß sehr kleine Metallteilchen eine Elektronenstruktur aufweisen, die zwischen diesen beiden Grenzfällen liegt. In einem Makro(metall)kristall sind die Abstände zwischen den Elektronenniveaus in dem jeweiligen Energieband äußerst klein. Diese Distanz ist l^3 umgekehrt proportional (l: lineare Abmessung des Kristalls). Wie von Kubo [22] gezeigt wurde, ist der Abstand δ zwischen zwei benachbarten Elektronenniveaus im Leitfähigkeitsband kleiner Kristalle gleich

$$\delta = \frac{4\varepsilon_F}{3N} \qquad (4.15)$$

ε_F: FERMI-Energie; N: Zahl der Atome im Kristall

Für einen typischen Wert von $\varepsilon_F = 10$ eV und $N = 10^3$ Atome erhält man $\delta = 1{,}3 \cdot 10^{-2}$ eV, also einen Wert von derselben Größenordnung wie die thermische Energie kT bei Raumtemperatur. Für ein Teilchen, das 10^5 Atome enthält, ergeben sich Niveauabstände von etwa 10^{-5} eV, die der thermischen Energie bei etwa 1 K entsprechen. Derartige Werte von Niveauabständen lassen erwarten, daß (im Gegensatz zu größeren Metallkristallen) bei kleinsten Teilchen gewisse Anomalien in den elektronischen Eigenschaften auftreten sollten. Bei äußerst kleinen (nur wenige Atome enthaltenden) Clustern würden, die Gültigkeit der Beziehung 4.15 vorausgesetzt, noch größere Abstände der Elektronenniveaus auftreten, die schon denen in isolierten Atomen nahekommen. Es ist jedoch einleuchtend, daß eine derartige Extrapolation ziemlich formal ist, und folglich muß die Bestimmung der Elektronenstruktur von kleinen Atomaggregaten auf anderem Wege erfolgen.

4.4.1. Anwendung quantenchemischer Näherungsmethoden zur Berechnung der Elektronenstruktur metallischer Cluster

Als aussichtsreiche Methoden für die Berechnung elektronischer Eigenschaften von Mikroclustern sowie ihrer energetischen Stabilität haben sich die halbempirischen *MO*-(Molecular Orbital) Verfahren[1] erwiesen, die bereits seit längerer Zeit auf polyatomige organische Moleküle angewendet werden. Eine erschöpfende Darstellung eigener Arbeitsergebnisse und der anderer Autoren zur Anwendung quantenchemischer Näherungsverfahren für die Berechnung derartiger Mikrokristallite wird von DUNKEN und LYGIN [23] gegeben. Nachfolgend soll lediglich auf einige wenige Resultate eingegangen werden, die das prinzipielle Anliegen solcher Rechnungen sowie deren Aussagekraft verdeutlichen.

Nahezu gleichzeitig haben sich DUNKEN [24, 25] sowie BAETZOLD und Mitarbeiter (vgl. nachfolgend zitierte Literatur) der genannten Problemstellung zugewandt. Von DUNKEN wurde den Berechnungen die *HMO*-(Hückel Molecular Orbital) Methode, von BAETZOLD et al. die *EHMO*-(Extended Hückel Molecular Orbital) Methode und *CNDO*-(Complete Neglect of Differential Overlap) Methode zugrunde gelegt. Bereits mit der einfachen *HMO*-Methode konnten beispielsweise bestimmte Aussagen zur energetischen Stabilität von Clustern erhalten werden (s. unten). Die Ergebnisse aus den *EHMO*- und *CNDO*-Rechnungen wurden mit den bekannten elektronischen Eigenschaften der betreffenden (kompakten) Metalle verglichen und auftretende Unterschiede zwischen Clustern und Makrokristallen diskutiert. Die physikalischen Größen, die sich für einen solchen Vergleich eignen, sind vor allem das Ionisierungspotential (*IP*), die Elektronenaffinität (*EA*) und die Elektronenaustrittsarbeit Φ. Diesen Größen entsprechen in Clustern die Energie des Elektrons im höchstbesetzten Niveau (*HOMO*-Highest Occu-

---

[1] Eine Übersicht über die wichtigsten quantenchemischen Näherungsverfahren wird im Anhang I des Buches gegeben.

pied Molecular Orbital) und die Energie des niedrigsten unbesetzten Niveaus (*LUMO* - Lowest Unoccupied Molecular Orbital). Die Unterschiede zwischen Makro(metall)kristallen und Clustern machen sich weiterhin in der Bindungsenergie (*BE*) pro Atom bemerkbar.

Wegen der großen „Dichte“ der Elektronenniveaus in den Energiebändern sind für Makrokristalle das Ionisierungspotential und die Elektronenaffinität praktisch einander gleich und mit der Elektronenaustrittsarbeit identisch:

$$IP = EA = \Phi, \tag{4.16}$$

während für das isolierte Atom und Atomcluster, bei denen der Abstand zwischen dem höchstbesetzten und ersten unbesetzten Energieniveau viel größer ist, natürlich gilt:

$$EA < IP. \tag{4.17}$$

Die Größe der Bindungsenergie pro Atom kann wie folgt definiert werden:

$$\frac{BE}{n} = -\frac{E_{cl}}{n} + E_{Me} \tag{4.18}$$

E_{cl}: Gesamtenergie des Clusters; E_{Me}: Energie des einzelnen Metallatoms; n: Anzahl der Atome

Mittels der *EHMO*- bzw. *CNDO*-Methode hat BAETZOLD zahlreiche Berechnungen zur Elektronenstruktur (*LUMO, HOMO*) und Bindungsenergie von Clustern einzelner Übergangsmetalle (Pd, Ni), IB-(Cu, Ag, Au) und IIB-Metalle (Zn, Cd) sowie Bimetallkombinationen (Pd-Ni, Pd-Ag, Ni-Cu) ausgeführt. Diese Cluster enthielten bis 30 [26, 27, 28] bzw. bis 55 [29] Atome. Die Resultate dieser Berechnungen kann man wie folgt zusammenfassen:

1. Die Bindungsenergie pro Atom ist bei den aus bis 55 Atomen bestehenden Silberclustern für lineare und zweidimensionale Anordnungen größer als für dreidimensionale Aggregate (Abb. 4.3), was auf die größere Stabilität linearer Ag-Atomketten hinweisen sollte.

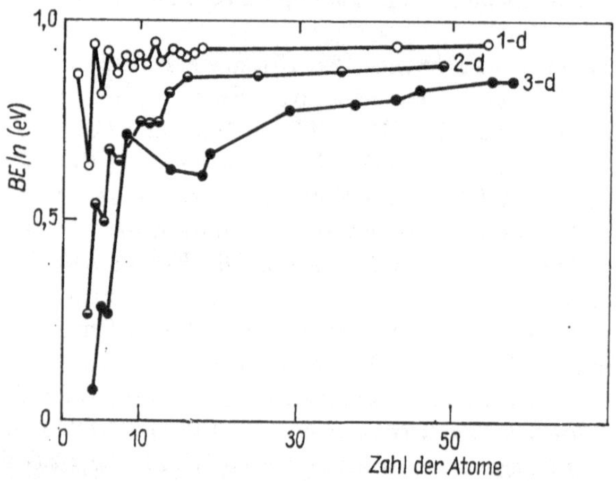

Abb. 4.3. Bindungsenergie pro Atom, *BE/n*, nach der *EH-Methode* berechnet für lineare (1—*d*), planare (2—*d*) und dreidimensionale (3—*d*) Ag-Cluster (nach [29])

(Die Abbildungen 4.3.—4.5. sind mit Genehmigung des Autors und Herausgebers reproduziert.)

Dieses Ergebnis überrascht, da man gemeinhin annehmen kann, daß räumliche Cluster eine höhere Stabilität als lineare und planare Anordnungen aufweisen. Aber auch für lineare Li-Atomketten wurde mittels *SCF-MO*(Self Consistent Field-MO)-Rechnungen ein analoges Resultat gewonnen [30]. Baetzold selbst betrachtet die von ihm erhaltenen Ergebnisse mit gewissen Einschränkungen, da sich die ermittelten Ag-Ag-Gleichgewichtsabstände für lineare Ketten (0,265 nm) bzw. dreidimensionale Cluster (0,325 nm) deutlich vom Abstand der Silberatome in der A_1-Struktur (0,288) unterscheiden. Die gefundenen Me-Me-Abstände folgten aus der Energieminimierung für die angenommenen geometrischen Konfigurationen. In diesem Zusammenhang sei erwähnt, daß sich *EHMO*- und *CNDO*-Rechnungen nicht besonders gut zur Berechnung von Me-Me-Gleichgewichtsabständen eignen, da jeweils für eindimensionale Anordnungen zu

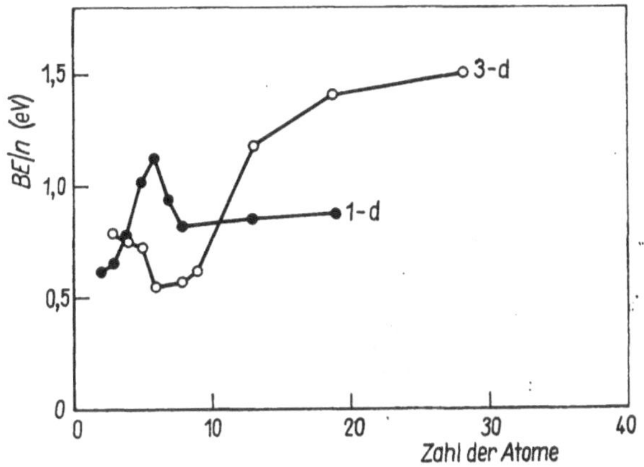

Abb. 4.4. Bindungsenergie pro Atom, *BE/n*, für lineare (1—*d*) und dreidimensionale (3—*d*) Pd-Cluster (nach [29])

kleine Werte resultieren. Andererseits konnte von Dunken [24, 25] bereits durch das *HMO*-Verfahren die höhere Stabilität dreidimensionaler Cluster abgeleitet werden. Besonders aussagekräftige Resultate wurden bei Betrachtung der mittleren Bindungsenergie als Funktion der mittleren Koordinationszahl erzielt. Danach sind schon für $n > 10$ dreidimensionale Cluster gegenüber kettenförmigen oder planaren Anordnungen energetisch stabiler. Die gleiche Aussage trifft im allgemeinen für dreidimensionale Mikrokristallite mit einer höheren mittleren Koordinationszahl zu.

Für Palladiumcluster wurden von Baetzold [29] ähnliche Resultate erhalten; für Atomzahlen oberhalb $n = 10$ war die Bindungsenergie für dreidimensionale Cluster größer als für lineare Aggregate (Abb. 4.4).

2. Die für dreidimensionale und lineare Anordnungen berechneten Energiewerte für *LUMO* und *HOMO* unterscheiden sich deutlich, sofern die Aggregate lediglich aus wenigen Atomen zusammengesetzt sind; mit wachsender Atomzahl wird dieser Unterschied jedoch geringer, und beide Werte streben einem gemeinsamen Grenzwert zu. Für dreidimensionale Ag_{55}-Cluster beträgt das Ionisierungspotential (*HOMO*) 6,1 eV (Φ für Silbermakrokristalle: 4,3 eV), und seine Differenz zum Wert der Elektronenaffinität (*LUMO*) macht lediglich 0,2 eV aus. Die berechneten Werte des Ionisierungspotentials Φ bei 19-atomigen, gitterartigen Clustern aus Silber, Gold, Kupfer und Palla-

dium unterscheiden sich ganz deutlich von denen der entsprechenden Austrittsarbeiten *EA* dieser Metalle (z. B. Ag_{19}: $\Phi = 6{,}93 - 7{,}44$ eV, $EA = 4{,}3$ eV), ebenso die Lage und Breite der jeweiligen *d*-Bänder (Abb. 4.5).

Die *CNDO*-Methode wurde ebenfalls zur Berechnung der Elektronenstruktur von auf Graphit vorliegenden Silberclustern [31] bzw. solchen von Cu, Ag und Au auf einer Kohlenstoff- bzw. SiO_2-(Modell)Unterlage [32] eingesetzt.

In [32] berücksichtigte man für den „Träger" ein C_{16}-Modell bzw. für SiO_2 ein solches aus sechs „Ionen" (Si_2O_4-Modell), vgl. Abb. 4.6. Die Einbeziehung der „Trägeratome" in die Berechnungen ermöglichte auch eine Abschätzung der Wechselwirkungsenergie zwischen Cluster bzw. Atom und Unterlage. Umfangreiche Untersuchungsergebnisse zum System Cluster-Träger wurden ebenfalls von Dunken [33, 34, 35] vorgelegt. Ebenso erfolgten Berechnungen für Cluster, die zwei verschiedene Atomarten enthielten

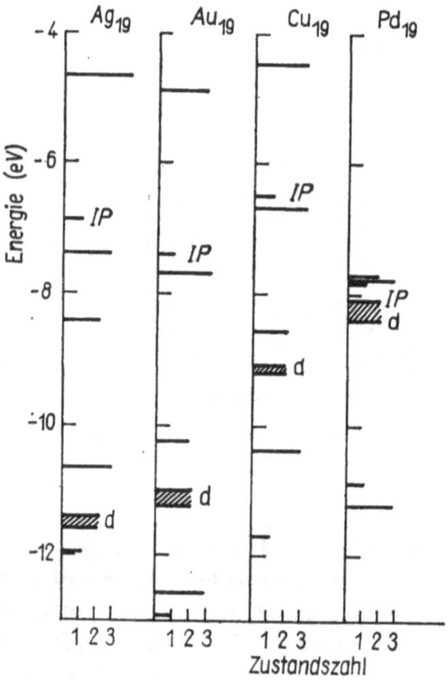

Abb. 4.5. Lage der Ionisierungspotentiale *IP* und *d*-Bänder für 19-atomige Metallcluster (nach [29]); besetzte *d*-Zustände: schraffiert

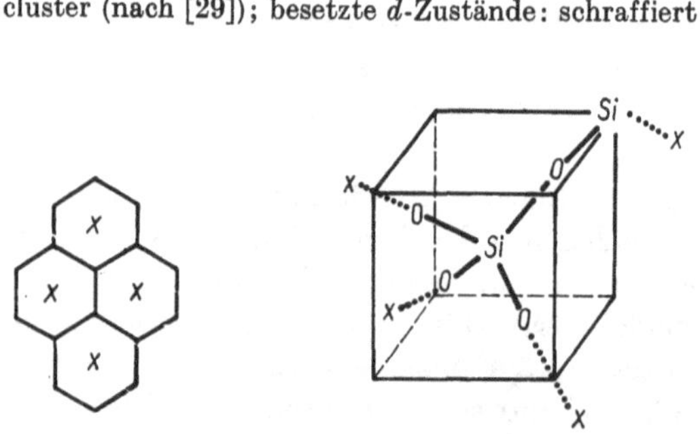

Abb. 4.6. C_{16}- und Si_2O_4-„Träger"-Modell

Durch *x* sind die Plätze gekennzeichnet, die von den Metallatomen nacheinander besetzt werden.

[Bimetall-(Legierungs)cluster], z. B. Ag-Pd [29, 36], Ni-Cu [28, 29, 36, 37], Ni-Pd [28] sowie Au-Pt und Au-Ag [36].

Die Unterschiede zwischen den von verschiedenen Autoren berechneten zwischenatomaren Abständen sowie Bindungsenergien und den gemessenen Daten für Makrokristalle sind erheblich. Diese Differenzen ergeben sich — zumindest teilweise — aus den erforderlichen Näherungen der halbempirischen Methoden sowie den für die Rechnungen verwendeten willkürlichen Parametern (vgl. Anhang I). BLYHOLDER [38] versuchte die unbefriedigende Situation zu verbessern, indem er diese Parameter so wählte, daß die Gleichgewichtsatomabstände, Bindungsenergie, Besetzung des d-Bandes und das Ionisierungspotential für einen Ni_6-Cluster denen des kompakten Nickels etwa gleichkamen. Dabei gelangte er zu Resultaten, die eine größere Beständigkeit der dreidimensionalen Cluster gegenüber ein- und zweidimensionalen Aggregaten auswiesen. Diese mit Hilfe der *CNDO*-Methode ausgeführten Berechnungen bestätigen auch die vielfach kommentarlos eingeführte Annahme, daß die Bindungsenergie pro Atom proportional zur Zahl nächster Nachbarn (Koordinationszahl) ist.

Wegen der großen Schwierigkeiten, die mit der quantenchemischen Behandlung für mehr als etwa 100 Atome enthaltenden Clustern verbunden sind, liegen solche Berechnungen für größere Cluster bisher noch nicht vor. Da jedoch merkliche Abweichungen in der Elektronenstruktur erst unterhalb einer Größe von wenigen nm auftreten, dürften derartige Berechnungen unter Umständen sogar überflüssig sein.

Andererseits besteht aber die unmittelbare Notwendigkeit dafür, immer umfassendere Aussagen über die energetische Stabilität und elektronischen Eigenschaften freier Metall- sowie Bi- bzw. Multimetall-Cluster (Legierungscluster) sowie ihre Kombination mit Trägeroberflächen zu erhalten. Schließlich treten derartige Cluster in zahlreichen für die Praxis wichtigen Materialien und Prozessen auf: Metall-Trägerkatalysatoren (Kap. 2.3., vgl. auch Kap. 6.2.) Keramik-Metall-Systeme (Kap. 2.2.4.2.), Zentren des latenten Bildes beim photographischen Prozeß (Kap. 2.2.4.2.) usw. Die quantenchemischen Berechnungen der Elektronenstruktur von Metall-Mikrokristalliten sind auch deshalb äußerst wichtig, weil die experimentellen Möglichkeiten zur Bestimmung ihrer Elektronenstruktur — z. B. mittels der Elektronenspektroskopie — bisher nocht recht bescheiden sind. Der Einsatz quantenchemischer Methoden liefert gegenwärtig in vielen Fällen zwar noch keine quantitativ sehr genauen Resultate; ihre qualitative Übereinstimmung mit den entsprechenden Größen für Makrokristalle ist oft jedoch bemerkenswert und ermöglicht die Erklärung einer ganzen Reihe experimenteller Ergebnisse.

Literatur

[1] W. ROMANOWSKI, Surface Sci. **18**, 373 (1969)
[2] O. M. POLTORAK u. V. S. BORONIN, Zh. Fiz. Khim. **40**, 2671 (1966)
[3] R. VAN HARDEVELD u. F. HARTOG, Surface Sci. **15**, 189 (1969)
[4] J. G. ALLPRESS u. J. V. SANDERS, Austral. J. Phys. **23**, 23 (1970)
[5] M. R. HOARE u. P. PAL, J. Cryst. Growth **17**, 77 (1972)
[6] J. J. BURTON, Nature (London) **229**, 335 (1971)
[7] B. G. BAGLEY, Nature (London) **208**, 674 (1965); J. Cryst. Growth **6**, 323 (1970)
[8] Y. FUKANO u. C. M. WAYMAN, J. Appl. Phys. **40**, 1656 (1969)
[9] M. GILLET, J. Cryst. Growth **36**, 239 (1976)
[10] S. G. REED, J. Chem. Phys. **20**, 208 (1952)
[11] J. J. BURTON, J. Chem. Phys. **52**, 345 (1970)

[12] D. J. Mc Ginty, J. Chem. Phys. **55**, 580 (1971)
[13] K. Nishioka, R. Shawyer, A. Bienenstock u. G. H. Pound, J. Chem. Phys. **55**, 5082 (1971)
[14] J. J. Burton, J. Chem. Phys. **56**, 3133 (1972)
[15] M. A. Gedwill, C. J. Allstatter u. C. M. Wayman, J. Appl. Phys. **35**, 2266 (1964)
[16] F. Ogburn, B. Paretzkin u. H. S. Peiser, Acta Crystallogr. **17**, 774 (1964)
[17] A. J. Melmed u. O. D. Hayward, J. Chem. Phys. **31**, 545 (1959)
[18] S. Ino, J. Phys. Soc. Japan **21**, 346 (1966)
[19] J. G. Allpress u. T. V. Sanders, Surface Sci. **7**, 1 (1967)
[20] K. Kimoto u. I. Nishida, J. Phys. Soc. Japan **22**, 940 (1967)
[21] T. Komoda, Jap. J. Appl. Phys. **7**, 27 (1968)
[22] R. Kubo, J. Phys Soc. Japan **17**, 975 (1962)
[23] H. H. Dunken u. V. I. Lygin, „*Quantenchemie der Adsorption an Festkörperoberflächen*", VEB Deutscher Verlag für Grundstoffindustrie, Leipzig 1978
[24] H. H. Dunken, Habilitationsschrift, Friedrich-Schiller-Universität Jena, 1969
[25] H. H. Dunken, Z. phys. Chem. (Leipzig) **246**, 329 (1971)
[26] R. C. Baetzold, J. Chem. Phys. **55**, 4363 (1971)
[27] R. C. Baetzold, Surface Sci. **36**, 123 (1973); J. Solid State Chem. **6**, 352 (1973)
[28] R. C. Baetzold, J. Catal. **29**, 129 (1973)
[29] R. C. Baetzold u. R. E. Mack, J. Chem. Phys. **62**, 1513 (1975)
[30] H. Stoll u. H. Preuss, Phys. Status Solidi B 53, 519 (1972)
[31] M. G. Mason u. R. C. Baetzold, J. Chem. Phys. **64**, 271 (1976)
[32] R. C. Baetzold, J. Phys. Chem. **80**, 1504 (1976)
[33] H. H. Dunken, Z. Chem. **13**, 395 (1973)
[34] H. H. Dunken, Tagungsbericht III. Intern. Katalysekonferenz, Schloß Reinhardsbrunn (DDR), 1974, S. 206
[35] H. H. Dunken, Z. phys. Chem. (Leipzig) **257**, 456 (1976)
[36] H. H. Dunken, Z. Chem. **15**, 374 (1975)
[37] H. Itoh, J. Phys. F **4**, 1930 (1974)
[38] G. Blyholder, Surface Sci. **42**, 249 (1974)

5. Wechselwirkung von Metallkristalliten mit nichtmetallischen Unterlagen und deren Bedeutung für Trägerkatalysatoren und dünne Schichten

Kleine Metallkristallite treten vielfach fein verteilt in nichtmetallischen Stoffen auf bzw. liegen an deren Oberfläche vor. Wegen der Wechselwirkung mit diesen Substanzen haben die Kristallite gewöhnlich keine Möglichkeit, sich frei zu bewegen. Die an dieser Wechselwirkung beteiligten Kräfte sind in der Regel ziemlich groß; in Abhängigkeit von der Natur des Metalls und der Unterlage können sie verschiedener Herkunft sein, und ihre Größe kann sich in weiten Grenzen ändern. Im folgenden werden einige Ergebnisse von Untersuchungen über diese Wechselwirkung besprochen, die eine wesentliche Bedeutung für unser Verständnis über die Eigenschaften disperser Metalle haben.

Erfahrungsgemäß gibt es keine experimentellen Möglichkeiten, die zwischen den einzelnen Atomen bzw. kleinen Atomaggregaten (Cluster) und der Unterlage wirkenden Kräfte direkt zu messen. Über die Größe derartiger Wechselwirkungen müssen folglich auf Grund der experimentellen Daten Schlüsse gezogen werden, die für Teilchen genügender Größe oder für makroskopisch große Grenzflächen des Systems Metall-Unterlage gewonnen wurden.

5.1. Adhäsion

5.1.1. Bestimmung der Größe der Wechselwirkung Metall-Unterlage auf Grund des Benetzungswinkels

Eine der mit den Grenzflächen im Zusammenhang stehenden Größen, die den unmittelbaren Messungen zugänglich sind, ist der Benetzungswinkel, d. h. der Winkel, den ein Tropfen mit der Unterlagenoberfläche bildet. Bei der Erstarrungstemperatur des Tropfens ändert sich in den meisten Fällen nicht dessen Form. Aus diesem Grunde bleibt die Betrachtung des Benetzungswinkels auch für eine feste metallische Phase sinnvoll (in diesem Fall ist jedoch die Bezeichnung „*Randwinkel*“ engl.: „contact angle“, russ.: „краевой угол“ zutreffender).

Der Zusammenhang zwischen dem Randwinkel und den Oberflächenenergien ist für die Grenzflächen Metall-Unterlage, Unterlage-Vakuum (oder Gas) und Metall-Vakuum durch die YOUNG-Gleichung gegeben:

$$\cos \gamma = \frac{\sigma_{2-3} - \sigma_{1-3}}{\sigma_{1-2}} \tag{5.1}$$

σ_{i-k}: Werte der Oberflächenspannung für die entsprechenden Grenzflächen i, k (vgl. Abb. 5.1).

Die Adhäsionsarbeit beträgt nach der DUPRE-Gleichung

$$W_{adh} = \sigma_{2-3} + \sigma_{1-2} - \sigma_{1-3} \quad (5.2)$$

oder, wenn man Gl. (5.1) berücksichtigt:

$$W_{adh} = \sigma_{1-2}\,(1 + \cos\gamma) \quad (5.3)$$

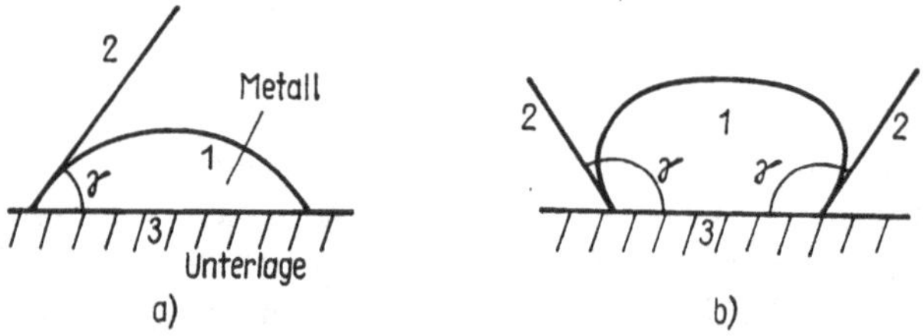

Abb. 5.1. Randwinkel γ; a) spitz, b) stumpf

Ein spitzer Randwinkel ($\cos\gamma$ positiv, $\gamma < \frac{\pi}{2}$) bildet sich aus, wenn die Differenz $\sigma_{2-3} - \sigma_{1-3}$ positiv ist; in diesem Fall tritt die Tendenz zur Erniedrigung der Oberflächenenergie des festen Körpers 3 durch die flüssige (oder feste) Phase 1 auf (Benetzung). Ist der Randwinkel dagegen ein stumpfer, dann ist $\cos\gamma$ negativ, d. h. die Differenz $\sigma_{2-3} - \sigma_{1-3}$ wird negativ, und im Grenzfall $\gamma = \pi$ schließlich bildet die Phase 1 einen kugelförmigen Tropfen an der Oberfläche von Phase 3 (keine Benetzung).

Wegen der Schwierigkeiten, die mit der genauen Bestimmung der Oberflächenspannung (-energie) zwischen den verschiedenen festen Phasen verbunden sind, wurden derartige Messungen bisher nur in einigen Fällen ausgeführt. HUMENIK und KINGERY [1] sowie KINGERY [2] haben den Randwinkel und die Oberflächenenergie flüssigen Eisens und Nickels an der Oberfläche keramischer Oxide (Al_2O_3, MgO, ZrO_2) bestimmt. PILIAR und NUTTUNG [3] führten ähnliche Messungen für feste Metalle (Au, Ag, Cu, Ni und γ-Fe) auf Al_2O_3 aus und fanden, daß sich die Zwischenphasenenergie dieser A_1-Metalle, die mit der (111)-Fläche zur Unterlage orientiert waren, nur wenig von den Energiewerten für flüssige Metalle auf derselben Unterlage unterscheidet. Es ist demnach wahrscheinlich, daß bei der Schmelztemperatur keine wesentliche Änderung in der Adhäsion zwischen den genannten Metallen und der nichtmetallischen Unterlage auftritt. In den oben erwähnten Fällen beträgt diese Energie 0,2—0,9 kJ · m^{-2}, was unter Berücksichtigung der Oberflächendichte der Atome (z. B. für Nickel: 1,8 · 10^{19} Atome · m^{-2}) eine Adhäsionsenergie an der keramischen Unterlage von 7—30 kJ · mol^{-1} ergibt.

DE BRUIN et al. [4] haben in ihren Arbeiten über die Kombinationen Metall-keramische Oxide die Adhäsionsarbeit der die Oxide verbindenden Metallschichten gemessen; dazu bestimmten sie die zur Auflockerung der Verbindung erforderliche Scherkraft. Bei einigen Systemen wurde gefunden, daß die Scherfestigkeit an der Phasengrenze Metall-Oxid die Festigkeit des keramischen Materials bzw. die des Glases übertrifft.

5.1.2. *Experimentelle Bestimmung der Adhäsion dünner Metallschichten*

BENJAMIN und WEAVER [5, 6] haben eine früher lediglich qualitativ angewendete Methode der Adhäsionsmessung bei metallischen Schichten quantifiziert. Diese Methode besteht darin, daß man auf der Schicht einen an der Spitze abgerundeten, belasteten Stahlkratzer entlangzieht; dabei kann natürlich die Belastung geändert werden. Bei einer kritischen Belastung schneidet der Kratzer die Schicht durch und hebt sie von der Unterlage ab. Diese Methode liefert ziemlich genaue relative Adhäsionswerte der gegebenen Schicht auf verschiedenen Unterlagen. Es wird hierbei die Scherkraft F_{Sch} gemessen:

$$F_{Sch} = \frac{aP}{r^2 - a^2} \tag{5.4}$$

a: Rißbreite in der Schicht, $a = \sqrt{W/\pi P}$; P: Härte der Unterlage, r: Radius der Kratzerspitze-Krümmung (gewöhnlich $10^{2-} - 10^{-3}$ cm); W: Belastung.

Für kleine Belastungen, d. h. bei $a \ll r$, gilt:

$$F_{Sch} = \frac{WP}{\pi r^3}. \tag{5.5}$$

Die kritische Belastung W war bei den durchgeführten Untersuchungen von den mechanischen Eigenschaften der Metallschicht, ihrer Dicke sowie von der Art der Unterlage in weiten Grenzen unabhängig. Dieses Ergebnis bedeutet, daß die Scherkraft lediglich mit der Wechselwirkung zwischen den sich unmittelbar berührenden Metallatomen und den Gitterbausteinen (Atomen bzw. Ionen) der Unterlage im Zusammenhang steht. Durch ihre Versuche konnten die Autoren [5, 6] zeigen, daß die Adhäsion solcher Metalle wie Ag, Au, Al, Cu, Cr, Zn, und Cd auf Unterlagen aus NaCl, KCl und KBr mit der Existenz von VAN-DER-WAALS-Kräften vollständig erklärbar ist. Im Einklang mit diesem Befund sind auch die Tatsachen, daß die Schichten aus den erwähnten Metallen auf Alkalihalogenid-Unterlagen keine Alterungserscheinungen aufweisen (d. h. ihre Adhäsion ändert sich zeitlich nicht) und die Adhäsion auch von der umgebenden Gasatmosphäre unabhängig ist.

Die Größe der VAN-DER WAALS-Wechselwirkung kann nach einer ebenfalls von BENJAMIN und WEAVER angegebenen Formel berechnet werden [7]. Berücksichtigt man nur LONDON-Kräfte, so beträgt die Adhäsionsenergie

$$E_{adh} = -\frac{N\alpha\alpha' I \cdot I'}{4r^3(I + I')} \tag{5.6}$$

N: Zahl der Metallatome/Volumeneinheit der Unterlage; α bzw. α': Polarisierbarkeit der Atome des Metalls und die der Unterlage; I und I': Ionisierungspotentiale der entsprechenden Atomarten; r: Abstand der Atome voneinander.

Die hiernach berechnete Adhäsionsenergie für dünne Aluminium-, Silber- bzw. Cadmiumschichten auf Glas beträgt 8,4, 11,5 bzw. 14,5 kJ · mol^{-1} und für Silber auf einer (100)-Fläche von Kaliumchlorid bzw. Kaliumbromid entsprechend 11,5 bzw. 10,5 kJ · mol^{-1}. Diese Werte stimmen gut mit den (auf Grund von Dampfdruckmessungen bei der kritischen Kondensationstemperatur, vgl. unten) experimentell bestimmten Kondensationsenergien überein.

Die ursprünglich genutzten Methoden zur Abschätzung der Adhäsion von Metallschichten, die auf einer Prüfung der Abriebfestigkeit dieser Schichten mittels Schleifmitteln oder auf der Messung der senkrecht angreifenden, zum Abheben (Abreißen) der Schicht von der Unterlage erforderlichen Kraft beruhten, lieferten nur qualitative und mitunter sogar nicht reproduzierbare Resultate. Im Fall der Abreibmethode ist das Meßergebnis auch von der Härte der abgeriebenen Schicht abhängig; und die Bestimmung der Abreißkraft ist nur dann möglich, wenn die Adhäsion des die Schicht mit der belasteten Stange verbindenden Klebemittels größer ist als die Adhäsion der Schicht zur Unterlage. Aus diesen Gründen verdienen diese Methoden nur noch ein historisches Interesse.

5.1.3. *Einfluß reaktionsfähiger Gase auf die Adhäsion*

Im Verlauf der Untersuchungen über die Adhäsion von Metallen an Glas und keramischen Stoffen hatte man schon seit langem bemerkt, daß Metallschichten ihre Adhäsion vergrößern, sofern sie in einer Sauerstoffatmosphäre gebildet oder aufbewahrt werden. Diese Beobachtungen wurden in den Arbeiten von Benjamin und Weaver [5, 6] bestätigt und sogar teilweise quantitativ erfaßt. Diese Autoren haben unter Anwendung der oben beschriebenen Meßmethodik gezeigt, daß Edelmetalle wie Silber und Gold, die bekanntlich eine geringe Affinität gegenüber Sauerstoff aufweisen, auch durch eine schwache Adhäsion zur Glasunterlage gekennzeichnet sind, wenn sie unter konventionellen Vakuumbedingungen (10^{-3} Pa) aufgedampft werden. Werden die so erhaltenen Schichten der Einwirkung von Sauerstoff ausgesetzt, findet keine Vergrößerung ihrer Adhäsion statt. Im Gegensatz dazu bilden Magnesium und Zirconium stark haftende Schichten schon während des Aufdampfens im Vakuum. Molybdän, Titanium, Eisen, Chromium sowie Nickel weisen zwar unmittelbar nach dem Aufdampfen eine schwache Adhäsion auf, die jedoch nach Einwirken von Sauerstoff stark zunimmt. Bei diesen Erscheinungen dürfte, neben der Affinität zum Sauerstoff, auch die Struktur der Schicht und ihre Porosität (die den Sauerstoffzutritt an die Phasengrenze Metall-Glas in unterschiedlichem Maße ermöglicht) eine entscheidende Rolle spielen. Aus diesem Grunde zeigen die niedrigschmelzenden Metalle wie Zink, Cadmium, Blei und Zinn, die beim Aufdampfen kompakte Schichten bilden, keine große Adhäsion, und es tritt auch keine Verstärkung derselben in einer Sauerstoffatmosphäre ein. Ebenso wird die Adhäsion von Aluminium bei Einwirkung von Sauerstoff nicht vergrößert. In diesem Fall wird das Aluminium mit einer sehr dünnen, für Sauerstoff nicht durchlässigen Oxidschicht bedeckt.

Auf Grund dieser Ergebnisse wurde allgemein angenommen, daß der entscheidende Faktor für die Vergrößerung der Adhäsion der Metalle an Glas- und Keramikunterlagen (oxidische Unterlagen) die Bildung einer intermediären Oxidschicht an der Phasengrenze ist [8]. Man kann beispielsweise die Adhäsion des Goldes zum Glas dadurch erheblich verbessern, daß zuerst eine intermediäre Schicht nichtstöchiometrischen Bismutoxids geschaffen wird. Auch durch katodische Zerstäubung von Gold bei einem Partialdruck von etwa 1 Pa Sauerstoff erhielt man Goldschichten mit sehr stark ausgeprägter Adhäsion, die sich nach Erhitzen unter guten Vakuumbedingungen verkleinerte und bei nochmaligem Erhitzen in Gegenwart von Sauerstoff wiederum zunahm [9].

Den Einfluß von Sauerstoff auf die Adhäsion an der Phasengrenze Metall-Glas haben auch Untersuchungen von Pask und Fulrath [10] bestätigt. Die Versuche wurden mit Glastropfen durchgeführt, die sich im Kontakt mit einer Metallunterlage befanden. Dabei stellte man fest, daß sich der Benetzungswinkel (auch im Fall von Gold) bei Anwesenheit von Sauerstoff ändert. Die Vergrößerung der Adhäsion von Gold zum Quarz bei Gegenwart von Sauerstoff wurde ebenfalls durch andere Autoren nachgewiesen [11].

5.1.4. *Starke Wechselwirkung zwischen Metallen und Unterlage*

Die oben angeführten Beispiele von Messungen der Wechselwirkungskräfte zwischen verschiedenen Metallen und entsprechenden Unterlagen deuten darauf hin, daß bei Metallen mit einer größeren Affinität zum Sauerstoff dann eine stärkere Adhäsion auftritt, wenn die Gasphase Sauerstoff enthält und sich eine intermediäre Oxidschicht zu bilden vermag. Bleibt eine derartige Möglichkeit aus, z. B. bei den auf Alkalihalogenidunterlagen aufgedampften Metallschichten, so tritt nur eine schwache VAN-DER-WAALS-Wechselwirkung zwischen Metall und Unterlage ein.

Die direkte Wechselwirkung des Metalls mit der Unterlage (d. h. ohne Bildung der intermediären Oxidschicht) kann — wie neuere Untersuchungen gezeigt haben — ebenfalls sehr stark sein. Dieser Fall ist dann gegeben, wenn ausgeprägte chemische Wechselwirkungen auftreten, die mit einem Elektronenübergang vom Metall zur Unterlage oder in umgekehrter Richtung verknüpft sind. Die Resultate der Arbeiten von HAMILTON et al. [2.85, 2.86; 12, 13] über die Wechselwirkung des Silbers und Palladiums mit einer Kohlenstoffunterlage sowie die von LEWIS [14], die Silber und Bismut auf Kohlenstoff betreffen, deuten auf eine große Wechselwirkungsenergie dieser Metalle mit der Unterlage hin. Für Silber auf Kohle beträgt sie immerhin 92 kJ · mol^{-1}. Derart starke Wechselwirkungen scheinen auch bei den von BAETZOLD et al. mittels quantenchemischer Näherungsverfahren berechneten Cluster von Palladium und Silber auf Kohle [4.27, 4.31] aufzutreten. Ein genaues Bild dieser Wechselwirkungen ist gegenwärtig zwar noch nicht bekannt (vgl. dazu auch [4.23]), andererseits müssen jedoch diese Wechselwirkungen bei der Untersuchung von Keimbildung und Wachstum kleiner Metallteilchen auf verschiedenen Unterlagen berücksichtigt werden.

5.1.5. *Elektrische Erscheinungen an der Phasengrenze Metall-Unterlage*

Die oben erwähnten starken Wechselwirkungen von Metallen mit den entsprechenden Unterlagen werden — in Abhängigkeit von der gegenseitigen Lage der FERMI-Niveaus der zwei jeweils im Kontakt befindlichen Phasen — durch einen Elektronenübergang vom Metall zur Unterlage oder in entgegengesetzter Richtung verursacht. Ein derartiger Elektronentransfer hat die Ausbildung eines Raumladung an der Phasengrenze zur Folge. Die Beschreibung dieser Vorgänge ist bereits seit langem mittels der Theorie des Metall-Halbleiter-Kontakts möglich [15, 16], da in den meisten Fällen die Unterlagen, auf denen die (vorrangig hochdispersen) Metalle fixiert sind, die Eigenschaften von Halbleitern des p- oder n-Typs aufweisen.

Die Ladungsverschiebung an der Phasengrenze ist auf eine Schicht der Stärke von höchstens einigen Zehn nm beschränkt. Aus diesem Grunde ist die direkte Ermittlung dieser Verschiebung sehr schwierig und zugleich ungenau, sofern überhaupt die Möglichkeit einer Erfassung gegeben ist. Bei dünneren Metallschichten auf Halbleitermaterialien oder umgekehrt kann man am deutlichsten die mit der Ladungsverschiebung im Zusammenhang stehenden Änderungen in der Elektronenstruktur dadurch verfolgen, daß die von der Elektronenkonzentration abhängigen Veränderungen in den katalytischen Eigenschaften derartiger Systeme untersucht werden.

Schwab et al. haben die beiden erwähnten Fälle durch experimentelle Untersuchungen näher charakterisiert.

Im ersten Fall lag eine dünne Nickelschicht auf Al_2O_3 vor, dessen n-halbleitende Eigenschaften durch Zusätze von Oxiden zweiwertiger Metalle (die die Elektronenkonzentration herabsetzen) bzw. vierwertiger Metalle (die diese erhöhen) modifiziert worden waren. Der Anstieg der elektrischen Leitfähigkeit des Trägers infolge der Elektronenkonzentrationszunahme wurde von einer Erniedrigung der katalytischen Aktivität begleitet. Parallel dazu wurden auch Messungen der Magnetisierung des Nickels durchgeführt, die eine Zunahme der Elektronendichte im Ni-3d-Band (Abnahme des magnetischen Moments) auswiesen [17].

Für den Fall dünner Halbleiterschichten von NiO, Fe_2O_3 bzw. ZnO auf einer Silberunterlage haben dieselben Autoren eine entgegengesetzte Richtung des Elektronenübergangs beobachtet. Die Austrittsarbeit der angeführten Halbleiter ist höher als die des Silbers, und es erfolgt ein Elektronentransfer vom Metall zum Halbleiter. Dieser Effekt hat die Abnahme der katalytischen Aktivität des p-Halbleiters (NiO) und deren Zunahme bei den n-Halbleitern (Fe_2O_3, ZnO) zur Folge. Bei der Untersuchung von Proben des Systems NiO-Ag war der genannte Effekt jedoch nur bei Schichtdicken unter 50 nm festzustellen, was deutlich auf einen beschränkten Bereich der Ladungsverschiebung hinweist [18].

Ähnliche Untersuchungen wurden von Baddour und Deibert [19] an dünnen, auf Germanium aufgebrachte Nickelschichten durchgeführt. Sie haben ebenfalls die mit dem Elektronenübergang verbundene Änderung der katalytischen Aktivität beim Ameisensäurezerfall festgestellt.

Die bereits erwähnten Arbeiten von Baetzold, insbesondere die Arbeit [4.31], enthalten auch Hinweise auf eine Ladungsübertragung vom Palladium bzw. Silber auf die Kohlenstoffunterlage. Zu ähnlichen Schlußfolgerungen gelangten bereits früher andere Autoren auf Grund der Auswertung von Elektronenresonanz-Spektren für Pt/C-Katalysatoren, die einer verschiedenen thermischen Behandlung unterworfen worden waren [20].

Man hat in der Vergangenheit vielfach die Meinung geäußert, daß die Adhäsionskräfte zwischen Metall und Unterlage von elektrischer Natur sind [21, 22]. Danach sollte die Ladungsübertragung an der Phasengrenze eine elektrische Doppelschicht erzeugen und somit starke elektrostatische Kräfte hervorrufen. Eine vollständige Elektronentheorie der Adhäsion wurde vor einiger Zeit durch Derjaguin und Smilga ausgearbeitet [23].

5.2. Wechselwirkung zwischen Metall und Unterlage — Teilchenwachstum

Ein System aus sehr kleinen, auf einer Unterlage befindlichen Metallteilchen (wie die Metallkristallite auf der Trägeroberfläche bei entsprechenden Metall-Trägerkatalysatoren oder dünne Metallschichten) ist thermodynamisch instabil. Bei vergleichsweise niedrigen bzw. teilweise erhöhten Temperaturen streben derartige Systeme dem thermodynamischen Gleichgewicht zu, d. h. sie versuchen die freie Grenzflächenenergie zu verringern, was ein Teilchenwachstum zur Folge hat.

Dieses Wachstum kommt durch den Transport des Metalls auf der Unterlagenoberfläche zustande. Auf Grund theoretischer Vorstellungen und experimenteller Daten unterscheidet man gewöhnlich zwei Mechanismen, die bei diesem Transport und Wachstum wirksam werden:

1. Oberflächendiffusion der Teilchen und ihre Koaleszenz (SMOLUCHOWSKI-Modell)
2. Migration der Atome auf der Oberfläche (OSTWALD-Reifung)

5.2.1. *Migration der Teilchen und ihre Koaleszenz*

Sofern die Wechselwirkung zwischen Metall und Unterlage nicht zu groß ist, können die Teilchen von der Größe einiger nm bei Temperaturen von einigen Hundert K Rotations- und Translationsbewegungen ausführen. Derartige Bewegungen wurden u. a. an „inselartigen" Goldschichten (Teilchengröße etwa 10 nm) auf SiO_2 und Kohlenstoff [24] bei Temperaturen zwischen 500 und 700 K von MASSON et al. [2.83, 2.84] festgestellt. Ebenso konnten für Aluminium-, Tantal- und Cobalt-Kristalle auf einer Kohlenstoffunterlage im Temperaturbereich 890—1000 K analoge Bewegungen unmittelbar beobachtet werden [25]. In weiteren Fällen hat man auf die Bewegung von ähnlichen Teilchen deshalb geschlossen, weil eine Übereinstimmung zwischen experimentellen Resultaten und der Wachstumsgeschwindigkeit (bei Annahme einer Oberflächen-Teilchendiffusion) vorhanden war. Unmittelbare Beobachtungen der Migration wurden auch unter solchen Bedingungen ausgeführt, bei denen die Chemisorption von Sauerstoff und die katalytische Oxydation von Kohlenstoff zu Kohlenmonoxid und -dioxid nicht ausgeschlossen werden konnte [25]. Es kann also vermutet werden, daß die große Beweglichkeit der Kristallite — vor allem der des Cobalts — durch solche Sekundärerscheinungen verursacht wurde.

Die erste theoretische Behandlung der Bildung von größeren Kristalliten aus kleineren gleichen Volumens erfolgte bereits im Jahre 1918 durch SMOLUCHOWSKI für den Fall der Koagulation kolloider Lösungen [26]. In dem von ihm aufgestellten Modell stoßen kleine, durch die „Anziehungssphäre" vom Radius R charakterisierten Kolloidteilchen infolge der BROWNschen Bewegung aneinander. Nach der EINSTEIN-Beziehung hängt dabei das mittlere Verschiebungsquadrat des Teilchens, $\overline{x^2}$, von der Zeit wie folgt ab:

$$\overline{x^2} = 2Dt \tag{5.7}$$

D: Diffusionskoeffizient

SMOLUCHOWSKI führte die sogenannte „Diffusionszeit", T, ein:

$$T = \frac{1}{4\pi D R \nu_0} \tag{5.8}$$

ν_0: Ursprüngliche Zahl der kleinen Teilchen in der Volumeneinheit

Als Ausdruck für die Zahl der Teilchen mit k-fachem Volumen, ν_k, die nach Ablauf der charakteristischen Zeit $t = \frac{k-1}{2} T$ erscheint, ergibt sich:

$$\nu_k = 4\nu_0 \frac{(k-1)^{k-1}}{(k+1)^{k+1}} \tag{5.9}$$

(Der Wert $\frac{k-1}{2} T$ wird naturgemäß immer größer, wenn k wächst, d. h. die Teilchen wachsen.)

Die sich auf diese speziellen Annahmen stützende Koagulationstheorie nach SMOLUCHOWSKI wurde auch in der Folgezeit angewendet und weiterentwickelt [27]. Eine Modifizierung dieser Theorie und ihre Übertragung auf den zweidimensionalen Fall (Teilchen auf einer Unterlage) erfolgte in letzterer Zeit durch RUCKENSTEIN und PULVERMACHER [28], die die Wachstumskinetik der Metallkristallite bei Metall-Trägerkatalysatoren untersucht haben. Dieser Wachstumsvorgang setzt sich aus zwei Prozessen zusammen, von denen der erste die Migration der Metallkristallite auf der Trägeroberfläche ist und der zweite die Koaleszenz der zusammenstoßenden Teilchen beinhaltet.

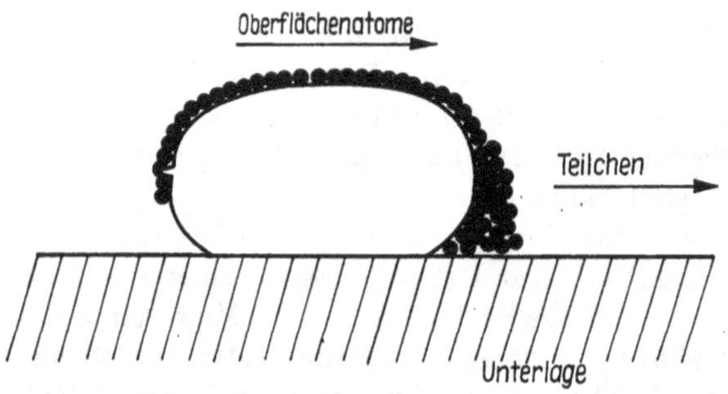

Abb. 5.2. Diffusion eines Teilchens auf der Unterlagenoberfläche

Die Diffusion eines Teilchens als Ganzes kann infolge der Diffusion der Atome an seiner Oberfläche vonstatten gehen. Können sich die diffundierenden Atome an einer Seite des Teilchens anhäufen, verursachen sie hier das Wachsen des Teilchens und eine Abnahme auf der gegenüberliegenden Seite (Abb. 5.2). Der Gesamteffekt dieses Vorganges besteht somit in einer Verschiebung des ganzen Teilchens an der Unterlagenoberfläche in veränderlicher, zufälliger Richtung (zweidimensionale BROWNsche Bewegung). Weist das Teilchen eine Polyedergestalt auf, ist ein ähnlicher Mechanismus möglich [29]. Es ist leicht einzusehen, daß ein derartiger Mechanismus nur dann auftreten kann, wenn eine Anisotropie der Atom-Oberflächendiffusion gegeben ist. Diese Anisotropie wurde in letzter Zeit auch experimentell nachgewiesen; zum Beispiel unterscheiden sich an der (110)-Fläche des Nickels bei 1070 K die Diffusionskoeffizienten in zwei aufeinander senkrechten Richtungen um eine ganze Größenordnung [30].

Der Diffusionskoeffizient D für ein kugelförmiges Teilchen kann aus der von GRUBER [31] aufgestellten Formel für die Koaleszenz von Gasblasen in Metallen berechnet werden:

$$D = 4{,}816\, D_{at} \left(\frac{a}{d}\right)^4 \tag{5.10}$$

D_{at}: Diffusionskoeffizient des Atoms an der Oberfläche; a: Atomdurchmesser; d: Teilchendurchmesser.

Nach dem Zusammenstoß zweier Teilchen kann ihre Koaleszenz sehr schnell erfolgen, d. h. in einer Zeit, die im Vergleich zu der der Oberflächenwanderung sehr kurz ist. In diesem Fall ist die Geschwindigkeit des Gesamtprozesses durch die Wanderungsgeschwindigkeit bestimmt (Diffusionsbeschränkung). Nimmt jedoch der Zusammentritt der Teilchen nach ihrem Aufeinandertreffen eine im Vergleich zur Migration längere Zeit in Anspruch, so wird der Koaleszenz-Prozeß geschwindigkeitsbestimmend (Koaleszenzbeschränkung).

Die sich durch Oberflächendiffusion vollziehende Koaleszenz wurde theoretisch von NICHOLS und MULLINS [32] beschrieben. Die Autoren haben den gesamten Koaleszenzprozeß in drei Stadien aufgeteilt und die Relaxationszeit für jedes Stadium bestimmt. Diese drei Stadien sind folgende (Abb. 5.3):

1. Bildung eines „Halses" zwischen zwei vor der Koaleszenz kugelförmigen Teilchen
2. Verschwinden des „Halses" mit der Bildung des kugelzylindrischen Teilchens
3. Ausbildung der Kugelform des neugebildeten Teilchens.

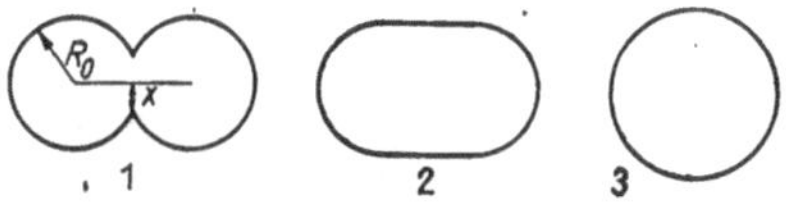

Abb. 5.3. Drei Stadien der Koaleszenz eines kugelförmigen Teilchens

Die Ausdrücke für die entsprechenden Relaxationszeiten sind:

$$\tau_{1\left(\frac{x}{R_0}=0,3\right)} = 2{,}92 \cdot 10^{-5} \frac{R_0^4}{B} \qquad \text{1. Stadium} \tag{5.11}$$

$$\tau_2 = 0{,}166 \frac{R_0^4}{B} \qquad \text{2. Stadium} \tag{5.12}$$

$$\tau_3 = 0{,}890 \frac{R_0^4}{B} \qquad \text{3. Stadium} \tag{5.13}$$

R_0: Radius des kugelförmigen Teilchens vor der Koaleszenz; B ist durch die Beziehung $B = \frac{D_s \cdot N_0 \cdot \sigma_0 \cdot \Omega^2}{kT}$ gegeben, darin bedeuten D: Diffusionskoeffizient der Atome an der Teilchenoberfläche, σ_0: mittlere Oberflächenenergie; N_0: mittlere Dichte der Adsorptionsplätze an der Oberfläche; Ω: Volumen der das Teilchen bildenden Atome.

Die Zahl der Teilchen mit k-fachem Volumen der Primärteilchen, ν_k, wächst infolge der Zusammenstöße der i-fachen mit $(k-i\text{-})$-fachen Teilchen und nimmt wegen der Zusammenstöße der k-fachen Teilchen mit allen anderen ab. Für eine homogene (d. h. an jeder Stelle dieselben Eigenschaften aufweisende) Oberfläche beträgt der Zuwachs der Zahl der k-fachen Teilchen mit der Zeit t:

$$\frac{d\nu_k}{dt} = \frac{1}{2} \sum_{i+j=k} k_{ij}\nu_i\nu_j - \nu_k \sum_{i=1} k_i\nu_i \tag{5.14}$$

k_{ij}: Geschwindigkeitskonstanten zweiter Ordnung, die von der Beweglichkeit der Teilchen auf der Unterlage und von den Wechselwirkungen zwischen den Teilchen abhängig sind.

Für den Fall der Diffusionsbeschränkung sind diese Konstanten gleich:

$$k_{ij} = \frac{4\pi D_{ij}}{\ln 4T} \tag{5.15}$$

D_{ij}: Diffusionskoeffizient des i-ten Teilchens in bezug auf das j-te Teilchen: $D_{ij} = D_i + D_j$.

In analoger Weise wird die Größe R_{ij} als der Wechselwirkungsradius des zusammenstoßenden Teilchenpaares bezeichnet. Für die Koaleszenzbeschränkung gilt:

$$k_{ij} = 2\pi R_{ij}\alpha_{ij} \tag{5.16}$$

α_{ij}: Geschwindigkeitskonstante für die Vereinigung der Teilchen.

Die Größe T in Gl. (5.15) ist eine dimensionslose Zeit:

$$T = \frac{D_{ij}\Theta'}{R_{ij}^2}, \tag{5.17}$$

wobei Θ' speziell von Ruckenstein und Pulvermacher [28] als „small scale time" („Mikrozeit") definiert worden ist.

Die Wechselwirkung der Unterlage mit dem sich bewegenden Teilchen kann dessen Bewegung verlangsamen und diese an den Plätzen mit stärkster Wechselwirkung ganz zum Stillstand bringen. Ist demnach die Unterlagenoberfläche energetisch inhomogen, so werden einzelne Teilchen in ihrer Bewegung gehemmt, und schließlich hört diese gänzlich auf. Die Zahl der auf der Oberflächeneinheit in Ruhe verbleibenden Teilchen, ν_F, ändert sich mit der Zeit nach:

$$\frac{d\nu_F}{dt} = (1 - q) \sum_{i+j=k} k_{ij}^* \nu_i \nu_j + \frac{1}{2} (1 - p) \sum_{i+j=k} k_{ij} \nu_i \nu_j - \nu_k \sum_{i=1}^{\infty} k_{ik}^* + \beta_k \nu_k \tag{5.18}$$

q ist die Wahrscheinlichkeit für das Entstehen eines sich bewegenden Teilchens beim Zusammenstoß eines ruhenden mit einem sich bewegenden Teilchen, und p gibt die Wahrscheinlichkeit dafür an, daß beim Zusammentreffen von zwei sich bewegenden Teilchen ein sich weiter bewegendes Teilchen entsteht (Der Einfachheit halber wird angenommen, daß beide Wahrscheinlichkeiten von der Teilchengröße unabhängig sind). β_k ist die Geschwindigkeitskonstante des Haftprozesses der Teilchen an den Plätzen mit stärkster Wechselwirkung.

Wegen des Haftprozesses soll Gl. (5.14) wie folgt modifiziert werden:

$$\frac{d\nu_k}{dt} = \frac{1}{2} p \sum_{i+j=k} k_{ij} \nu_i \nu_j - \nu_k \sum_{i=1}^{\infty} k_{ik} \nu_i - \nu_k \sum_{i=1}^{\infty} k_{ik}^* \nu_i + q \sum_{i+j=k} k_{ij} \nu_i \nu_j - \beta_k \nu_k \tag{5.19}$$

Die Konstanten k_{ik}^* sind ebenfalls im Vergleich mit k_{ij} entsprechend modifiziert. Die Gl. (5.14) und (5.15) wurden zur Bestimmung der Größenverteilung der Teilchen in Abhängigkeit von der Zeit für homogene Oberflächen genutzt, die keinen Halt der wandernden Teilchen verursachen. Es ist auch möglich, auf Grund beider Gleichungen die — auf die Oberflächeneinheit der Unterlage bezogene — zugängliche Oberfläche S der Metallteilchen zu berechnen. Diese ändert sich mit der Zeit t nach der experimentell gefundenen Gesetzmäßigkeit:

$$\frac{dS}{dt} = -C_m S^m. \tag{5.20}$$

Die Konstante C_m hängt von den Konstanten k_{ij} und D_{ij} ab (die letzteren können Funktionen der Radien der zusammenstoßenden Teilchen sein). Für den Fall der Diffusionsbeschränkung ist der Exponent m gleich 4—6. Ist jedoch die Koaleszenz nach dem Zusammenstoß geschwindigkeitsbestimmend, so ergibt sich für m ein Wert von 2 oder 3; der Wert C_m hängt dann von k_{ij} und α_{ij} ab, deren Größe im allgemeinen eine Funktion der Radien der zusammenstoßenden Teilchen ist.

Der Exponent m ist folglich stark durch den geschwindigkeitsbestimmenden Schritt des Wachstumsprozesses der ursprünglich monodispersen Teilchen bestimmt sowie durch die Teilchengrößenabhängigkeit des Diffusionskoeffizienten und der Konstanten k_{ij}. Schließlich hat man festgestellt, daß die Beziehung (5.20) auch für eine beliebige Größenverteilung der Primärteilchen gilt.

Für energetisch inhomogene Oberflächen, die durch Plätze von verschieden starker Wechselwirkung mit den Metallteilchen charakterisiert sind, ist es ebenfalls möglich, die Größenverteilung der Teilchen in Abhängigkeit von der Zeit zu berechnen. Wegen der Anwesenheit stark bindender Plätze wird ein gewisser Prozentsatz der Teilchen schon im Prozeß ihrer Bildung an der Unterlage fixiert, und infolge der Hemmung der Teilchenbewegung ein Gleichgewichtswert von S erreicht (im Unterschied zum Fall homogener Oberflächen). Die Gleichgewichtsverteilung hängt — im Gegensatz zur zeitabhängigen Verteilung an homogenen Oberflächen — von der Verteilung der Primärteilchen stark ab.

Ruckenstein und Pulvermacher [28] haben festgestellt, daß sich eine große Zahl experimenteller Daten über das Wachstum von Platinkristalliten in Pt/Al_2O_3-Katalysatoren, die auf 733—1053 K erhitzt worden waren, an Gl. (5.20) anpassen ließ und — in Abhängigkeit von den Erhitzungsbedingungen — diese die Werte $m = 2$ (Koaleszenzbeschränkung) oder 6—8 (Diffusionsbeschränkung) aufwiesen.

Unmittelbar nachfolgende Untersuchungen von Wynblatt und Gjostein [33] über das Wachstum von Platinkristalliten, die speziell durch Vakuumverdampfung auf Al_2O_3-Schichten erzeugt worden waren, haben jedoch gezeigt, daß in diesem Fall das Teilchenwachstum an eine auf die Oberflächendiffusion gestützte Kinetik nicht angepaßt werden konnte und somit die oben angeführten Gesetzmäßigkeiten nicht erfüllt waren. Das Wachstum wurde bei 973 K in Luft bzw. bei Gegenwart von Stickstoff mit 2% Sauerstoffzugabe durchgeführt. Die Autoren haben eine Hypothese aufgestellt, wonach das Wachstum im vorliegenden Beispiel durch ein anderes Gesetz beschrieben werden muß, das durch ein Anwachsen des Exponenten in Gl. (5.20) mit der Zeit charakterisiert ist. Dagegen war das Wachstum von Platinkristalliten auf graphitierter Kohle in einer Stickstoff- oder Wasserstoffatmosphäre gut mit dem Mechanismus der Kristallitdiffusion an der Oberfläche beschreibbar [34].

5.2.2. Ostwald-*Reifung*

Der Mechanismus der „Ostwald-Reifung“ stützt sich auf die Annahme, daß von den kleineren Kristalliten die Atome abgetrennt werden und an den größeren wieder kondensieren, entsprechend dem thermodynamischen Prinzip, daß die Löslichkeit (oder der Dampfdruck) für kleinere Teilchen höher ist als für größere (Gibbs-Thomson-

Gleichung):

$$\ln \frac{s}{s_a} = \frac{2M\sigma}{RT\varrho a} \qquad (5.21)$$

s: „Normale" Löslichkeit; s_a: Löslichkeit der Teilchen mit dem Radius a; M, R bzw. T: relative Molmasse, Gaskonstante bzw. Temperatur; σ: Oberflächenspannung; ϱ: Dichte.

Diesem Mechanismus kommt eine allgemeinere Bedeutung zu; er wurde ursprünglich zur Erklärung der Rekristallisation von Fällungen, die sich in Gegenwart von Lösungen befinden, verwendet [35]. Auf die OSTWALD-Reifung sowie den im Abschn. 5.2.1. behandelten SMOLUCHOWSKI-Mechanismus läßt sich die allgemeine Abhängigkeit der Änderung der zugänglichen Oberfläche S von der Zeit anwenden, die man durch Integration der Gl. (5.20) ableitet:

$$\frac{1}{S^n} = \frac{1}{S_0^n} + kt \qquad (5.22)$$

S bzw. S_0: Metalloberfläche/Oberflächeneinheit des Trägers nach Ablauf der Zeit t bzw. am Anfang des Prozesses. Die Konstante k ist für den Mechanismus der *Kristallit-Diffusion* dem Volumen des Metalls/Oberflächeneinheit des Trägers proportional; im Fall der OSTWALD-Reifung ist k von diesem Volumen unabhängig. Der Exponent n in Gl. (5.22) beträgt 2—5 und ist um 1 kleiner als die Größe m in Gl. (5.20).

Die Zahl der Teilchen nach Ablauf der Zeit t, N_t, ist durch folgende Beziehung bestimmt:

$$N_t = N_{t_0} \frac{1}{1 + \frac{t - t_0}{t_0}}, \qquad (5.23)$$

worin t_0 eine beliebig gewählte Anfangszeit ist.

Eine Analyse der OSTWALD-Reifung wurde für den Fall, daß die Diffusion der Atome auf der Unterlagenoberfläche geschwindigkeitsbestimmend ist, von CHAKRAVERTY [36] durchgeführt. Für die Größe des kritischen Teilchenradius in Abhängigkeit von der Wachstumszeit ergab sich folgende Beziehung:

$$r_{kr} = r_{k_0} \left[1 + \frac{t}{t_s}\right]^{1/4} \qquad (5.24)$$

r_{kr} und r_{k_0} sind die den Zeiten t und t_0 entsprechenden kritischen Radien, d. h. die Radien, bei denen das Teilchen weder wächst noch kleiner wird; man kann annehmen, daß diese Radien den mittleren Radien der Teilchen zu Beginn des Prozesses und nach der Zeit t entsprechen. t_s ist eine von der Gesamtmenge des Metalls/Oberflächeneinheit des Trägers unabhängige Konstante, die jedoch dem Wert von r_{k_0} umgekehrt proportional ist.

Der Mechanismus der OSTWALD-Reifung wurde unter anderem einer Beschreibung des Wachstums von Uraniumkristalliten in flüssigen Phasen (U-Pb- und U-Na-System) zugrunde gelegt. Unter Annahme einer Diffusion der Uraniumatome von kleinen zu größeren Teilchen erhält man einen Ausdruck für die Geschwindigkeit der Teilchengrößenänderung [37]:

$$\frac{da}{dt} = DS \frac{2M\sigma}{RT\varrho^2 a} \left[\frac{1}{a_n} - \frac{1}{a}\right] \tag{5.25}$$

D: Diffusionskoeffizient der Uraniumatome; S: Löslichkeit; $a_n = \frac{1}{n} \sum_{i=1}^{n} a_i$ (arithmetisches Mittel der Teilchendurchmesser a_i).

Aus den bisher veröffentlichten experimentellen Ergebnissen ist ersichtlich, daß in zahlreichen Beispielen der Wachstumsprozeß von Metallteilchen auf nichtmetallischen Unterlagen mit dem Mechanismus der OSTWALD-Reifung beschrieben werden kann. So wachsen beispielsweise auf der Oberfläche eines synthetischen Saphirs befindliche Platinkristallite (Teilchengröße: 150—300 nm) an Luft bei 1173 K nach diesem Mechanismus [38]. Wegen der Anwesenheit von Sauerstoff ist aber nicht sicher, ob die diffundierenden Spezies Platinatome, Platinoxid-Moleküle oder Platin-Ionen waren. So ist nicht von der Hand zu weisen, daß im System Platin—Sauerstoff zum Beispiel ein echter chemischer Transport von Platin (als PtO_2) über die Gasphase oder im Oberflächenfilm als Lösungsphase stattfinden kann.

FLYNN und WANKE [39] haben die Aussagen zur OSTWALD-Reifung am Wachstum von Metallkristalliten bei oxidischen Trägerkatalysatoren überprüft und zugleich auf die Fehler hingewiesen, die dem von RUCKENSTEIN und PULVERMACHER vorgestellten Modell [28], das sich auf den SMOLUCHOWSKI-Mechanismus stützt, innewohnen. Die Nichtübereinstimmung des letzteren Modells mit den experimentellen Ergebnissen bestand einmal darin, daß mit seiner Hilfe die hohe Aktivierungsenergie der Rekristallisation nicht erklärt werden konnte. Weiterhin besteht die Schwierigkeit, mittels des in [28] verwendeten Modells das Wachstum der Metallkristallite bis zu den Teilchengrößen zu erklären, die die Größe der Kristallite des porösen Trägers weit überschreiten. Nach FLYNN und WANKE [39] beziehen sich die in der Literatur publizierten Ergebnisse (z. B. [25], [2.83]) über die unmittelbaren Beobachtungen der Teilchenbewegung auf der Unterlagenoberfläche eher auf spezielle Randbedingungen (kleine Teilchen und kleine gegenseitige Abstände), die bei den in Metall-Trägerkatalysatoren vielfach auftretenden kleinen Konzentrationen und den größeren Teilchen kaum realisiert werden können.

Nach dem FLYNN-WANKE-Modell [39] besteht der Prozeß des Teilchenwachstums auf einer Unterlage aus folgenden Stadien:

1. *Die Abtrennung (Dissoziation) der Atome aus kleinsten Teilchen:* Dieser Schritt erfordert die größte Aktivierungsenergie, die der Adsorptionsenergie E_a der Metallatome auf der Oberfläche gleich, jedoch kleiner als die Sublimationswärme ist. In einzelnen Fällen ist diese Energie nicht größer als etwa 80 kJ · mol^{-1}, und sie kann bei Temperaturen von 800 bis 1000 K leicht aufgebracht werden. Eine oxydierende Atmosphäre, die die Adhäsion der Teilchen zur Unterlage erhöht (vgl. Abschn. 5.1.3.), erleichtert unter Umständen auch das Abtrennen der Atome von den Kristalliten und somit ihre Überführung zur Unterlage ähnlich, wie die Anwesenheit von Fehlstellen in der Unterlagenoberfläche, die die lokalen Potentialminima erzeugt.

2. *Migration der Metallatome an der Oberfläche:* Die wandernden Atome stellen ein zweidimensionales Gas dar, wobei die mittlere Geschwindigkeit der Atomtranslation,

v, durch nachfolgende Beziehung bestimmt ist:

$$v = \left(\frac{\pi k T}{2m}\right)^{1/2} \qquad (5.26)$$

m: Atommasse.

Diese Geschwindigkeit kann durch folgende Abhängigkeit beschrieben werden:

$$v = a\omega \exp\left(\frac{-E_{ds}}{RT}\right) \qquad (5.27)$$

a: Konstante; ω: Schwingungsfrequenz der Oberflächenatome, $\approx 10^{13}\ \mathrm{s}^{-1}$; E_{ds}: Aktivierungsenergie der Diffusion auf der Unterlagenoberfläche (kleiner E_a).

3. *Einfangen der Atome durch die Teilchen:* Die Einfanggeschwindigkeit kann nach folgender Beziehung ermittelt werden:

$$\frac{d\nu_z}{dt} = \alpha \frac{v\nu_w}{\nu_c s_0} l_i \qquad (5.28)$$

ν_z: Zahl der vom Teilchen eingefangenen Atome: α: Haftwahrscheinlichkeit des Atoms beim Zusammenstoß mit einem Teilchen (wird als unabhängig von der effektiven Größe des Teilchens, l_i, angenommen); v: mittlere Geschwindigkeit der Translation der Atome; ν_w: Zahl der auf der Unterlagenoberfläche sich bewegenden Atome; ν_c: Gesamtzahl der Metallatome auf der Unterlagenoberfläche; s_0: die einem Metallatom zur Verfügung stehende Oberfläche.

Die gesamte Oberfläche ist gleich $\nu_c \cdot s_0$, und $\nu_w/\nu_c \cdot s_0)$ entspricht der Oberflächenkonzentration der wandernden Atome.

Das von der Oberfläche des Teilchens eingefangene Atom kann auf dieser wandern. Die Geschwindigkeit der Oberflächen-Selbstdiffusion ist bei Metallen im allgemeinen nicht unbedeutend, da die Aktivierungsenergie dieses Prozesses relativ klein ist (z. B. beträgt sie für Platin etwa 110 kJ · mol^{-1}).

Die Geschwindigkeit, mit der die Änderung der Zahl der Atome im i-ten Teilchen erfolgt, ist:

$$\frac{d\nu_i}{dt} = \frac{d\nu_z}{dt} - \frac{d\nu_u}{dt} = \alpha \frac{v\nu_w}{\nu_c s_0} l_i - A \exp\left(-\frac{E_a}{RT}\right) \qquad (5.29)$$

wobei das erste Glied der Gleichung den Zuwachs, das zweite die Abnahme der Zahl der Atome darstellen; ν_u: Zahl der vom Teilchen abgetrennten Atome; A: präexponentieller Faktor.

Die Geschwindigkeit der Änderung der Zahl der auf einer Oberfläche wandernden Atome ist auf Grund der Massenbilanz gegeben:

$$\frac{d\nu_w}{dt} = \sum_{i=1}^{M} \frac{d\nu_u}{dt} - \frac{d\nu_z}{dt} = -MA \exp\left(-\frac{E_a}{RT}\right) + \alpha \frac{v\nu_w}{\nu_c s_0} \sum_{i=1}^{M} l_i \qquad (5.30)$$

M: Zahl der Teilchen auf der Unterlagenoberfläche $\nu_c s_0$.

Die Beziehung (5.30) entspricht den Gleichungen, die die Vorgänge der Verdampfung und Kondensation beschreiben, sofern diese zwischen Tropfen unterschiedlicher Größe verlaufen.

Aus Gl. (5.29) folgt, daß für einen gewissen l_i-Wert, bei dem das erste und zweite Glied gleich werden, das Wachstum zum Stillstand kommt. Dieser „kritische“ Wert der mittleren effektiven Teilchengröße ist durch

$$l_{i\,krit} = \frac{A\nu_c s_0}{\alpha v \nu_w} \exp\left(-\frac{E_a}{RT}\right) = \sum_{i=1} \frac{l_i}{M} \tag{5.31}$$

bestimmt.

Während der Rekristallisation nehmen die Größen M und ν_w ab, was andererseits eine Zunahme der l_i-Werte zur Folge hat. Gleichzeitig werden die Teilchen, die zum Beginn des Prozesses gewachsen sind, sich in späteren Stadien verkleinern. Im Gegensatz zu den Aussagen des SMOLUCHOWSKI-Modells werden die Teilchengrößen nach der Rekristallisation stark durch die Anfangsverteilung beeinflußt.

Auch die übrigen der in den Gln. (5.29) bis (5.31) auftretenden Parameter beeinflussen den Verlauf des Teilchenwachstums erheblich. Die Beweglichkeit der Atome auf der Unterlage hängt von der Größe α/s_0 ab, da diese Größe für die Einfanggeschwindigkeit entscheidend ist, d. h. die Konzentration ν_w sowie Translationsgeschwindigkeit v bestimmt. Für große Werte von α/s_0 und v nähert sich der Wert ν_w schnell Null, und es wird lediglich die Dissoziationsgeschwindigkeit für das Teilchenwachstum bestimmend. Niedrige α/s_0-Werte können entweder durch einen kleinen Metallgehalt (s_0: groß) oder durch eine starke Wechselwirkung mit der Unterlage (E_{ds}: groß) verursacht werden. Während der Rekristallisation erfolgt in diesem Fall eine Akkumulation der Atome auf der Unterlage, was eine starke Zunahme der Dispersität bei Temperaturerhöhung zur Folge hat (Redispersion). Die Abhängigkeit der Redispersionsgeschwindigkeit vom Faktor E_a/RT ist sehr stark ausgeprägt (exponentiell bestimmt), und scheinbar kleine Unterschiede in E_a (z. B. um 20 kJ · mol^{-1}) können bei einer gegebenen Temperatur erhebliche Differenzen in der Geschwindigkeit des Prozesses verursachen.

Die Teilchengrößenverteilung wird während der Rekristallisation unter den Bedingungen der OSTWALD-Reifung breiter, da die kleinen Kristallite verkleinert werden, während die größeren weiter wachsen. Dieses Ergebnis wurde auch experimentell an zahlreichen Beispielen festgestellt (siehe z. B. [40]).

Das FLYNN-WANKE-Modell ermöglicht die Voraussage der Werte für den Exponenten m in Gl. (5.20) ($m = 2$ bis 13) sowie deren Abhängigkeit von der Zeit. Für die Größe dieser Werte sind auch die Verteilungsbreite sowie die Anfangsgröße der Teilchen maßgebend.

Die Erscheinung der Rekristallisation von Metallteilchen auf einer Unterlage wurde bisher im Bereich von mindestens zwei Größenordnungen (1—100 nm) beobachtet. Es scheint, daß dieser Prozeß im allgemeinen nicht nur nach einem (einheitlichen) Mechanismus verläuft. Bei kleineren Anfangsgrößen der Teilchen (1—5 nm) ist der SMOLUCHOWSKI-Mechanismus, bei größeren dagegen die OSTWALD-Reifung wahrscheinlicher. Zur Zeit reicht jedoch das vorliegende experimentelle Material für eine weitreichende Überprüfung dieser Modelle noch nicht aus.

5.3. Wechselwirkung zwischen Metall und Unterlage — Keimbildung

Der Prozeß der Bildung von Keimen einer festen (oder allgemeiner: kondensierten) Phase aus Atomen, Ionen oder Molekülen ist einer unmittelbaren Beobachtung nicht zugänglich. Er verläuft sowohl in gasförmigen und flüssigen Phasen als auch an den

Phasengrenzen Gas—Festkörper, Flüssigkeit—Festkörper sowie im Inneren fester Phasen (z. B. bei der Ausbildung einer neuen festen Phase aus übersättigter fester Lösung). Die Keimbildung im Volumen einer Phase wird als homogene Keimbildung, die an einer Phasengrenze als heterogene Keimbildung bezeichnet.

Im Fall einer metallischen Phase kann die Keimbildung homogen verlaufen, wie z. B. beim Verdampfen von Metallen in einer Edelgasatmosphäre (vgl. Kap. 2.2.2.) sowie beim Ausfällen einer (festen) Phase aus übersättigter Lösung. Die heterogene Keimbildung tritt bei der Kondensation von Metalldämpfen an einer Unterlage auf (Herstellung dünner Schichten) oder erfolgt bei der Bildung von Keimen während eines chemischen Reduktionsvorganges, der an der Phasengrenze zwischen dem gasförmigen, flüssigen oder festen Reduktionsmittel und der jeweiligen festen Substanz abläuft.

Auf die Entstehung der Metallkeime aus gasförmiger Phase an festen Unterlagen üben deren Eigenschaften einen entscheidenden Einfluß aus. Die Geschwindigkeit dieses Prozesses hängt bei gegebenen Bedingungen (Dampfdruck; Temperatur der Unterlage) von der Stärke der Wechselwirkung zwischen den Metallatomen und der Unterlage ab.

5.3.1. *Verhalten von Metallatomen auf einer Unterlage*

Ein Strom von Metallatomen wird kondensiert, wenn er auf eine Unterlage mit deutlich niedriger Temperatur auftrifft. In unmittelbarer Nähe der Unterlagenoberfläche wird das Metallatom mittels Dipol- und Quadrupol-Wechselwirkungen angezogen und physisorbiert. Gleichzeitig erfolgt der Temperaturangleich des adsorbierten Atoms mit der Unterlage durch Verlust seiner zur Oberfläche senkrechten Geschwindigkeitskomponente. Das adsorbierte Atom bewegt sich nach (teilweisem) Ausgleich der Temperatur mit der Unterlage eine gewisse Zeit in „Sprüngen“ an der Oberfläche, verläßt diese dann und kehrt in die Gasphase zurück oder wird — unter Freiwerden der Kondensationswärme — an ein Atomaggregat gebunden. Die Kondensation ist demnach durch die Differenz in den Geschwindigkeiten der Adsorptions- und Desorptions-Prozesse bedingt.

Diese Prozesse lassen sich durch einige, ihre quantitative Beschreibung erleichternde Parameter charakterisieren. Ein derartiger Parameter ist der Haftkoeffizient („sticking coefficient“ oder „sticking probability“), der die Wahrscheinlichkeit der Kondensation des auf die Unterlage einfallenden Atoms ausdrückt. Zahlenmäßig ist dieser Koeffizient gleich dem Quotienten aus der Zahl der kondensierten zur Zahl der einfallenden Atome. Der thermische Akkomodationskoeffizient α_T beschreibt den Grad des thermischen Gleichgewichts, das von dem auf die Unterlage (deren Temperatur T_s beträgt) einfallenden Atom erreicht wird:

$$\alpha_T = \lim_{T_g \to T_s} \frac{T_R - T_g}{T_s - T_g} \tag{5.32}$$

T_R: Mittlere Temperatur der von der Oberfläche desorbierenden Atome; T_g: Temperatur der Atome vor dem Zusammenstoß mit der Unterlage.

Die mittlere Relaxationszeit τ_e, die für den Temperaturausgleich zwischen den einfallenden Atomen und der Unterlage erforderlich ist, wurde zu $\tau_e < 2/\nu$ abgeschätzt, wobei ν die Frequenz der Schwingungen der Bindung zwischen dem adsorbierten Atom und der Unterlage ist. Nach Lennard-Jones fällt die potentielle Energie einer solchen Bindung bereits nach *einer* Schwingung auf ein Viertel des Anfangswertes [41].

Die mittlere Verweilzeit τ_s (oder Adsorptionszeit), d. h. die Zeitdauer vom Aufprall bis zum Desorptionsbeginn des Atoms auf der Unterlage, ist durch

$$\tau_s = \frac{1}{\nu} \exp\left(\frac{Q_{\text{des}}}{RT}\right) \tag{5.33}$$

gegeben, während zwischen τ_e und τ_s folgende Beziehung besteht:

$$\tau_e = 2\tau_s \exp\left(-\frac{Q_{\text{des}}}{RT}\right) \tag{5.34}$$

Q_{des}: Desorptionswärme

Wenn die Bindungsenergie des Atoms zur Unterlage groß ist, d. h. $Q_{\text{des}} \gg kT$, dann ist τ_s sehr lang und τ_e entsprechend sehr kurz: Die Einstellung des thermischen Gleichgewichts erfolgt sehr schnell. Liegt jedoch Q_{des} in der Größenordnung von kT, erreichen die einfallenden Atome nur langsam das thermische Gleichgewicht, was folglich einen Haftkoeffizientenwert von erheblich kleiner als 1 verursacht.

Die adsorbierten Atome verhalten sich wie ein zweidimensionales Gas und bewegen sich auf der Unterlagenoberfläche in ungeordneter Weise. Während der Adsorptionszeit τ_s legen sie einen mittleren Weg $\bar{x}$ zurück:

$$\bar{x} = \sqrt{2D_s\tau_s} = \sqrt{2\nu\tau_s}\, a \exp\left(\frac{-Q_{ds}}{2kT}\right) = \sqrt{2}\, a \exp\left(\frac{Q_{\text{des}} - Q_{ds}}{2kT}\right) \tag{5.35}$$

D_s: Koeffizient der Oberflächendiffusion, $D_s = a^2 \exp\left(\frac{Q_{ds}}{RT}\right)$; a: Länge eines Sprunges zwischen den aufeinanderfolgenden Adsorptionsplätzen, Q_{ds}: Aktivierungsenergie der Oberflächendiffusion.

Eine exakte Beziehung zwischen Q_{des} und Q_{ds} ist nicht bekannt; es wird jedoch allgemein angenommen, daß $Q_{ds} \approx 0{,}25\, Q_{\text{des}}$ beträgt.

5.3.2. *Entstehen der Keime*

Stoßen zwei Atome während ihres Aufenthaltes (an der Unterlagenoberfläche) zusammen, können sie für eine gewisse Zeit ein Paar bilden. Schließt sich noch vor dem Zerfall dieses Paares ein drittes Atom an, so entsteht ein dreiatomiger Cluster. In analoger Weise können noch höheratomige Aggregate mit den Atomzahlen $i = 4, 5$ usw. entstehen, die die Keime der kondensierten Phase darstellen.

Die Geschwindigkeit der Bildung dieser Keime hängt von der mittleren Verweilzeit, τ_s, der Geschwindigkeit der Zufuhr von Atomen an die Oberfläche, q, der Geschwindigkeit des Anschlusses der Atome an die Aggregate, λ_i, und der Zerfallsgeschwindigkeit der Aggregate, k_i, ab. Gewöhnlich nimmt man in erster Näherung an, daß sich bei der Kondensationstemperatur nur Atome bewegen, während die Aggregate (Cluster) in Ruhe verbleiben. Unter diesen Bedingungen ist die Geschwindigkeit, mit der sich Atome an die Aggregate anlagern, gleich

$$\lambda_i = w_i n_1(t) \tag{5.36}$$

$w_i = \sigma_1 D_s$ (σ: dimensionsloser Koeffizient, im allgemeinen von der Keimgröße abhängig; er wird jedoch in erster Nährung als konstant angenommen); $n_1(t)$: von der Zeit t abhängige Konzentration der einzelnen Atome.

Die Geschwindigkeit der Clusterbildung kann auch — bei Berücksichtigung der Abhängigkeiten (5.35) und (5.36) — durch

$$\lambda_i = w_i n_i(t) = \sigma_1 D_s N_1 \frac{n_1(t)}{N_1} = q\bar{x}^2 \sigma_i \frac{N_1}{n_1} \tag{5.37}$$

ausgedrückt werden, wobei die Gleichgewichtskonzentration der adsorbierten Atome $N_1 = q\tau_s$ beträgt. Die Parameter $q\bar{x}^2$ und $q \cdot \tau_s \bar{x}^2 = N_1 \bar{x}^2$ sind charakteristische Kondensationsparameter; sie können an Hand experimenteller Daten abgeschätzt werden. Die Werte von q liegen gewöhnlich im Bereich 10^{12}—10^{14} cm$^{-2} \cdot$ s^{-1}, was 10^{-3}—10^{-1} der Monoschicht pro Sekunde entspricht. Die D_s-Werte schwanken zwischen 10^{-6} und 10^{-2}, und τ_s kann in weiten Grenzen variieren: Für typische Kondensationsexperimente weist τ_s einen Wert im Bereich 10^{-9}—1 s auf. Daraus erhält man $\bar{x}^2 = 10^{-14}$—10^{12} cm^2, $q\bar{x}^2 = 10^{-2}$—10^{10} s^{-1} und $N_1\bar{x}^2 = 10^{-11}$—10^{10}.

Die aus nur wenigen Atomen bestehenden Aggregate sind instabil und zerfallen wieder zu Atomen bzw. zu kleineren Aggregaten. (Für größere Cluster, die mindestens einige Hunderte von Atomen enthalten, kann man annehmen, daß deren Abbaugeschwindigkeit mittels der Gibbs-Thomson-Gleichung (5.21) berechnet werden kann. Es ist jedoch schwer einzusehen, daß dieselbe Formel auch auf sehr kleine Cluster anwendbar sein soll; denn schließlich ist die Angabe von makroskopisch definierten Größen (z. B. Oberflächenspannung) für Cluster, die nur wenige Atome enthalten, unsinnig.)

Die Geschwindigkeit des Zerfalls kleiner Atomaggregate beträgt:

$$k_i = \frac{1}{\tau_i} = \frac{1}{\tau_0} \exp\left(-\frac{E_i}{kT}\right) \tag{5.38}$$

τ_i: Mittlere Lebensdauer des aus i Atomen bestehenden Clusters; $\tau_0 = 1/\nu$ (s. Gl. (5.33)); E_i: Bindungsenergie des im Cluster am schwächsten gebundenen Atoms.

Für $i > 2$ ist jedoch E_i in den meisten Fällen unbekannt, und folglich kann k_i nicht berechnet werden. k_i läßt sich jedoch aus experimentellen Daten abschätzen.

Man hat gefunden [42], daß unter den Bedingungen einer hohen Übersättigung (z. B. bei Kondensation eines thermisch erzeugten Dampfstrahls) und genügend niedrigen Temperaturen der Unterlage (z. B. unterhalb 700 K), d. h. bei einem Quotienten aus effektivem Dampfdruck und Sättigungsdampfdruck von über 10^5, ein Zerfall der aus mehr als 5 Atomen bestehenden Aggregate vernachlässigbar ist ($k_i \ll \lambda_i$ für $i > 5$). Die fünf- und mehratomigen Cluster sind also kritische Keime, die nur wachsen können. Zinsmeister [43] hat sogar festgestellt, daß beim Aufdampfen von dünnen Metallschichten k_i sehr oft für $i > 2$ als sehr klein angesehen werden kann. In diesen Fällen ist der kritische Keim nur das einzelne Atom. Eine Abschätzung der k_2-Werte wurde auf der Grundlage der bekannten E_2-Werte, d. h. der Dissoziationsenergie des Atompaares, durchgeführt. Diese Energie läßt sich abschätzen, sofern man annimmt, daß sie etwa 1/6 der Sublimationswärme des betreffenden Metalls beträgt; eine derartige Annahme scheint — trotz mancher Vorbehalte — durchaus vernünftig zu sein. Für die Metalle, die an nichtmetallischen Unterlagen besonders gut kondensieren (Cu, Ag, Au u. a.), ist $E_2 > Q_{\text{subl}}/6$, während für solche, deren Kondensation an Unterlagen schwerer verläuft (z. B. Zn, Cd, Hg) $E_2 \leqq Q_{\text{subl}}/6$ gilt.

In der klassischen thermodynamischen Theorie der Keimbildung [44] wurde die Größe des kritischen Keimes durch Berechnung der freien Energie eines kugelförmigen Keimes, G, bestimmt.

Diese Energie ist:

$$\Delta G = 4\pi r^2 \sigma_{cv} + \frac{4}{3} \pi r^3 \Delta G_v \tag{5.39}$$

r: Radius des kugelförmigen Teilchens; σ_{cv}: Oberflächenspannung an der Phasengrenze Gas—kondensierte Phase; ΔG_v: Differenz zwischen den freien Energien der gasförmigen und kondensierten Phasen, $\Delta G = -\frac{RT}{V} \ln \frac{p}{p_g}$ (V: Volumen der kondensierten Phase, p: effektiver Dampfdruck, p_g: Gleichgewichtsdampfdruck).

Das ΔG-r-Diagramm weist ein Maximum für $r = r^*$ auf (r^*: kritischer Radius):

$$r^* = -\frac{2\sigma_{cv}}{\Delta G} = \frac{2\sigma_{cv} V}{kT \ln p/p_g} \tag{5.40}$$

Oberhalb dieses r^*-Wertes nimmt ΔG ab, was bedeutet, daß bei den höheren r-Werten das Teilchen nur wachsen, und bei kleineren r-Werten nur kleiner werden kann. Der nach dieser Theorie abgeschätzte kritische Radius r^* beträgt in manchen Fällen nur einen Bruchteil von nm, was der Größe der einzelnen Atome entspricht. Es steht außer Zweifel, daß die Übertragbarkeit makroskopischer thermodynamischer Größen, wie σ und G, auf derart kleine Teilchen wenig sinnvoll ist und demnach die Probleme der Keimbildung nur unter Nutzung atomarer Größen behandelt werden können.

Wie oben bereits angedeutet, kann man die Kondensationsgeschwindigkeit durch die Geschwindigkeit der Bildung von 2-, 3- ... atomigen Keimen ausdrücken, die mittels der folgenden Differentialgleichungen beschrieben wird [45]:

$$\begin{aligned}
\frac{dn_1}{dt} &= q - \frac{n_1}{\tau_s} - n_1 \sum_1 w_i n_i + \sum_2 k_i n_i && \text{(einzelne Atome)} \\
\frac{dn_2}{dt} &= \lambda_1 n_1 - (\lambda_2 + k_2)\, n_2 + k_3 n_3 && \text{(Paare)} \\
&\cdots\cdots\cdots\cdots\cdots\cdots \\
\frac{dn_i}{dt} &= \lambda_{i-1} n_{i-1} - (\lambda_i + k_i)\, n_i + k_{i+1}\, n_{i+1} && \text{(i-atomige Cluster)}
\end{aligned} \tag{5.41}$$

Dabei wird angenommen, daß die Bildung der Cluster durch Addition und deren Zerfall durch Subtraktion des einzelnen Atoms erfolgt. In der ersten Gleichung ist $\frac{n_1}{\tau_s}$ die Geschwindigkeit der Desorption einzelner Atome von der Unterlage, $n_1 \sum_1 w_i n_i$ die Geschwindigkeit, mit der sich die einzelnen Atome an i-atomige Keime anlagern, und $\sum_2 k_i n_i$ ist die Geschwindigkeit des Zerfalls der aus 2 oder mehr Atomen bestehenden Cluster zu $(i-1)$-atomigen Clustern und einzelnen Atomen.

In der oben angeführten allgemeinen Form sind die Gleichungen nicht lösbar, und man nimmt deshalb nach WALTON [42] einen stationären Zustand an, d. h. $\frac{dn_i}{dt} = 0$ für $i < i^*$, wodurch $n_i = N_i$ wird (Gleichgewichtskonzentration der aus i Atomen bestehenden Cluster). Dann erhält man:

$$N_i = \frac{\lambda_1 \cdot \lambda_2 \cdots \lambda_{i-1}}{k_2 \cdot k_3 \cdots k_i} \qquad \text{für} \qquad i \leqq i^* \tag{5.42}$$

Unter der Annahme, daß λ_i von der Aggregatgröße unabhängig ist ($\lambda_i = \lambda = N_1 D_s$) und k_i nach Gl. (5.38) bestimmt werden kann, folgt

$$\frac{N_i}{N_0} = \left(\frac{N_i}{N_0}\right)^i \exp\left(\frac{E_i}{kT}\right) \qquad \text{für} \qquad i \leqq i^* \tag{5.43}$$

N_0: **Zahl der Adsorptionsplätze auf der Unterlage.**

Die Aufgabe der Kondensationstheorie besteht in der Berechnung der zeitabhängigen Größen N_1 und N_i, die auch von der Geschwindigkeit der Zufuhr der Atome an die Unterlage und von deren Temperatur abhängig sind. Sie soll weiterhin die Berechnung des Kondensationskoeffizienten und der Größenverteilung der Keime ermöglichen. Bisher sind diese Aufgaben nur unter den folgenden Annahmen gelöst:

1. Die Unterlage ist isotrop, homogen und mindestens in gewissen kleinen Bereichen frei von Fehlstellen.
2. Nur einzelne adsorbierte Atome können sich frei bewegen (die Beweglichkeit der vielatomigen Keime wird vernachlässigt).
3. Die Beweglichkeit der Atome ist ausreichend, so daß in der Zeit τ_s der von ihnen zurückgelegte Weg $\bar{x}$ größer ist als die Durchmesser der Keime.
4. Das Keimwachstum erfolgt vorwiegend durch die Anlagerung einzelner Atome. Der Antransport von Atomen unmittelbar aus der Gasphase beginnt erst bei den Keimen, deren Durchmesser a_i größer als $\bar{x}$ ist. Dann gilt $\lambda_i = \lambda_{ds} + \frac{\pi}{4} a_i^2 q$, wobei λ_{ds} die durch die Oberflächendiffusion bedingte Wachstumsgeschwindigkeit darstellt.

Der Satz der Gln. (5.41) berücksichtigt auch die Tatsache, daß während der Schichtbildung eine Koaleszenz der Keime vonstatten geht und daß weiterhin — wegen einer Verarmung der den Keimen benachbarten Bereichen an Atomen — eine anisotrope Verteilung der Atome auf der Unterlagenoberfläche auftritt. Mit wachsender Dichte der Keime und ihrem gleichzeitigen Wachstum erhöht sich auch die Wahrscheinlichkeit dafür, daß sich zwei benachbarte Keime einander berühren und Koaleszenz erfolgt, obwohl die Keime unbeweglich sind. Jeder Keim wirkt als ein Zentrum, das aus der unmittelbaren Umgebung die Atome einfängt, und demnach bildet sich um jeden Keim eine Zone mit kleinerer Konzentration an Atomen.

Die Lösung der Gln. (5.41) wurde in erster Linie unter den oben erwähnten einschränkenden Annahmen und zusätzlich für $i^x = 1$ und $w_i = \text{const}$ ausgeführt. Wie eine genaue Analyse zeigt, sind diese Annahmen in vielen praktischen Fällen realistisch. Die Lösung gibt $n_1(t)$ sowie die Keimkonzentration $\sum n_i(t)$ bei gegebenen Werten von q und w_i für verschiedene Adsorptionszeiten τ_s an. Ebenfalls ist es möglich, die Veränderung der Atomkonzentration in Keimnähe zu berücksichtigen [46], sofern man annimmt, daß alle Keime gleich groß sind und sich in gleichen Abständen voneinander befinden [47, 48]. Die Resultate verschiedener Lösungen der Gleichungen (bei Beachtung der vereinfachenden Annahmen) sind in gekürzter Form von Zinsmeister [49] angegeben. Die Berücksichtigung der Koaleszenz bei der Keimbildung wird in den Arbeiten von Lewis [50] und Stowell [47, 48] behandelt.

Literatur

[1] M. HUMENIK u. W. D. KINGERY, J. Amer. Cer. Soc. **37**, 18 (1954)
[2] W. D. KINGERY, J. Amer. Cer. Soc. **37**, 42 (1954)
[3] R. M. PILIAR u. J. NUTTING, Phil. Mag. **16**, 181 (1967)
[4] H. J. DE BRUIN, A. F. MOODIE u. C. E. WARBLE, J. Material Sci. **7**, 909 (1972)
[5] P. BENJAMIN u. C. WEAVER, Proc. Roy. Soc., Ser. A **254**, 163, 177 (1960); Ser. A **261**, 516 (1961); Ser. A **274**, 267 (1963)
[6] C. WEAVER, Chem. Ind. (London) **1965**, 370
[7] P. BENJAMIN u. C. WEAVER, Proc. Roy. Soc., Ser. A **252**, 418 (1959)
[8] M. P. BOROM u. J. A. PASK, J. Amer. Cer. Soc. **49**, 1 (1966)
[9] D. M. MATTOX, J. Appl. Phys. **37**, 3613 (1966)
[10] J. A. PASK u. R. M. FULRATH, J. Amer. Cer. Soc. **45**, 592 (1962)
[11] D. C. MOORE u. H. R. THORNTON, J. Res. Nat. Bur. Stand. A **62**, 127 (1959)
[12] J. F. HAMILTON u. P. C. LOGEL, Thin Solid Films **16**, 49 (1973)
[13] J. F. HAMILTON u. P. C. LOGEL, J. Catal. **29**, 253 (1973)
[14] B. LEWIS, Surface Sci. **21**, 289 (1970)
[15] W. SCHOTTKY, Z. Physik **113**, 367 (1939)
[16] N. F. MOTT, Proc. Roy. Soc., Ser. A **171**, 27, 281 (1939)
[17] G.-M. SCHWAB, J. BLOCK u. D. SCHULTZE, Angew. Chem. **71**, 101 (1959)
[18] G.-M. SCHWAB, Surface Sci. **13**, 198 (1969)
[19] R. F. BADDOUR u. M. C. DEIBERT, J. Phys. Chem. **70**, 2173 (1966)
[20] C. S. NICOLAU u. H. G. THOM, Z. anorg. allg. Chem. **303**, 133 (1960)
[21] S. M. SKINNER, R. L. SAVAGE u. J. E. RUTZER, J. Appl. Phys. **24**, 438 (1953); **25**, 1055 (1954)
[22] C. WEST, J. Appl. Phys. **25**, 1054 (1954)
[23] B. V. DERJAGUIN u. V. P. SMILGA, J. Appl. Phys. **38**, 4609 (1967)
[24] W. B. PHILLIPS, E. A. DESLOGE u. J. G. SKOFRONICK, J. Appl. Phys. **39**, 3210 (1968)
[25] J. M. THOMAS u. P. L. WALKER, J. Chem. Phys. **41**, 587 (1964)
[26] M. v. SMOLUCHOWSKI, Z. phys. Chem. **92**, 129 (1918)
[27] G. M. FAIR u. R. S. GEMMEL, J. Coll. Sci. **19**, 360 (1964)
[28] E. RUCKENSTEIN u. B. PULVERMACHER, A. I. Ch. E. Journal **19**, 356 (1973); J. Catal. **29**, 224 (1973)
[29] P. WYNBLATT u. N. A. GJOSTEIN, Progr. in Solid State Chem. **9**, 21 (1975)
[30] E. E. LATTA u. H. P. BOUREL, Phys. Rev. Lett. **38**, 839 (1977)
[31] E. E. GRUBER, J. Appl. Phys. **38**, 243 (1967)
[32] F. A. NICHOLS u. W. W. MULLINS, Trans. AIME **223**, 1840 (1965); F. A. NICHOLS, J. Appl. Phys. **37**, 2805 (1966)
[33] P. WYNBLATT u. N. A. GJOSTEIN, Scripta Met. **7**, 969 (1973)
[34] J. A. BETT, K. KINOSHITA u. P. J. STONEHART, J. Catal. **35**, 307 (1974)
[35] W. J. DUNNING in „*Particle Growth in Suspensions*", hrsg. von A. L. SMITH, Academic Press, London 1973
[36] B. K. J. CHAKRAVERTY, J. Phys. Chem. Solids **28**, 2401 (1967)
[37] C. W. GRENWOOD, Acta Met. **4**, 243 (1956)
[38] F. H. HUANG u. CHE-YU LI, Scripta Met. **7**, 1239 (1973)
[39] P. C. FLYNN u. S. E. WANKE, J. Catal. **34**, 390, 400 (1974)
[40] H. J. MAAT u. L. MOSCOU, Proc. 3rd Congr. Catal., North Holland Publ. Co.-Amsterdam 1965, S. 1277
[41] J. E. LENNARD-JONES, Proc. Roy. Soc., Ser. A **163**, 127 (1937)
[42] S. WALTON, J. Chem. Phys. **37**, 2182 (1962)
[43] G. ZINSMEISTER, Vacuum **16**, 529 (1966)
[44] Siehe z. B.: K. L. CHOPRA, Thin Film Phenomena, Mc Graw Hill, N. Y. 1969, S. 142ff.
[45] G. ZINSMEISTER, Kristall und Technik **5**, 207 (1970)
[46] V. HALPERN, J. Appl. Phys. **40**, 4627 (1969)
[47] M. J. STOWELL u. K. J. RUTLEDGE, Thin Solid Films **6**, 407 (1970)
[48] M. J. STOWELL u. T. E. HUTCHINSON, Thin Solid Films **8**, 41, 411 (1971)
[49] G. ZINSMEISTER, Vakuum-Technik **22**, 85 (1973)
[50] B. LEWIS, Surface Sci. **21**, 273 (1970)

6. Wechselwirkung zwischen gasförmigen Adsorptiven und dispersen Metallen. Adsorption und Katalyse

6.1. Hochdisperse Metalle als Adsorbenzien

Wie alle Festkörper, wirken auch Metalle als Adsorbenzien[1]. Die Wechselwirkung der Metalle mit den in der Gasphase vorhandenen Atomen oder Molekülen führt zu deren Bindung und Anreicherung an der Metalloberfläche. Analog, wie auf der Oberfläche anderer Festkörper, findet auch an der Metalloberfläche sowohl eine physikalische Adsorption (Physisorption) statt, die durch eine schwache Wechselwirkung zwischen dem Adsorptiv und den Metallatomen gekennzeichnet ist, als auch eine Chemisorption (chemische Adsorption), bei der diese Wechselwirkung stärker ist; ihre Größe wird durch die chemische Affinität zwischen Gas und Metall bestimmt.

Die Physisorption ist eine an der Phasengrenze Gas—Festkörper ganz allgemein auftretende Erscheinung; die Konzentration der physisorbierten Moleküle an der Oberfläche ist bei niedrigen Temperaturen am größten. Die Chemisorption, bei der eine starke Wechselwirkung zwischen den Valenzelektronen des Adsorpts und des Festkörpers auftritt, ist von spezifischer Natur. Sie wird durch einen höheren Wärmeeffekt sowie Aktivierungsenergiewerte charakterisiert, deren Größe den bei chemischen Reaktionen gemessenen nahekommt.

Einige der mit der Adsorption verknüpften Erscheinungen und Größen wurden bereits im Abschn. 5.3.1. bei der Besprechung der Adsorption von Metalldämpfen an festen Unterlagen erwähnt. Die Zusammenhänge zwischen Adsorptionsenergie, Adsorptionszeit τ_s, Bedeckungsgrad usw. sowie die Erkenntnisse über das Verhalten der an der Oberfläche adsorbierten Atome und Moleküle haben eine allgemeinere Bedeutung, und sie sind deshalb auch im Fall der Adsorption von Gasen an Metallen gültig. Man muß jedoch bedenken, daß es keine scharfe Grenze zwischen Physi- und Chemisorption gibt. Bei zahlreichen experimentellen Untersuchungen kann man schwer entscheiden, ob eine physikalische oder chemische Adsorption vorliegt, da es kein exaktes Kriterium gibt, das die Unterscheidung zwischen den beiden Sorptionsarten gestattet. Einige Autoren wählen die Adsorptionsenergie als ein derartiges Kriterium und legen recht willkürlich einen gewissen Wert dieser Größe (z. B. 0,5 eV) [1]) als den oberen Grenzwert für eine Physisorption fest.

---

[1] Adsorption und Desorption werden entsprechend einheitlicher Festlegungen wie folgt beschrieben:

$$\text{Adsorptiv} + \begin{matrix}\text{Adsorbens}\\ \text{(Festkörper)}\end{matrix} \underset{\text{Desorption}}{\overset{\text{Adsorption}}{\rightleftarrows}} \text{Adsorbat}$$

Unter dem Adsorpt versteht man die auf dem Festkörper gebundene Form des Adsorptivs.

Wegen des hohen chemischen Reaktionsvermögens vieler Metalle stellt in zahlreichen Fällen die Adsorption von Gasen (mit Ausnahme der Edelgase) an der Metalloberfläche das Anfangsstadium der Bildung chemischer Verbindungen in der Volumenphase dar, die durch Diffusion der gasförmigen Komponente kontrolliert werden kann. Bei tieferen Temperaturen, bei denen die Diffusionsgeschwindigkeit — im Vergleich zur Adsorptionsgeschwindigkeit — klein ist, erfolgt die chemische Reaktion praktisch nur mit der äußersten Schicht der Metallatome, d. h. es findet nur die Chemisorption statt. Sind an der Reaktion mehrere Atomschichten beteiligt, treten die Erscheinungen der Passivierung bzw. Korrosion auf. Diese beruhen auf der Ausbildung dünner Schichten (in der Größenordnung von einigen nm bis μm) der entsprechenden chemischen Verbindungen. Und schließlich erfolgt bei genügend hohen Temperaturen, wenn die Volumendiffusion mit meßbarer Geschwindigkeit ablaufen kann, die Reaktion des Metalls mit dem jeweiligen Gas über das gesamte Volumen[1].

Bei hoher Metalldispersität ist der Anteil der Oberflächenatome an der Gesamtatomzahl entsprechend groß, und infolgedessen wird die Chemisorption stark in den Vordergrund treten. Auch die Geschwindigkeit der nachfolgenden Reaktionsschritte des Metalls mit dem betreffenden Adsorptiv wird erhöht. Diese Geschwindigkeit wird mitunter noch größer als sie thermodynamisch bedingt ist, da die auftretende Reaktionswärme nicht immer schnell genug abgeführt werden kann. In diesen Fällen bleibt die Reaktion nicht auf die Chemisorption beschränkt; sie geht vielmehr sehr heftig vor sich, wie es z. B. von den Verbrennungsvorgängen feinverteilter Metalle in einer Chlor- oder Sauerstoffatmosphäre bekannt ist.

Die Messungen der an Metallen chemisorbierten Gasmengen (z. B. Wasserstoff, Sauerstoff und Kohlenmonoxid) können zur Bestimmung der spezifischen Oberfläche reiner Metallpulver wie auch der auf Trägermaterialien vorliegenden Metalle ausgenutzt werden. Im Fall der Metall/Träger-Systeme ist jedoch zu beachten, daß der Träger selbst die bei den Messungen verwendeten Gase nicht ad- und absorbieren soll.

Diese in den letzten Jahren zunehmend angewandten Sorptionsmethoden basieren in ihren Grundlagen auf der Kenntnis von Struktur und Stöchiometrie der chemisorbierten Schichten, wenngleich speziell bei Bi- und Multimetall-Systemen der spezifische Einfluß der jeweiligen Zusatzkomponente(n) auf die genannten Größen bei weitem noch nicht geklärt ist. Vielfach legt man den Berechnungen sinnvoll erscheinende Stöchiometriedaten zugrunde und vergleicht die nach verschiedenen Methoden erhaltenen Werte miteinander. In den nachfolgenden Abschnitten sollen die dem Studium der Adsorptionserscheinungen an Metallen dienlichen Methoden in der gebotenen Kürze vorgestellt werden.

Typische, hochdisperse Metalle enthaltende Systeme unterscheiden sich hinsichtlich der Dispersität der jeweiligen Metalle in verhältnismäßig weiten Grenzen: So weisen Metallpulver spezifische Oberflächenwerte von $1-20\ m^2 \cdot g^{-1}$, die Metallkomponenten bei Metall-Träger-Katalysatoren solche von $1-50\ m^2 \cdot g^{-1}$ auf, und dünne Schichten auf Glas- und Keramikunterlagen sind durch Werte bis zu $100\ m^2 \cdot g^{-1}$ gekennzeichnet. Derart große Oberflächen erleichtern zwar die Beobachtung der Adsorptionserscheinungen; andererseits ist die Präparation entsprechend großer Oberflächen von höchstem Reinheitsgrad viel schwieriger als die Herstellung kompakter Metallproben mit kleiner

[1] In den meisten Fällen werden dabei allerdings Kationen und Elektronen durch die sich bildende Reaktionsschicht zur Phasengrenze Festkörper/Gas transportiert.

Oberfläche. Bei letzteren verwendet man zur Oberflächenreinigung solche Methoden (z. B. Erhitzen auf hohe Temperaturen im Ultrahochvakuum oder/und Edelgas-Ionenbeschuß), die bei hochdispers vorliegenden Metallen zu einem erheblichen Dispersitätsrückgang führen und demnach hier nicht angewendet werden können. Aus diesem Grunde muß man davon ausgehen, daß der betreffende Anfangszustand bei den zu untersuchenden Proben hochdisperser Metalle weniger vollkommen ist.

Im folgenden werden zuerst die für Untersuchungen der Adsorption an Oberflächen kompakter Metalle dienenden Methoden kurz besprochen und anschließend die experimentellen Verfahren, die sich zur Untersuchung der Oberfläche hochdisperser Metalle besser eignen. Die ausführlichen Beschreibungen dieser Methoden sind den im Literaturteil angeführten speziellen Monographien zu entnehmen.

6.1.1. *Untersuchungsmethoden der Adsorption an kompakten Metallen*

Bei den Untersuchungen der Zusammensetzung und Struktur von Festkörperoberflächen spielen die Methoden, die sich auf der Wechselwirkung der Elektronen mittlerer Energie mit der Oberfläche gründen, eine wichtige Rolle. Derartige Untersuchungen werden vor allem an Einkristallflächen mit bekannten MILLERschen Indices durchgeführt; eine sorgfältige Reinigung dieser Flächen im Ultrahochvakuum geht den eigentlichen Messungen voraus.

Zur Untersuchung von Struktur und Eigenschaften reiner Adsorbenzien und der auf ihnen adsorbierten Gas- und Dampfschichten (Adsorpte) wird sowohl von der elastischen als auch der unelastischen Streuung der Elektronen Gebrauch gemacht. Weitere für die Gewinnung von Informationen über die Struktur der Oberflächen und adsorbierten Schichten genutzten Methoden bedienen sich der Emission von Elektronen aus einer Metallspitze unter Einwirkung eines starken inhomogenen elektrischen Feldes bei niedrigeren Temperaturen (Feldemission von Elektronen und Ionen). Die durch Ultraviolett- und Röntgenstrahlung induzierte Elektronenemission kann zur Bestimmung der Zusammensetzung und Natur der chemischen Bindung der Festkörperoberflächen- und Adsorptionsschichten dienen (Photoelektronen-Spektroskopie, verwendete Abkürzungen: *PES* — photoelectron spectroscopy und *ESCA* — electron spectroscopy for chemical analysis). Die Messungen der Elektronenaustrittsarbeit der Metalle und ihrer Änderungen als Folge von Adsorption liefern ebenfalls wertvolle Hinweise über die Konzentration der adsorbierten Moleküle und ihrer elektrischen Polarisierung. Für die Bestimmung der adsorbierten Menge sowie der Bindungsstärke von Molekülen mit der Oberfläche besitzt weiterhin die Methode der thermischen Desorption eine große Bedeutung. Hierbei wird das im Gleichgewicht bei niedriger Temperatur auftretende Adsorbat mit großer Aufheizgeschwindigkeit erwärmt, wodurch das adsorbierte Gas desorbiert und anschließend quantitativ erfaßt werden kann.

6.1.1.1. *Beugung langsamer Elektronen*

Trifft ein Elektronenstrahl nicht zu hoher Energie (einige eV bis etliche Hundert eV) auf eine Festkörperoberfläche, so wird ein gewisser Anteil der Elektronen unter Interferenzverstärkung reflektiert. Richtung und Intensität der gebeugten Strahlen hängen von der geometrischen Anordnung der Streuzentren ab, die durch Oberflächenatome dargestellt werden. Dieser Effekt wurde bereits im Jahre 1927 durch DAVISSON und GERMER experimentell bestätigt und damit die Wellennatur der Elektronen bewiesen [2]. Die Beugungsgeometrie entspricht der Beugung von Röntgenstrahlen, und es gilt demnach die BRAGGsche Beziehung

$$n\lambda = d_{hk} \sin \varphi \tag{6.1}$$

n: Beugungsordnung; λ: Wellenlänge der Elektronen; d_{hk}: Abstand zwischen den Beugungszentren mit den Koordinaten h, k; φ: Beugungswinkel (bei gewöhnlichem Einfallwinkel 0°, d. h. senkrecht zur beugenden Oberfläche).

Aus der grundsätzlichen Abhängigkeit der Elektronen-Wellenlänge von der Energie erhält man:

$$\lambda = \sqrt{\frac{150}{U}} \tag{6.2}$$

λ: Wellenlänge der Elektronen in 10^{-1} nm; U: Beschleunigungsspannung der Elektronen in V.

Als Bedingung für eine Interferenz mit Verstärkung bei senkrechtem Einfall ergibt sich demnach die Beziehung

$$\sin \varphi = \frac{1}{d_{hk}} \sqrt{\frac{150}{U}} \tag{6.3}$$

Aus dieser Beziehung ist ersichtlich, daß die Intensitätsmaxima der gebeugten Strahlen — mit wachsenden Werten von U und d_{hk} — bei immer kleineren Abständen auftreten.

Die Lage dieser Maxima auf einem zur Beugungsfläche parallelen Schirm entspricht einer Abbildung des reziproken Gitters der beugenden Kristallfläche. Bei Beschleunigungsspannungen von wenigen Zehn bis einigen Hundert Volt erfolgt die Beugung nahezu ausschließlich an der äußersten Atomschicht (die Reflexe der unmittelbar darunter liegenden Schichten sind bereits sehr schwach).

Die zur Erzeugung des Beugungsbildes dienende Apparatur wurde in ihrer heutigen Form am Anfang der sechziger Jahre ausgearbeitet [3—5]. Ihre wesentlichen Bestandteile sind die Elektronenquelle (mit Kollimationsspalten), die einen monoenergetischen Elektronenstrahl erzeugt, eine mechanische Vorrichtung (Manipulator), die die Befestigung und Bewegung der Probe als auch ihre Erhitzung und Kühlung ermöglicht sowie mindestens drei kugelförmige, unter geeigneter Spannung stehender Netze, die dem Ausfiltern unelastisch gestreuter Elektronen und zur Nachbeschleunigung der elastisch gestreuten Elektronen dienen. Die letzteren können auf dem Leuchtschirm sichtbar gemacht und photographiert werden (Abb. 6.1).

Die gesamte Einrichtung befindet sich im Inneren einer Vakuumkammer, in der ein Druck von etwa 10^{-8} Pa und kleiner erzeugt wird. Die Kristallprobe wird durch Erhitzen auf hohe Temperaturen gereinigt, oftmals auch mit Argon-Ionen (Energie: einige Hundert eV) bombardiert und zwecks Ausheilen der dabei entstandenen Strukturfehler abermals erhitzt. In manchen Fällen werden zur Reinigung der Probenoberfläche auch chemische Reaktionen (Oxydation mit nachfolgender Reduktion bei sehr niedrigen Gasdrücken bzw. Absublimieren des entstandenen flüchtigen Oxids) ausgenutzt. Die Vakuumkammer enthält Ventile zum Einlaß verschiedener Gase. Dadurch können auch die verschiedenen, bei der Adsorption an der Probenoberfläche entstehenden Strukturen untersucht werden.

Die zur Deutung der Beugungsbilder erforderliche Theorie der Elektronenbeugung (die der Theorie der Röntgenstrahlbeugung in gewissem Grade ähnlich ist) sowie die der zweidimensionalen Kristallographie können an dieser Stelle — auch in größter Kürze — nicht dargestellt werden. Es muß hierbei auf spezielle Literatur verwiesen werden, die der *LEED*-Methode sowie verwandten Verfahren gewidmet ist. Dort kann man ebenfalls weitere Angaben über apparative Einzelheiten finden [6—8]. Aus der Sicht des vorliegenden Buches ist es jedoch erforderlich, wichtige Ergebnisse dieser Methode aus dem Bereich der Untersuchungen zur geometrischen Struktur reiner Metalloberflächen und der an ihnen adsorbierten Schichten kurz vorzustellen.

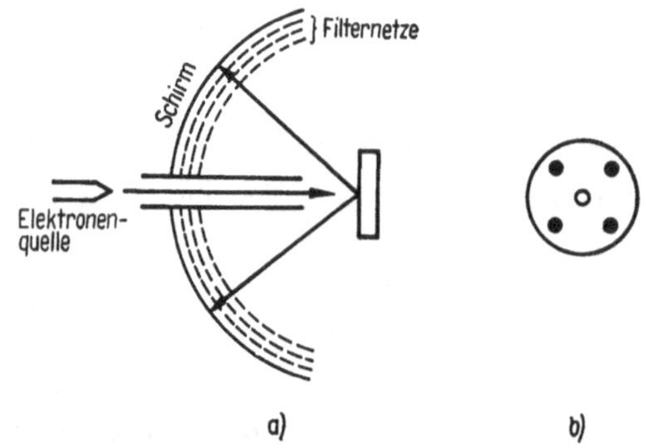

Abb. 6.1. Beugung langsamer Elektronen (*LEED*)
a) Schema der Anordnung
b) Beugungsbild (schematisch)

Die Struktur reiner Metalloberflächen entspricht nicht immer der Struktur des jeweiligen dreidimensionalen Kristallgitters. In zahlreichen Fällen weisen derartige Oberflächen — infolge Rekonstruktion — zweidimensionale Elementarzellen anderer Größe und Symmetrie auf, als dies für die Fragmente dreidimensionaler Elementarzellen der Fall ist. Bereits in den frühen Phasen der Anwendung der *LEED*-Methode hat man diese Erscheinung bei den Halbmetallen Silicium und Germanium [9] und später auch bei Metallen wie Platin [10], Gold [11] und Iridium [12] sowie den Halbmetallen Bismut und Antimon [13] festgestellt. Die Ursachen der Rekonstruktion von Kristall(ober)flächen sind bisher nicht vollständig aufgeklärt worden. Bei Silicium und Germanium ist es wahrscheinlich, daß die an der Oberfläche vorliegenden unbesetzten Atomorbitale sich überlappen, wodurch eine Erniedrigung der Oberflächenenergie erreicht wird. Für die Metalle kann man annehmen, daß die Rekonstruktion des Oberflächengitters unter Beteiligung reaktiver Gase, z. B. des Sauerstoffs oder Kohlenmonoxids vonstatten geht, die trotz Anwendung bester Vakuumtechniken nicht vollkommen eliminiert werden können. Hier bieten sich zweifellos enge Parallelen zu den Vorgängen des „Umkristallisierens" von Metallen entsprechend den Mechanismen chemischer Transportreaktionen an. Eine Beschreibung hierbei ablaufender Elementarprozesse wurde im atomistischen Bild von Müller und Opitz vorgenommen [14].

Mittels der *LEED*-Methode hat man auch die Strukturen geordneter Adsorptionsschichten auf Metallen und anderen Festkörpern untersucht. Geordnete Schichten des

Adsorpts werden sowohl bei der Physisorption als auch Chemisorption gebildet. Für die Größe und Symmetrie der Elementarzellen derartiger Schichten sind die Wechselwirkung mit der Unterlage und die zwischen den adsorbierten Molekülen sowie Symmetrieeigenschaften der adsorbierten Moleküle verantwortlich. Die Strukturen der Adsorptionsschichten pflegt man in zwei Klassen einzuteilen: Die eine umfaßt die der kleineren adsorbierten Moleküle (wie O_2, CO usw.), die andere ist für größere Moleküle (höhere Edelgase, Kohlenwasserstoffe) charakteristisch. In diesem Zusammenhang sei auch auf Versuche hingewiesen, die eine Aufstellung von Regeln zur Abhängigkeit der Struktur adsorbierter Schichten von der Unterlagenstruktur zum Inhalt hatten [15].

Die *LEED*-Methode wird auch für Untersuchungen der Strukturen, die sich bei der Adsorption von Metalldämpfen an Metalloberflächen ausbilden, genutzt. Die Kenntnis hierüber ist für ein näheres Verständnis der Bildung epitaxialer Schichten sowie des Kristallwachstums von großer Bedeutung.

6.1.1.2. *Bestimmung der chemischen Zusammensetzung von Oberflächen mittels* Auger-*Elektronenspektroskopie*

Die Spektroskopie mittels Auger-Elektronen ermöglicht die direkte Bestimmung der chemischen Zusammensetzung der Oberfläche von Festkörpern und Flüssigkeiten. Bei Anregung durch eine Elektronenstrahlung mittlerer Energie (2—3 kV) werden Auger-Elektronen aus lediglich einigen Oberflächenschichten der Stoffe emittiert. Jedes chemische Element weist einen Satz von Auger-Übergängen mit charakteristischen Energien auf, die zu seiner Identifizierung dienen können. Eine quantitative Bestimmung ist auf Grund der Tatsache möglich, daß die Höhe der Intensitätsmaxima der Auger-Emission proportional der Konzentration des betreffenden Elementes ist. Die Empfindlichkeit dieser Methode wird auf etwa 1% der Monoschicht geschätzt. Die Entstehung von Auger-Elektronen sowie charakteristische Energiewerte sind am Beispiel des Siliciumatoms in Abb. 6.2 schematisch dargestellt.

Das Primärelektron von entsprechender Energie stößt ein Elektron aus der *K*-Schale des Siliciumatoms heraus. In die so entstehende Lücke der *K*-Schale springt

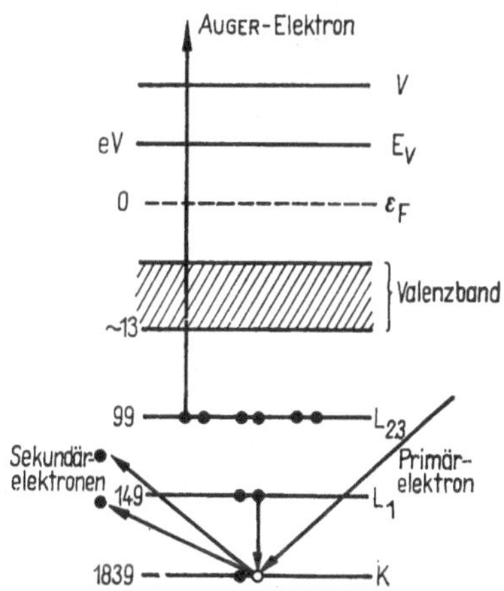

Abb. 6.2.
Entstehung der Auger-Elektronen, nach [16]

sofort ein Elektron aus der höheren L-Schale. Die ausgelöste Energie $E_K - E_L$ wird entweder als Röntgenquant der K-Serie emittiert oder den Elektronen der L-Schale zugeführt, was wiederum die Emission eines Elektrons dieser Schale nach außen verursacht (da die Energiedifferenz zwischen den Elektronenniveaus $L_{2,3}$ und dem Vakuum-(Null-) Niveau kleiner ist als $E_K - E_L$). Das so emittierte Elektron stellt ein AUGER-Elektron mit der kinetischen Energie E_k dar:

$$E_k(Z) = E_K(Z) - E_{L_1}(Z) - E_{L_{2,3}}^{'}(Z + \Delta) - \varphi \tag{6.4}$$

(Z) bedeutet, daß die entsprechenden Energiewerte von der Ordnungszahl des Atoms abhängen (φ: Elektronenaustrittsarbeit der Probe). Der gesamte Prozeß wird als $KL_1L_{2,3}$ aufgeschrieben. Hierbei tritt ein zweifach ionisiertes Ion auf; und da bereits nach erster Ionisation in der K-Schicht ein Ion entsteht, berücksichtigt man diesen Tatbestand in der Energiebilanz 6.4 durch Einführung der Korrektur Δ zur Energie der L-Schale, wobei $\Delta \approx 1$.

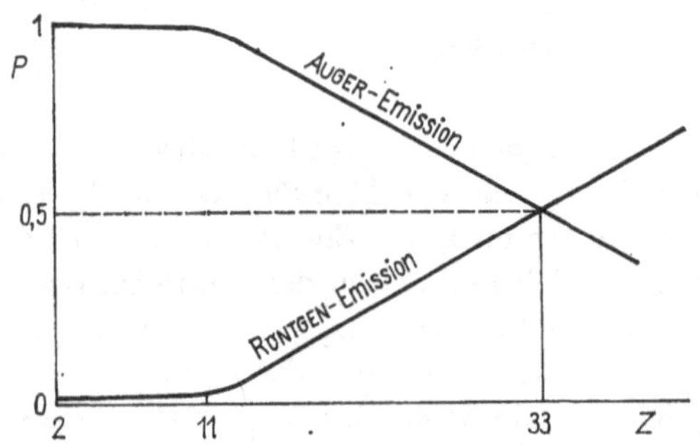

Abb. 6.3. Wahrscheinlichkeit P der RÖNTGEN- und AUGER-Emission in Abhängigkeit von der Ordnungszahl Z

Die Wahrscheinlichkeit der Relaxation des Atoms nach innerer Ionisierung durch RÖNTGEN- oder AUGER-Emission ist von der Ordnungszahl abhängig (Abb. 6.3). Für die Atome mit kleiner Ordnungszahl (bis $Z = 11$) ist die Wahrscheinlichkeit der AUGER-Emission nahezu 1, und sie fällt bei $Z = 33$ auf 0,5, was somit eine hohe Empfindlichkeit der Bestimmung der leichteren Elemente in der Oberflächenschicht zur Folge hat.

Der Nachweis sowie die Messung der Intensität von AUGER-Elektronen sind nicht ganz einfach, da diese Elektronen zusammen mit anderen sekundären Elektronen außerhalb der Oberfläche auftreten. In der $N(E)$-Kurve (Zahl der Elektronen in Abhängigkeit von ihrer Energie) der sekundären Elektronen erhält man infolgedessen neben einem Maximum in der Nähe der Nullenergie (vielfach gestreute Elektronen) und einem weiteren Maximum bei $E = E_0$ (elastisch gestreute Elektronen) eine verhältnismäßig hohe Grundintensität, die von „unelastischen" Elektronen verschiedener Energien herrührt. In diesem Bereich des Spektrums treten auch kleine AUGER-Maxima auf. Zum Zwecke einer eindeutigen Trennung sowie Erhöhung der Empfindlichkeit verwendet man elektronische Anordnungen, die nicht die Funktion $N(E)$, sondern ihre Ableitung $\delta N/\delta E - (E)$ registrieren.

Die zur Intensitätsmessung der AUGER-Elektronenstrahlung verwendete Apparatur setzt sich, ähnlich wie die *LEED*-Apparatur, aus einer Elektronenquelle, dem Probenhalter und Energieanalysator zusammen. In letzter Zeit hat sich der sogenannte elektrostatische zylindrische Analysator durchgesetzt, der eine hohe Empfindlichkeit und Energieauflösung bei der $\delta N/\delta E - (E)$-Registrierung garantiert. Wegen der konstruktiven Ähnlichkeiten mit der *LEED*-Apparatur werden deshalb beide Untersuchungsmethoden in einem universellen Gerät ausgeführt. Diese Möglichkeit hat auch den Vorteil, daß man eine Probe mittels zweier Methoden unter denselben Bedingungen untersuchen kann.

6.1.1.3. *Spektroskopie mittels Photoelektronen* (*PES, ESCA*), [17]

Eine äußere und innere Ionisierung der Oberflächenatome kann auch durch Anregung mit ultraviolettem Licht oder Röntgen-Strahlung geeigneter Wellenlänge hervorgerufen werden. Die dabei entstehenden Photoelektronen sind durch eine kinetische Energie gekennzeichnet, die der Differenz zwischen der Energie der erregenden Quanten und der der Atomniveaus, aus denen Photoelektronen emittiert werden, entspricht. Die Energiebilanz bei der Photoemission (Abb. 6.4) ergibt sich zu

$$h\nu = E_b + \varphi_{sp} + T_{sp} + E_r \qquad (6.)$$

$h \cdot \nu$: Energie der erregenden Strahlung; E_b: Bindungsenergie des Elektrons in der inneren oder äußeren Schale; φ_{sp}: Austrittsarbeit des Spektrometermaterials; T_{sp}: durch das Spektrometer ermittelte kinetische Energie des Elektrons; E_r: Rückstoßenergie des emittierenden Atoms.

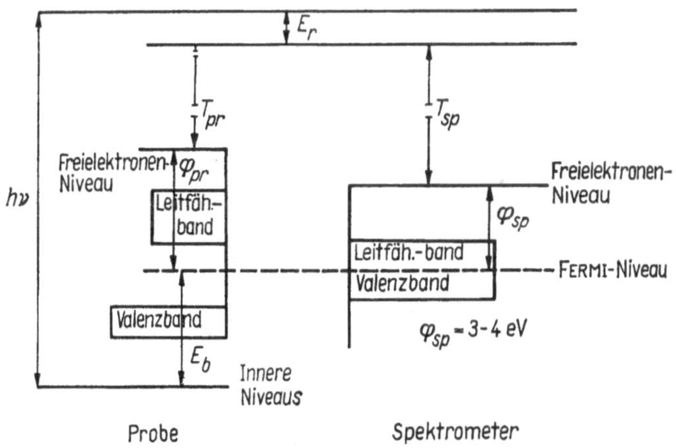

Abb. 6.4. Schema der inneren Ionisierung bei der *PES*-Methode

Beim Experiment kennt man $h\nu$ a priori, T_{sp} wird gemessen, φ_{sp} und E_r sind charakteristische und für ein gegebenes Experiment konstante Größen.

Die Analyse des Photoelektronenspektrums ermöglicht, ähnlich wie die der Auger-Elektronenspektren, eine qualitative und quantitative Bestimmung der chemischen Zusammensetzung der Oberflächenschicht. Bei Anregung mit ultraviolettem Licht erfolgt die Ionisierung in den äußeren Elektronenschalen, während mittels Röntgenstrahlung (meistens K_α-Strahlung des Magnesiums oder Aluminiums) die Ionisierung in inneren Schalen verursacht wird. In beiden Fällen ist der genaue E_b-Wert von der

„chemischen Umgebung", d. h. von Art und Stärke der chemischen Bindung des angeregten Atomes mit seinen Nachbaratomen abhängig. Diese sogenannte „chemische Verschiebung" (chemical shift), die infolge der größeren Auflösung leichter zu bestimmen ist als im Fall einer AUGER-Emission, ermöglicht sowohl den Nachweis von Elementen als auch den chemischer Verbindungen, die in der Oberflächen- und Adsorptionsschicht vorliegen. Die Stärke der analysierten Schicht ist infolge kleiner Eindringtiefe der erregenden Strahlung und kleiner Fluchttiefe (escape depth) der emittierten Elektronen von ähnlicher Größe wie bei der *AES*-Methode.

Mittels der *PES*-Methode kann man demnach die Elektronenstruktur der an Metallen adsorbierten Moleküle untersuchen, und es wurden bisher zahlreiche Arbeiten hierzu ausgeführt, z. B. über die Adsorption von Kohlenmonoxid und Sauerstoff auf Nickel [18]. Die Resultate wurden theoretisch mit quantenchemischen Methoden gedeutet [19—22]. Weitere Arbeiten unter Nutzung der *PES*-Methode beschäftigten sich mit der Adsorption von Ethen, Ethin und Benzen auf Nickel [23] und von Sauerstoff auf der (100)- bzw. (110)-Fläche des Wolframs [24, 26], polykristallinen Nickels [25] sowie auf der (110)-Fläche von Silber [26].

6.1.1.4. *Feldemission von Elektronen aus Metallen* [27]

Das Tunneln der Elektronen durch die Oberflächen-Potentialbarriere unter dem Einfluß eines äußeren elektrischen Feldes (Abb. 6.5) bildet eine Grundlage der Methode des Feldemissions-Elektronen- bzw. -Ionen-Mikroskops, die beide von E. MÜLLER entwickelt wurden [28].

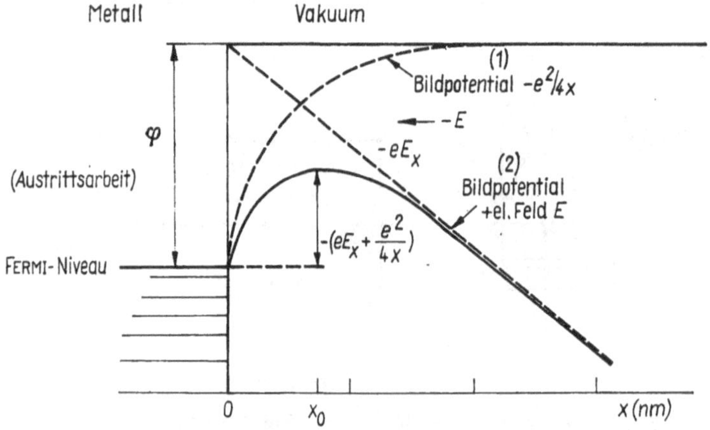

Abb. 6.5. Potentialbarriere an der Grenze Metall—Vakuum

Nach dem Anlegen eines äußeren elektrischen Feldes können die Elektronen, die Niveaus nahe dem FERMI-Niveau besetzen, durch die modifizierte Potentialbarriere nach außen dringen und sich entlang den Kraftlinien des Feldes bewegen. Bei vorgegebener Feldstärke ist die Intensität des Elektronenstroms von der Lage des FERMI-Niveaus, d. h. von der Austrittsarbeit φ abhängig, die für verschieden indizierte Einkristallflächen des betreffenden Metalls unterschiedliche Werte aufweist. Durch Erzeugen eines starken elektrischen Feldes an der Metalloberfläche, die aus verschieden indizierten Kristallflächenbereichen zusammengesetzt ist, erhält man demnach ein Emissionsbild, das die verschiedene Intensität des Emissionsstroms für die einzelnen Bereiche wiedergibt.

Das Grundschema des bisher genutzten Feldemissions-Elektronenmikroskops, das im Vergleich zur ursprünglichen MÜLLERschen Konstruktion nicht wesentlich geändert wurde, ist in der Abb. 6.6 dargestellt.

Die emittierende Oberfläche wird in Form einer monokristallinen, aus dem zu untersuchenden Metall angefertigten, sehr dünnen Spitze (Spitzenradius: 50—100 nm) ausgebildet; an ihr liegt das negative Potential. Nimmt die Spannung zwischen dieser Spitze und der sich in Nähe des Fluoreszensschirms befindlichen Anode Werte in der Größen-

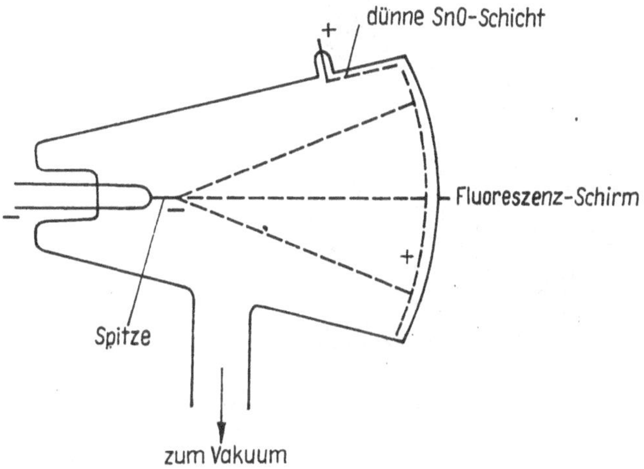

Abb. 6.6. Schema des Feldemissions-Elektronenmikroskops

ordnung von 10 kV an, wird an der Spitzenoberfläche ein elektrisches Feld bis zu einigen V · nm^{-1} erreicht. Kleine Abmessungen der Spitzenoberfläche im Vergleich zu denen des Fluoreszenzschirms ergeben eine Bildvergrößerung um den Faktor 10^5 und darüber. Auf dem Schirm werden die Lichtflecke verschiedener Intensität sichtbar, die der unterschiedlichen Emissionsintensität der einzelnen Spitzenbereiche (Flächen) entsprechen. Kennt man die kristallographische Orientierung der Spitzenachse, ist mit Hilfe der stereographischen Projektion auch die Indizierung der Flächen möglich, die ihre Oberfläche bilden. Auf diese Weise können sämtliche Lichtflecke den entsprechenden kristallographischen Flächen zugeordnet werden (Abb. 6.7).

Alle Faktoren, die eine Änderung der Austrittsarbeit der an der Oberfläche auftretenden Kristallflächen hervorrufen, beeinflussen auch die Emissionsstärke dieser Flächen und somit die Helligkeit der Lichtflecke auf dem Fluoreszenzschirm. Insbesondere verursachen die auf der Spitze adsorbierten Moleküle und Atome eine Änderung der Austrittsarbeit und folglich die der Emission. Auf diese Weise kann man die Anwesenheit adsorbierter Gase und Dämpfe auf der Spitze feststellen, die Selektivität dieser Adsorption an einzelnen Kristallflächen beobachten und die Diffusion des Adsorpts an der Oberfläche verfolgen. Das wiederum ermöglicht qualitative (und in einzelnen Fällen auch quantitative) Schlußfolgerungen über die Wechselwirkung adsorbierter Moleküle mit dem jeweiligen Metall und über das anisotrope Verhalten des Adsorpts an der Metalloberfläche.

Noch weitreichende Erkenntnisse über die Struktur der Metalloberfläche und die Adsorption an Metallen können mittels des Feldemissions-Ionenmikroskops [29—31] gewonnen werden. Dieses Gerät ist ähnlich wie das Feldemissions-Elektronenmikroskop aufgebaut; statt der Erzeugung eines Ultrahochvakuums führt man jedoch in das Glasgefäß ein Edelgas (Helium oder Neon) unter geringem Druck (etwa 10^{-1} Pa) ein; an die Spitze wird ein positives Potential gelegt, und der Fluoreszenzschirm bildet die

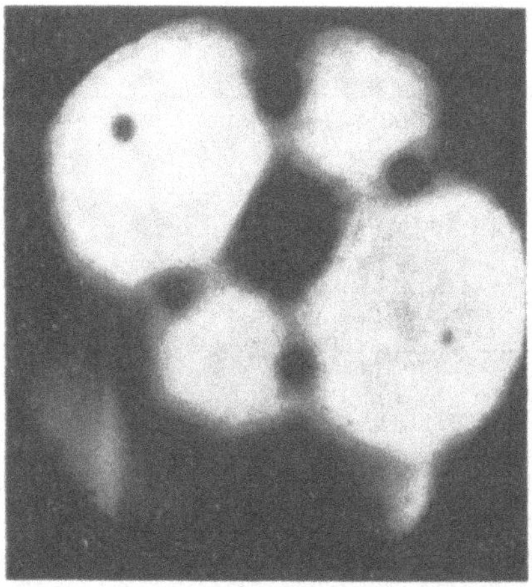

Abb. 6.7. Elektronen-Emissionsbild einer reinen Wolframspitze

Die Aufnahmen 6.7. und 6.8. wurden freundlicherweise von Herrn Dr. A. Ciszewski, Universität Wrocław, Institut für experimentelle Physik, zur Verfügung gestellt.

Katode. Das Feld in Nähe der Spitzenanode ist um etwa eine Größenordnung stärker als im Fall des Feldemissions-Elektronenmikroskops. Ein derart hohes elektrisches Feld verursacht die Polarisierung und Ionisierung der Edelgasatome. Der Mechanismus der Ionenerzeugung an der Spitze ist recht kompliziert und noch nicht restlos aufgeklärt. Die entstehenden He^+-Ionen weisen eine viel kleinere Tangentialkomponente der Geschwindigkeit auf als die Elektronen im Feldemissions-Elektronenmikroskop; infolgedessen erhält man auf dem Schirm die Abbildung der Ionisierungszentren mit einer viel größeren Schärfe und Auflösung. Das Punktauflösungsvermögen liegt im Bereich von etwa 0,2—0,3 nm, so daß in günstigen Fällen die Lagen einzelner Atome auf der Spitze sichtbar gemacht werden können (Abb. 6.8). Diese Tatsache bietet eine bessere Möglichkeit dafür, die Struktur sowie topographische Einzelheiten der die Spitze bildenden Flächen zu beobachten und deren Änderungen unter dem Einfluß von Temperatur, starker elektrischer Felder und adsorbierter Moleküle zu verfolgen.

Die Feldemissions-Elektronen- und -Ionenmikroskopie werden bereits seit vielen Jahren zur Bestimmung der Struktur adsorbierter Schichten, der Adsorptionsgeschwindigkeit sowie zur Ermittlung der Rekonstruktion von Metalloberflächen ausgenutzt. Die Einschränkungen des Anwendungsbereichs dieser Methoden sind hauptsächlich dadurch bedingt, daß wegen der erforderlichen guten Reinigung der Emissionsspitzen diese stets auf hohe Temperaturen erhitzt (thermische Desorption von Verunreinigungen) und manchmal auch der Einwirkung besonders hoher elektrischer Felder unterworfen werden müssen, die ein Ablösen der obersten Atomschichten einschließlich der Verunreinigungen bewirken. Eine derartige Behandlung kann die Rekristallisation sowie ein „Abstumpfen“ der Spitzen zur Folge haben. Aus diesen Gründen können als Spitzenmaterial nur höchstschmelzende Metalle wie Wolfram, Rhenium, Molybdän, Osmium, Iridium und weitere Platinmetalle, jedoch nur mit Schwierigkeiten Metalle der Eisengruppe in Frage kommen. Ein weiterer Nachteil besteht darin, daß sich bei den Untersuchungen sowohl die reinen, unbedeckten Spitzen als auch die an ihnen adsorbierten Schichten unter dem Einfluß starker elektrischer Felder befinden. Diese können, wie

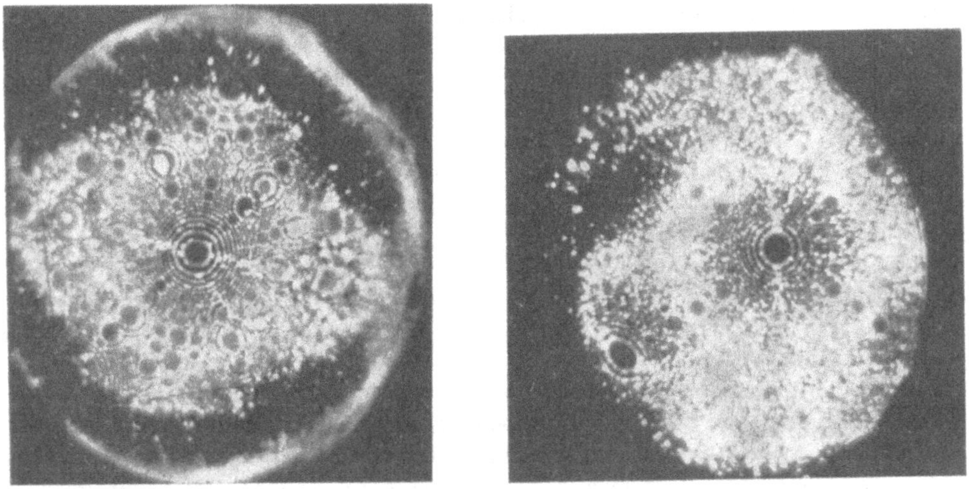

a) b)

Abb. 6.8. Ionen-Emissionsbild einer Wolframspitze
a) reine Spitze
b) Spitze mit adsorbierten Restgasen und Indiumdämpfen

in vielen Fällen gezeigt worden ist, die Struktur der metallischen Adsorbenzien und adsorbierten Schichten deutlich beeinflussen. Andererseits erlaubt die Feldemissionstechnik die Untersuchung der Struktur und Eigenschaften von Oberflächen- und Adsorptionsschichten bei tiefen Temperaturen, wobei bezüglich Zusammensetzung und Reinheit gut definierte Oberflächen vorliegen.

6.1.1.5. *Durch Elektronenbeschuß oder thermisch angeregte Desorption*

Um die Menge und Zusammensetzung der an festen Oberflächen adsorbierten Gase zu bestimmen, bedient man sich oft der mittels Elektronenbeschuß oder durch Erwärmung hervorgerufenen Desorption.

Bei der Methode des Elektronenbeschusses der adsorbierten Schicht erscheint der desorbierte Stoff in der Gasphase in Form neutraler Moleküle und positiver Ionen. Definiert man die Wahrscheinlichkeit w der Desorption als das Verhältnis des Stromes desorbierter Moleküle (oder Ionen) i_{Mol} zum Elektronenstrom i_{el} ($w = i_{\text{Mol}}/i_{el}$), dann beträgt für Elektronen mit etwa 100 V Energie die größte Desorptionsausbeute bei Ionen $w = 10^{-6} - 10^{-4}$ und bei neutralen Molekülen $\approx 10^{-2}$.

Die beim Zusammenstoß des Elektrons mit dem adsorbierten Molekül auftretende Energie ist — im Vergleich zur Bindungsenergie (Summe aus Adsorptionswärme und Aktivierungsenergie der Adsorption) — meistens zu klein, um eine Desorption direkt hervorzurufen. Deshalb liegt dem Desorptionsmechanismus das FRANK-CONDON-Prinzip zugrunde [32], nach dem der Zusammenstoß des Elektrons mit dem adsorbierten Atom (Molekül) dessen Anregung zu höher liegenden Elektronenzuständen verursacht, während die Kernabstände und -Geschwindigkeiten unverändert bleiben. Das adsorbierte, angeregte Atom (Molekül) kann dann in die Potentialkurve des Ions übergehen, die erheblich höher liegt als die Potentialkurve des neutralen Atoms, was die Desorption ohne weiteren Energieaufwand ermöglicht. Der Desorptionsmechanismus für die mit Elektronen angeregten neutralen Atome und Moleküle stellt sich so dar, daß diese vorwiegend nicht durch Neutralisierung der desorbierten Ionen, sondern durch Ausbildung antibindender Zustände während der Elektronenanregung erzeugt werden [33].

Die durch Elektronenbeschuß angeregte Desorption wurde bisher bei zahlreichen mono- und polykristallinen Adsorbenzien untersucht. Als Beispiele seien hier die Desorption des Wasserstoffs von der (110)-Fläche des Nickels [34] bzw. die Kohlenmonoxid-Desorption von polykristallinem Wolfram [35] angeführt.

Das Adsorptionsgleichgewicht und die Kinetik der Adsorption bestimmt man durch Messung der adsorbierten Mengen mittels einiger der im folgenden beschriebenen Methoden; hierbei ermittelt man die für Adsorption charakteristischen und vom Bedeckungsgrad abhängigen Größen.

Die Energie der Adsorptionsbindung wurde bisher oftmals durch die Methode der thermischen Desorption bestimmt. Bei dieser Methode hat man ursprünglich metallische Adsorbenzien in Form dünner Drähte oder Folien verwendet, die durch den elektrischen Strom sehr schnell erhitzt wurden (z. B. einige Hundert K je Sekunde) und dabei die adsorbierten Gase abgaben („flash-filament"-Technik). Der Verlauf der Druckänderungen während der Desorption (bei gleichzeitigem Abpumpen der Gase mit entsprechender konstanter Geschwindigkeit) wurde gemessen und automatisch aufgezeichnet. Das so erhaltene Druck-Zeit(Temperatur)-Diagramm ist das Desorptionsspektrum, in dem gewöhnlich einige Maxima auftreten, des öfteren auch wegen der Überlagerung von Maxima Wendepunkte und Flanken (Abb. 6.9). In der Folgezeit wurde diese Methode auch bei den im Hochvakuum aufgedampften Metallen, unter Durchführung einer viel langsameren Erwärmung angewendet [37]. Die Adsorption des Gases vollzieht sich am reinen Adsorbens bei niedrigem Druck (höchstens etwa 10^{-3} Pa), die Desorption erfolgt nach Abpumpen des im Gefäß vorhandenen Adsorptivs unter möglichst gutem Vakuum bei niedriger Temperatur.

Für eine Analyse der Desorptionskurve ist es notwendig, den Verlauf der Temperatur des Adsorbats während seiner Erwärmung zu kennen, da $T = f$ (Zeit). Zumeist wird die Erwärmung so durchgeführt, daß die Temperatur eine lineare Funktion der Zeit t ist: $T = T_0 + bt$. Unter diesen Umständen tritt die größte Desorptionsgeschwindigkeit, die einem Maximum der $p(T)$-Kurve entspricht, bei der Temperatur T_{max} auf, die mit der Aktivierungsenergie der Desorption, E, in folgendem Zusammenhang steht:

$$\frac{E}{RT_{max}^2} = \frac{\nu_1}{b} \exp\left(-\frac{E}{RT_{max}}\right) \tag{6.6}$$

R: Gaskonstante; ν_1: Frequenzfaktor, $\approx 10^{12}\,s^{-1}$ für Desorption nach erster Ordnung, d. h. für den Fall, daß die Desorption ohne Änderung des Molekülzustandes erfolgt.

Gl. (6.6) kann man in vereinfachter Form darstellen [38]:

$$E = RT_{\max}\left(\ln \frac{\nu_1 T_{\max}}{b} - 3{,}64\right) \cdot 4{,}18 \qquad (E \text{ in kJ} \cdot \text{mol}^{-1}). \tag{6.7}$$

Die Aktivierungsenergie der Desorption ist die Summe aus Aktivierungsenergie der Adsorption und Adsorptionswärme, $Q_{\text{ads.}}$. Die Physisorption verläuft praktisch ohne Aktivierung, so daß in diesem Fall $E = Q_{\text{ads.}}$ gilt.

Die Adsorptionsenergie ist im allgemeinen für die an der Oberfläche auftretenden verschiedenen Adsorptionsplätze nicht gleich, sondern sie unterscheidet sich je nach Art des Adsorptionsplatzes (a priori-Heterogenität). Sie hängt weiterhin von der Konzen-

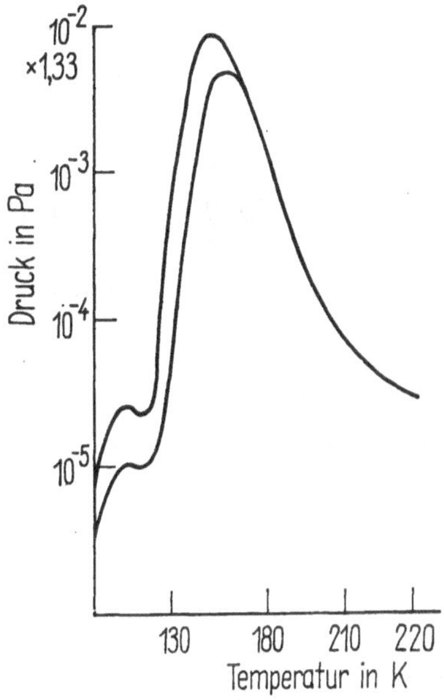

Abb. 6.9. Desorptionsspektrum des Stickstoffs im Fall einer polykristallinen Cobaltoberfläche, nach [36]

tration der bereits adsorbierten Moleküle ab, was durch die Wechselwirkung der Adsorptmoleküle bedingt ist (a posteriori-Heterogenität). Dieses erklärt das Auftreten verschiedener Maxima im Desorptionsspektrum bei unterschiedlichen Werten von $T_{\max}$, die den verschiedenartigen Bereichen der Bindungsenergie der Adsorptmoleküle entsprechen. Auf Grund dieser Maxima schließt man auf die Existenz verschiedener Adsorptionsformen des gegebenen Adsorptivs am Adsorbens. Sie können bei niedrigen Temperaturen den Adsorptmolekülen, bei höheren jedoch den -atomen entsprechen (sofern die Adsorption bei höheren Temperaturen unter gleichzeitiger Dissoziation der adsorbierten Moleküle verläuft). Das Auftreten verschiedener Adsorptionsformen hängt demnach sowohl von den Eigenschaften des Adsorbens, als auch von denen des Adsorptivs ab. Bei Erwärmung des Systems ist auch ein Übergang der einen Form in eine andere möglich, z. B. von einem beweglichen Adsorpt (zweidimensionales Gas) zur lokalisierten Adsorption; es kann weiterhin der Übergang eines Adsorptmoleküls von einem Zentrum zu einem anderen (mit beispielsweise unterschiedlicher Bindungsstärke) auftreten usw. Die exakte Deutung verschiedener, sich im Desorptionsspektrum widerspiegelnder Adsorptionsformen ist nur unter Berücksichtigung der mit anderen Methoden erhaltenen Resultate möglich, die über die Bindungsart, elektrische Polarisierung und Elektronenstruktur des Adsorpts bei gegebenen Bedingungen Auskunft geben.

Die Untersuchungen mittels Desorptionsspektren führt man zumeist an polykristallinen Adsorbenzien (z. B. dünnen Metallschichten) aus, deren Oberfläche aus Netzebenen verschiedener Art und Orientierung gebildet wird. Die Erwärmung des Adsorbats sollte nur verhältnismäßig langsam erfolgen; der Temperaturbereich wäre hierbei vorrangig von tiefen Temperaturen bis zu 500—600 K. Die Oberflächen, an denen Adsorption und Desorption vonstatten gehen, sind bei den erwähnten Adsorbenzien um etwa zwei Größenordnungen größer als bei Drähten und Folien; ihre Präparation für die Messungen sowie das Aufrechterhalten einer hohen Reinheit während der Experimente setzt jedoch Ultrahochvakuumbedingungen sowie eine große Reinheit der Ausgangsmaterialien voraus.

6.1.1.6. *Änderung der Elektronenaustrittsarbeit von Metallen bei der Adsorption*

Die Adsorption an Metallen ist mit einer Änderung ihrer Elektronenaustrittsarbeit verknüpft. Diese ist definiert als die Energie $e\varphi$, die zur Verschiebung des Elektrons vom FERMI-Niveau bis in unendliche Entfernung von der Kristalloberfläche (Vakuum-Niveau) notwendig ist. Auf einer reinen Kristalloberfläche tritt immer eine elektrische Dipolschicht auf, die mit der ungleichmäßigen Verteilung der Elektronenladung an der Oberfläche verbunden ist. Diese Dipolschicht ist durch das Oberflächenpotential

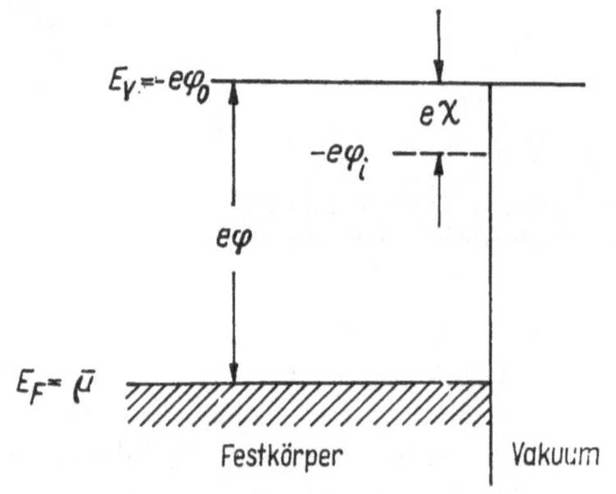

Abb. 6.10. Oberflächenpotential eines reinen Metalls

$\chi = \varphi_0 - \varphi_i$ (vgl. Abb. 6.10) charakterisiert. Das Oberflächenpotential hängt von der Geometrie der Atomanordnung in der Oberfläche ab, und deshalb nimmt es für verschiedene, die Oberfläche bildende Netzebenen unterschiedliche Werte an. Im Fall einer polykristallinen Oberfläche, die aus mehreren Kristallflächen zusammengesetzt ist, entsteht in gewisser Entfernung von dieser Oberfläche ein mittleres Oberflächenpotential $\bar{\chi}$, und man erhält demnach bei den Messungen auch einen mittleren Wert der Austrittsarbeit, $\bar{\varphi}$.

Bei Anwesenheit einer adsorbierten Schicht tritt an der Oberfläche eine neue Dipolschicht auf, und das Oberflächenpotential wird verändert. Die Austrittsarbeit nimmt um einen Betrag ab oder steigt an, in Abhängigkeit von der Dipolorientierung der adsorbierten Moleküle. Das bei der Adsorption entstehende Oberflächenpotential wird definiert als

$$\Delta V = \varphi_c - \varphi_a = -\Delta\varphi \tag{6.8}$$

φ_c: Austrittsarbeit des reinen Metalls; φ_a: Austrittsarbeit bei Anwesenheit des Adsorpts.

Die Messung der Austrittsarbeit und ihrer Änderung bei der Adsorption kann mit zahlreichen Methoden ausgeführt werden, da diese Größe bei vielen mit der Elektronenemission aus festen Körpern verbundenen Erscheinungen auftritt. Die Messungen nach der Methode der thermischen Emission unter Zugrundelegen der RICHARDSON-DUSHMAN-Gleichung (vgl. Abschn. 3.1.2.) lassen sich bei reinen Metallen gut ausführen; im Fall des Auftretens einer Adsorption können sie jedoch nicht genutzt werden, da das Adsorbat auf zu hohe Temperaturen erhitzt werden müßte, was wiederum eine vollständige Desorption innerhalb kurzer Zeit verursachen würde.

Eine weitere Möglichkeit zur Bestimmung der Austrittsarbeit bietet die Photoemission der Elektronen auf Grund der Beziehung $e\varphi = h\nu_0$; nach dieser Methode wird bei Einwirkung von Strahlungsquanten $h\nu > e\varphi$ ein Emissionsstrom i erzeugt, der durch die FOWLER-Gleichung ausgedrückt werden kann:

$$i = BT^2 f\left(\frac{h \cdot \nu - h\nu_0}{kT}\right) \tag{6.9}$$

B: Praktisch eine Konstante mit einem Wert in Nähe der Schwellenfrequenz ν_0; T: Temperatur; f: tabellierte Funktion von φ [39]; k: BOLTZMANN-Konstante.

Die beiden oben erwähnten Methoden sind dadurch charakterisiert, daß bei polykristallinen, aus Fragmenten (Kristallflächen) mit verschiedener Austrittsarbeit zusammengesetzten Oberflächen der gemessene Wert nicht ein mittlerer Wert, $\bar{\varphi}$, ist, sondern einen überwiegenden Anteil der Bereiche mit kleinsten φ-Werten enthält. Dies ist sogar dann der Fall, wenn der geometrische Anteil dieser Bereiche sehr klein ist; man erhält demnach zu niedrige φ-Werte.

Der Feldemissionsstrom (Abschn. 6.1.1.4.) hängt auch von der Austrittsarbeit des metallischen Emitters ab (FOWLER-NORDHEIM-Gleichung):

$$i = \frac{e^2F^2}{8\pi h\varphi t^2(y)} \exp\left(\frac{4\sqrt{2m}\,\varphi^{3/2}}{3hcF} f^*(y)\right) \tag{6.10}$$

F: Stärke des elektrischen Feldes in V cm^{-1}; $y \sim F^{1/2}\varphi^{-1}$; $t(y)$, $f^*(y)$: Korrekturglieder, die sich nur geringfügig von 1 unterscheiden.

Die Auftragung von $\frac{\log i}{F^2}$ gegen $\frac{1}{F}$ ergibt im Idealfall eine Gerade, aus deren Neigung φ bestimmt werden kann. Auf diese Weise ermittelt man φ in vielen Fällen, speziell für einzelne Kristallflächen der Emissionsspitzen, aber auch bei der Messung der durch Adsorption hervorgerufenen Änderungen des Oberflächenpotentials für dieselben Flächen sowie entsprechende Mittelwerte für die gesamte Spitzenoberfläche. Bei den Messungen an einzelnen Flächen muß die Möglichkeit vorhanden sein, lokale

Emissionsströme zu messen, was zumeist durch Verwendung einer beweglichen, im Inneren der Anordnung eingebauten FARADAY-Dose erreicht wird.

Die oben skizzierten Methoden eignen sich gut zu Absolutmessungen der Austrittsarbeit. Für den Nachweis und die Messungen der Änderungen dieser Größe als Folge einer Adsorption sind dagegen Relativmessungen, d. h. Messungen des Kontaktpotentials zwischen zwei Metallen ($V_{AB} = \varphi_B - \varphi_A$, wobei φ_A oder φ_B bekannt sind) ausreichend. Derartige Messungen können mit großer Genauigkeit durch folgende zwei Methoden ausgeführt werden:

Methode des Schwingkondensators: Bilden zwei elektrische Leiter A und B einen Kondensator, so erzeugt die auftretende Potentialdifferenz V_{AB} in dem Kondensator die Ladung Q:

$$Q = C \cdot V_{AB}. \tag{6.11}$$

Die Kapazität C hängt von der Kondensatorgeometrie ab und kann durch Schwingungen (periodische Änderung des „Platten"abstandes) der Frequenz $\omega/2\pi$ geändert werden:

$$C(t) = C_0 + C \sin \omega t \tag{6.12}$$

was wiederum einen Strom i im äußeren Kreis hervorruft:

$$i(t) = \frac{dQ}{dt} = V_{AB} \frac{dC}{dt} = V_{AB} \omega \Delta C \cos \omega t \tag{6.13}$$

Das Prinzip der Messung besteht in der Kompensation der Spannung V_{AB} mittels einer entsprechenden elektronischen Schaltung, die eine entgegengesetzte Spannung gleicher Größe erzeugt. In dem Moment, in dem eine Kompensation erreicht wird, tritt im Kondensator demnach kein elektrisches Feld auf, und somit entsteht auch bei Änderung der Kapazität kein Strom. Ändert sich nun infolge der Adsorption die Spannung V_{AB}, erfolgt ein gleiches für die Kompensationsspannung, was automatisch registriert werden kann.

Eine Anwendung dieser Methode ist jedoch nur dann möglich, wenn die Referenzelektrode (d. h. eine der Kondensatorelektroden) keine Änderung ihrer Austrittsarbeit bei Gasadsorption aufweist, oder anders ausgedrückt, die Adsorption darf praktisch nur an einer Elektrode stattfinden. Geeignete Materialien für die Referenzelektrode sind Gold, oxydiertes Tantal oder oxydiertes Wolfram. Eine ausführliche Beschreibung experimenteller Einzelheiten der Methode des Schwingkondensators ist in der Arbeit [40] erfolgt.

Dioden-Methode: In einem kugelförmigen Glasgefäß sind eine aus Material mit bekannter Austrittsarbeit (zumeist Wolframdraht) hergestellte Heizkatode und das zu untersuchende Metall (letzteres in Form einer an den Gefäßwänden aufgedampften dünnen Schicht; Anode) angeordnet. Der Anodenstrom i_a einer solchen Diode, die entweder im Regime eines Bremsfeldes oder unter den Bedingungen der Raumladungsbeschränkung arbeitet, hängt von der Differenz zwischen der angelegten Spannung V_a und der Austrittsarbeit der Anode φ_A ab. Eine typische Serie von i_a-V_a-Charakteristika ist in Abb. 6.11 dargestellt.

Wird ein Gas an der Anode adsorbiert, so tritt eine Änderung von φ_A auf, und die Strom-Spannungs-Charakteristik der Diode wird parallel der V_a-Achse um $\Delta\varphi_A$ verschoben. Es sind elektronische Anordnungen entwickelt worden, die derartige Charakteristika und ihre Verschiebungen automatisch registrieren können. Eine ausgezeichnete Übersicht zu verschiedenen Varianten der Dioden-Methode ist von KNAPP [41] veröffentlicht worden.

In allen bisher bekannten Fällen nimmt die Austrittsarbeit des Adsorbens — infolge Modifizierung der Dipolschicht an der Oberfläche — um einen meßbaren Betrag ab oder zu. Im Fall einer chemisorptiven Wechselwirkung sind diese Änderungen der Dipolschicht dem Elektronenübergang vom Adsorptiv zum Adsorbens oder in umgekehrter Richtung zuzuschreiben. Bei der Physisorption werden adsorbierte Moleküle durch das elektrische Feld der Oberfläche polarisiert. In beiden Fällen wird eine Adsorpt-Dipolschicht erzeugt. Die Änderung der Austrittsarbeit hängt von der Oberflächendichte

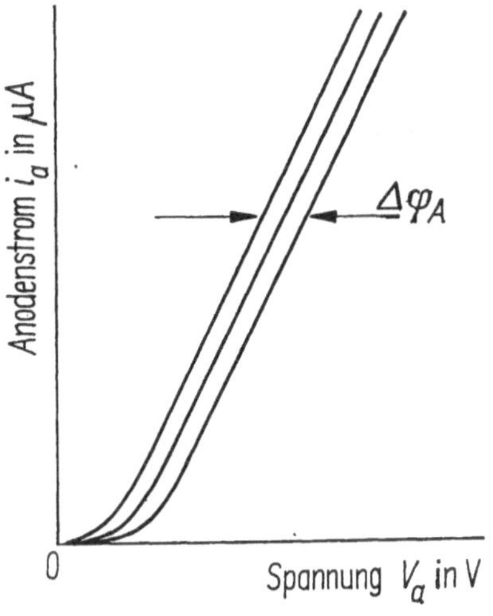

Abb. 6.11.
Strom-Spannungs-Charakteristik einer Vakuumdiode (schematisch)

der adsorbierten Moleküle, n_s, sowie ihrem Dipolmoment, μ_s, ab. Nimmt man an, daß die adsorbierten Moleküle eine gleichmäßig verteilte unendliche Doppelschicht der Ladungen bilden, die voneinander um den Abstand d entfernt sind, so erhält man für das Dipolmoment der Oberflächeneinheit

$$n_s \mu_s = \varrho \cdot d \tag{6.14}$$

ϱ: Oberflächen-Ladungsdichte

Die elektrische Kapazität einer Oberflächeneinheit der Schicht, $C = \varepsilon_0/d$, ist mit dem Potentialabfall verknüpft:

$$\Delta\varphi C = \varrho \tag{6.15}$$

woraus folgt, daß

$$\Delta\varphi = n_s\mu_s/\varepsilon_0 \qquad \text{und} \qquad \mu_s = \varepsilon_0/n_s \tag{6.16}$$

(μ_s in Cb · cm, 1 Cb · cm = 3 · 10^{27} Debye)
ε_0: Dielektrizitätskonstante des Vakuums ($\varepsilon_0 = 8{,}85 \cdot 10^{-14}$ Cb · V^{-1} · cm^{-1}).

Unter der Annahme, daß μ_s vom Bedeckungsgrad Θ der Probenoberfläche unabhängig ist, sollte sich $\Delta\varphi$ linear mit Θ ändern. Da jedoch die an der Oberfläche vorhandenen Dipole eine Wechselwirkung aufeinander ausüben, hat man es mit einer Depolarisierung und Abnahme des Dipolmomentes zu tun. Dieser Effekt wird durch die TOPPING-Beziehung [42] berücksichtigt:

$$\Delta\varphi = \frac{n_s\mu_s^0}{\varepsilon_0(1 + 9\alpha n_s^{3/2})} \tag{6.17}$$

μ_s^0: Dipolmoment für $\Theta \to 0$; α: Polarisierbarkeit der adsorbierten Teilchen.

Die Beziehung (6.17) versagt jedoch in manchen Fällen, besonders bei der Adsorption von Metallen mit niedriger Austrittsarbeit (z. B. Alkalimetalle) an Übergangsmetallen, wo ein ausgeprägtes Minimum in den $\Delta\varphi$-n_s-Kurven beobachtet wird. Die Wechselwirkung des Adsorptivs mit seinem elektrostatischen Bild im Adsorbens verursacht in derartigen Fällen bei einer gewissen Bedeckung eine Kompensation des Effektes der Zunahme der Dipolzahl und der Abnahme des Dipolmoments auf Grund der Wechselwirkung. Dieser Fall wird gut durch die GYFTOPULOS-LEVINE-Gleichung beschrieben [43]:

$$\frac{\Delta\varphi}{\varphi_{\text{sub}} - \varphi_{\text{ads}}} = 1 - G(\Theta)\,\frac{A}{1 + B\Theta^{3/2}} \tag{6.18}$$

φ_{sub}: Austrittsarbeit der reinen Unterlage (Adsorbens); A und B: Konstanten; Θ: Bedeckungsgrad; $G(\Theta) = 1 - 3\Theta^2 + 2\Theta^3$.

Die durch Adsorption der Alkalimetalle hervorgerufene Änderung von $\Delta\varphi$ wurde auch theoretisch von LANG mittels des „Jellium-Modells“ quantenchemisch behandelt (*SCF*-Methode); die hierbei erhaltenen Ergebnisse stimmen gut mit den experimentellen Daten überein [44].

Bei der Chemisorption von Gasen an Übergangsmetallen und *IB*-Metallen sind die Verhältnisse noch komplizierter als bei der Metalladsorption an Metallen, da im ersten Fall mehrere Adsorptionsstrukturen möglich sind, die auch unterschiedliche Polarisierungen aufweisen. Hier wurden verschiedene Beziehungen zwischen φ und Θ sowie auch φ-Minima bei bestimmten Θ-Werten beobachtet [45—47].

6.1.2. *Untersuchung der Adsorption an hochdispersen Metallen*

6.1.2.1. *Adsorptionsgleichgewicht* [48]

Hochdisperse Metalle in Form von Pulvern, dünnen Schichten und metallischen Phasen auf Trägermaterialien haben eine breite praktische Anwendung gefunden, und demnach kommt auch dem Studium ihrer Adsorptionseigenschaften eine große Bedeutung zu. Der Unterschied zwischen kompakten und hochdispersen Metallen besteht nicht nur in der Größe der spezifischen Oberfläche schlechthin, sondern auch in der Möglichkeit der Existenz spezieller Adsorptionszentren bei den hochdispersen Proben. Deren Auftreten ist durch die größere Zahl unterschiedlicher Fehlstellen (Strukturdefekte) bedingt. Weiterhin ist die durch die Masseneinheit des Adsorbens gebundene Gasmenge im Fall hochdisperser Stoffe größer, was folglich auch genauere Messungen ermöglicht.

Die Menge des adsorbierten Stoffes hängt von der Oberflächengröße des Adsorbens, vom Druck des Adsorptivs sowie von der Versuchstemperatur ab. Um das Adsorptionsgleichgewicht $(\Theta = f(p, T))$ quantitativ zu erfassen, bedient man sich vielfach der Messungen zur Bestimmung der Druckabhängigkeit der adsorbierten Gasmenge bei konstanter Temperatur (Adsorptionsisotherme) oder der Abhängigkeit des Gasdruckes (im Gleichgewicht mit der adsorbierten Phase) von der Temperatur bei konstanter Bedeckung der Oberfläche (Adsorptionsisostere). Eine große Bedeutung für die quantitative Beschreibung der Adsorption kommt auch der Angabe der Adsorptionsisobare zu, d. h. der Abhängigkeit der adsorbierten Menge von der Temperatur bei konstantem Druck des Adsorptivs.

Die theoretisch abgeleiteten Formeln, die die Adsorptionsisothermen beschreiben, hängen von den bei ihrer Ableitung angenommenen Modellen ab, die in mehr oder weniger großem Maße der Wirklichkeit entsprechen. Nachfolgend werden die am häufigsten benutzten Adsorptionsisothermen kurz besprochen.

1. LANGMUIR-*Isotherme* (in ihrer einfachsten Form):

$$\Theta = \frac{bp}{1 + bp} \tag{6.19a}$$

Θ: Bedeckungsgrad, Verhältnis der Zahl adsorbierter Moleküle zur Zahl der Moleküle, die für eine Monoschichtbildung erforderlich sind; b: Adsorptionskoeffizient, Verhältnis der Geschwindigkeitskonstanten von Adsorption und Desorption; p: Druck im Gleichgewicht mit der Adsorptionsschicht.

Die Oberfläche wird als energetisch homogen angesehen, und das dieser Isotherme zugrunde liegende Modell geht von einer Monoschichtadsorption aus. Weiterhin wird vorausgesetzt, daß keine Wechselwirkung zwischen den Adsorptmolekülen auftritt. Obwohl diese Annahmen recht unrealistisch erscheinen, paßt die LANGMUIR-Isotherme zu vielen experimentellen Daten recht gut. So ist diese Isotherme für die Chemisorption zahlreicher Gase an Metallen gültig, darunter auch für den Fall der dissoziativen Adsorption, bei der z. B. ein zweiatomiges Molekül unter Dissoziation zu zwei Atomen adsorbiert wird. Für diesen Sachverhalt lautet die Isothermengleichung

$$\Theta = \frac{(bp)^{1/2}}{1 + (bp)^{1/2}} \tag{6.19b}$$

2. FREUNDLICH-*Isotherme*:

Die Isothermengleichung wurde ursprünglich auf empirischem Wege erhalten; sie wird durch folgende Beziehung ausgedrückt:

$$\Theta = kp^{\frac{1}{n}} \tag{6.20}$$

k, n $(n > 1)$: temperaturabhängige Konstanten.

Die durch Gl. (6.20) ausgedrückte Abhängigkeit kann auch theoretisch unter der Annahme abgeleitet werden, daß die Adsorptionsenergie logarithmisch mit wachsender Bedeckung fällt, was eine besondere Form der Oberflächenheterogenität darstellt. Zwischen den Adsorptmolekülen wird keine Wechselwirkung angenommen.

3. TEMKIN-*Isotherme*:

Bei linearer Abhängigkeit der Adsorptionswärme Q_{ads} von der Bedeckung

$$Q_{ads} = Q_0(1 - \alpha\Theta) \tag{6.21}$$

erhält man:

$$\Theta = \frac{RT}{\alpha Q_0} \ln (Bp) \tag{6.22}$$

Q_0: Adsorptionswärme für $\Theta = 0$; α, B: Konstanten.

Für Untersuchungen der Physisorption von Gasen an Metallen finden auch weitere Isothermengleichungen eine breite Anwendung:

4. *Isotherme* nach BRUNAUER, EMMETT und TELLER (*BET-Isotherme*):

$$\frac{p}{V(p_0 - p)} = \frac{1}{V_m \cdot C} + \frac{C-1}{V_m \cdot C} \cdot \frac{p}{p_0} \tag{6.23}$$

V: die beim Druck p adsorbierte Gasmenge; p_0: Sättigungsdruck des Adsorptivs bei der Meßtemperatur; V_m: zur Ausbildung der Monoschicht verbrauchtes Gasvolumen (auf Normalbedingungen bezogen); C: eine von der Adsorptionswärme abhängige Konstante.

Dieser Isotherme liegt ein Modell der Mehrschichtenadsorption zugrunde; sie wird praktisch immer zur Bestimmung von V_m genutzt; hieraus kann man die spezifische Oberfläche des Adsorbens berechnen, sofern der Oberflächenbedarf eines Moleküls und die Masse des Adsorbens bekannt sind.

Zur Ermittlung der Oberflächengröße hochdisperser Übergangsmetalle (Pulver sowie Metalle auf Trägermaterialien) zieht man auch vielfach die spezifische Chemisorption reaktiver Gase wie Wasserstoff, Sauerstoff und Kohlenmonoxid heran. Nach Erreichen der monomolekularen Bedeckung bei gegebener Temperatur (die Chemisorptionsisothermen dieser Gase sind gewöhnlich vom LANGMUIR-Typ) erhält man die V_m-Werte, aus denen die Oberflächengrößen berechnet werden können [49].

5. DUBININ-RADUŠKEVIČ-*Isotherme*:

Die Isothermengleichung gilt für Bedeckungen unterhalb einer Monoschicht bei energetisch heterogenen Oberflächen und kleinen p/p_0-Werten (<0,03). Sie wird gewöhnlich wie folgt dargestellt:

$$\log N_a = \log N_m - \frac{B}{2{,}303} \varepsilon^2 \tag{6.24}$$

B: Eine von der mittleren Adsorptionsenergie abhängige Konstante, sie steht im Zusammenhang mit der isosteren Adsorptionswärme: $Q_{\text{isoster}} = Q_c + \left(\frac{\ln \Theta}{B}\right)^{1/2}$, Q_c: Kondensationswärme des Adsorptivs; $\Theta = \frac{N_a}{N_m}$ (Bedeckungsgrad); $\varepsilon = -RT \ln p/p_0$ (POLANYI-Potential).

Die Messungen der Adsorptionsisothermen führt man an reinen und sorgfältig entgasten Adsorbenzien (Erhitzen im Hochvakuum) durch, indem man ein Meßgas aus einem kalibrierten Gefäß auf die Probe leitet und nach Erreichen des Gleichgewichtes den Druck abliest. Im Fall hochdisperser Metalle muß die Probenherstellung unter Bedingungen erfolgen, die das Auftreten reaktiver Gase ausschließen. Das Entgasen muß ebenfalls sorgfältig und schonend ausgeführt werden; hohe Temperaturen sind zu vermeiden, um Reaktionen des betreffenden Metalls mit Restgasen sowie dessen Rekristallisation zu unterdrücken. Die Adsorption kann in einem sehr weiten Druckbereich (10^{-7}—10^{-7} Pa) erfolgen, ein gleiches gilt für den Meßbereich. Zur Druckmessung müssen solche Manometer verwendet werden, die weder ein „Abpümpen" der Gase, noch deren Kondensation oder Dissoziation verursachen. Diese und weitere, vom Standpunkt der experimentellen Technik sehr wichtigen Fragen können hier nicht näher behandelt werden; der Leser sei auf entsprechende Veröffentlichungen verwiesen, z. B. [50].

Die Adsorptionsisosteren können aus mehreren, bei verschiedenen Temperaturen gemessenen Isothermen erhalten werden. Mittels der von diesen Isothermen abgelesenen Gleichgewichtsdruckwerte kann man Isosterendiagramme $\lg p - 1/T$ konstruieren, aus denen sich die isosteren Adsorptionswärmen berechnen lassen.

Die Adsorptionswärmen sind auch direkt mittels entsprechend konstruierter Kalorimeter meßbar. Steht eine genügend große Adsorbensmenge zur Verfügung, bietet eine derartige Messung keine besonderen Schwierigkeiten. Komplizierter gestaltet sich das Problem bei dünnen Metallschichten mit verhältnismäßig kleiner Oberfläche, da in diesen Fällen die zu messenden Wärmeeffekte sehr klein sein können. Um kleine Temperaturunterschiede mit hoher Genauigkeit zu erfassen, muß man auf spezielle Kalorimeter, d. h. solche mit sehr kleiner Wärmekapazität, zurückgreifen [48].

6.1.2.2. *Infrarotspektroskopische Untersuchungen an adsorbierten Molekülen*

Die Anwendung der Meßmethoden zur Untersuchung von Gleichgewichten und die Ermittlung der mit der Adsorption verknüpften thermodynamischen Größen haben viele grundlegende Informationen über Adsorptionsprozesse geliefert. Trotzdem ist es schwer, auf Grund dieser Erkenntnisse weitreichende Aussagen über die Art und Stärke der Bindung im Adsorpt zu treffen. Die oben behandelten Methoden liefern eher Erkenntnisse über die Eigenschaftsänderungen des Adsorbens. Um Näheres über die Änderungen zu erfahren, die in den adsorbierten Molekülen beim Übergang vom freien zum adsorbierten Zustand eintreten, muß man spektroskopische Untersuchungsmethoden heranziehen. Als besonders nützlich haben sich hierfür die Untersuchungen der Infrarot-Absorptionsspektren (Schwingungsspektren, *IR*-Spektren) und — in letzter Zeit — auch die der Raman-Spektren erwiesen.

In diesem Zusammenhang muß darauf hingewiesen werden, daß die für die Bindung zwischen den Molekülen und Metallatomen charakteristischen Schwingungen sich nur in Ausnahmefällen direkt beobachten lassen. In den meisten Fällen sind nur intramolekulare Schwingungen der Admoleküle, Adionen oder Radikale einer direkten Messung zugänglich. Durch einen Vergleich mit den entsprechenden charakteristischen Schwingungsbanden für die freien Moleküle kann man jedoch eine Identifizierung und Charakterisierung der Adkomplexe durchführen. In zahlreichen Fällen ist es sogar möglich, eine schwache (physikalische) Adsorption von der Chemisorption zu unterscheiden. Das Auftreten von Adsorptionsbanden, die für das freie Molekül nicht beobachtet werden, weisen auf eine chemisorptive Bindung im Adsorptionskomplex hin.

Die experimentelle Arbeit auf dem Gebiet der Infrarot-Absorptionsspektren adsorbierter Stoffe ist mit zahlreichen Schwierigkeiten verbunden. Die Absorption in einer einzelnen Adsorptschicht ist sehr schwach; folglich muß man zur Erlangung meßbarer Effekte die experimentellen Bedingungen so wählen, daß die Strahlung mehrmals durch die absorbierende Schicht hindurchtreten kann. Hochdisperse Metalle in Form von Pulvern oder auf Trägermaterialien weisen an und für sich oft eine stärkere Absorption auf als die an ihnen adsorbierten Gase. Erfreulicherweise kann die Absorption des Metalls und Trägers auf ein erträgliches Maß herabgesetzt werden, sofern die Festkörper in sehr feindisperser Form vorliegen. Unter diesen Umständen kann die Adsorptionsschicht einen bedeutenden Teil des optischen Weges bilden. Demnach scheint die Absorptionsspektroskopie sich besonders gut zur Untersuchung von Adsorpten an hochdispersen Festkörpern zu eignen.

Weitere experimentelle Schwierigkeiten bei der Durchführung von *IR*-Untersuchungen ergeben sich aus der Notwendigkeit zur Einhaltung von Hochvakuumbedingungen sowie aus den höheren Temperaturen, die zum Entgasen der Proben erforderlich sind. Erst nach Reinigung der Oberfläche von fremden, zufällig adsorbierten Gasen kann die eigentliche Adsorption des zu untersuchenden Gases und die Aufnahme des *IR*-Spektrums erfolgen. Die Einstellung von Hochvakuumbedingungen in den Absorptionsküvetten aus Glas erwies sich (besonders bei erhöhter Temperatur) seinerzeit als sehr schwierig: Die Durchtrittsfenster für die Strahlung waren ursprünglich aus Alkalihalogeniden (NaCl, KBr) angefertigt worden; diese Verbindungen lassen sich jedoch nicht genügend dicht mit der Meßzelle verkitten. Erst die Verwendung von Fluorit (CaF_2) bzw. Magnesiumoxid als Fenstermaterial erlaubte eine weitgehende Beseitigung dieser Schwierigkeiten.

Die ersten Untersuchungen auf dem Gebiet der *IR*-Spektroskopie adsorbierter Moleküle wurden vor gut 20 Jahren ausgeführt. Sie haben bisher zahlreiche interessante Ergebnisse geliefert, die in einigen Monographien [51, 52] und Übersichtsartikeln [53—55] erschöpfend dargestellt sind.

Diese Untersuchungen wurden vorwiegend für solche Gase durchgeführt, die als Reaktanten in katalytischen Reaktionen an Metallen (speziell Übergangsmetallen) von Bedeutung sind, wie Kohlenmonoxid, Wasserstoff, Sauerstoff und Kohlenwasserstoffe. Besonders gut ist die Kohlenmonoxid-Adsorption an den Metallen der Eisen- und Platingruppe untersucht worden. Das freie Kohlenmonoxidmolekül weist zwei Absorptionsmaxima bei den Wellenlängen 4,60 µm und 4,72 µm auf. Im adsorbierten Zustand sind weitere Maxima im Spektrum sichtbar, gewöhnlich bei größeren Wellenlängen. Auf Grund einer genauen Analyse dieser zusätzlichen Maxima wurde geschlußfolgert, daß es verschiedene Adsorptionsformen des Kohlenmonoxids gibt und daß sich diese Formen in der Bindungsart des Kohlenstoffatoms zu den Metallatomen unterscheiden (schematisch):

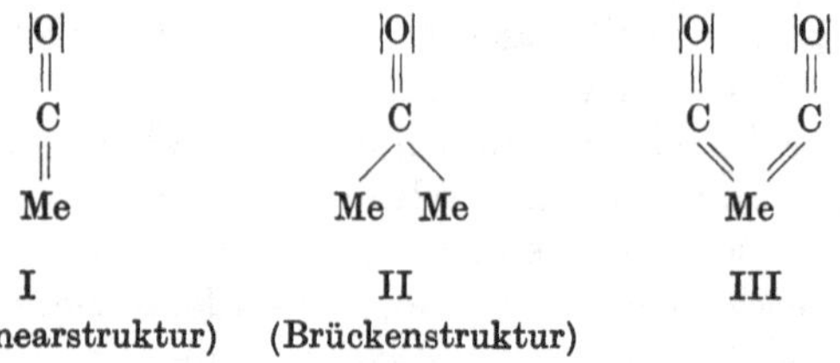

I (Linearstruktur) II (Brückenstruktur) III

Als experimentell gesichert ist die aus MO-Betrachtungen folgende Bindung des CO-Moleküls über das Kohlenstoffatom zur Metalloberfläche. Für Ni(111)/CO-Adsorbate folgt dieses Ergebnis aus Streuexperimenten mit Helium-Ionen [56]. Trotz einer nahezu unübersehbaren Fülle von Arbeiten zu den CO/Me-Systemen ist auch heutzutage die Entscheidung zwischen den verschiedenen Modellvorstellungen betreffs der Sorptionsformen noch vielfach schwierig. Ein wesentlicher Grund dafür ist, daß bei der Ausbildung einer oder mehrerer Sorptionsformen Fragen der chemischen Natur (Zusammensetzung) der Adsorbensoberfläche (die wiederum durch die Anwesenheit von Fremdatomen modifiziert sein kann), Adsorbenstemperatur, atomaren Oberflächengeometrie der Adsorbenzien, Teilchengröße usw. eine entscheidende Rolle spielen. Eine kritische Einschätzung dieses Tatbestandes wird z. B. ausführlich von KLOSTERMANN [57] gegeben.

Ebenfalls ist es gelungen, mittels Infrarotspektren die Adsorption von Wasserstoff auf Platin nachzuweisen [58]. Das *IR*-Spektrum wies zwei Maxima bei 4,74 μm und 4,86 μm auf, die den Schwingungen der Platin-Wasserstoff-Bindung zugeschrieben wurden. Auf Grund weiterer Untersuchungen wurde geschlußfolgert, daß die Pt—H-Bande bei 4,74 μm schwächer gebundenem Wasserstoff (I), die bei 4,86 μm auftretende Bande stark gebundenem Wasserstoff entspricht; letzterer ist zwischen den Platinatomen lokalisiert (II):

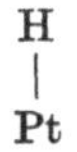
(I)

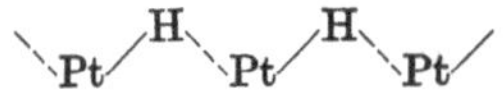
(II)

ELEY et al. stellten jedoch später fest, daß das Auftreten dieser Absorptionsbanden von einer Sauerstoffvorbehandlung des Platins abhängt [59], so daß es durchaus möglich ist, daß Wasserstoff nur an den Plätzen adsorbiert wird, an denen vorher eine Oberflächenoxidschicht gebildet worden war.

Auswertbare *IR*-Spektren wurden auch für das System H_2/Rh und D_2/Rh erhalten; andererseits ist es bisher nicht gelungen, derartige Spektren für das System H_2/Ni nachzuweisen.

Oben wurde bereits auf die zahlreichen Untersuchungen zur Aufnahme von *IR*-Spektren der an Metallen adsorbierten Kohlenwasserstoffe hingewiesen. Als Beispiel sollen hier die Arbeiten über die *IR*-Absorption des auf Nickel adsorbierten Ethens und dessen Coadsorption mit Wasserstoff angeführt werden. In diesem Fall hat man Absorptionsbanden identifiziert, die den C—H-Streckschwingungen (bei 3,4 bis 3,0 μm) sowie den „scherenartigen" Schwingungen (bei 6,4 μm) entsprechen, was auf die Existenz einer durch Zweipunktadsorption gebundenen Form schließen läßt:

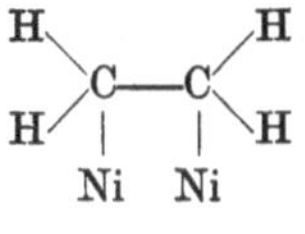

Bei erhöhter Temperatur ($\geqq$ 420 K) und einer wasserstofffreien Nickeloberfläche erhält man dagegen ein Spektrum, das der dissoziativen Form der Ethenadsorption zugeschrieben wurde, bei der die Kohlenstoffatome jeweils von mehreren Nickelatomen gebunden werden können.

Auch im Fall der Physisorption können Untersuchungen mittels *IR*-Spektroskopie Hinweise auf die Wechselwirkung zwischen Adsorptiv und Adsorbens liefern. Ein Beispiel hierfür sind die vielseitig untersuchten und gedeuteten Absorptionsspektren von Stickstoff auf hochdispersen Nickel-, Palladium- und Platin-Proben (Kristallitgrößen kleiner 10 nm) [60].

6.1.2.3. *Einfluß adsorbierter Gase auf die magnetischen Eigenschaften hochdisperser Metalle*

Die Ausbildung der Adsorptionsbindungen, die mit einem Elektronenübergang zwischen Adsorpt und Adsorbens verknüpft ist, verursacht Änderungen in der Besetzung der Valenzelektronen-Niveaus der Oberflächen(adsorbens)atome; diese Änderungen können bei ferro- und paramagnetischen Adsorbenzien leicht nachgewiesen und erfaßt werden. Die spezifische Magnetisierungsintensität der Ferromagnetika und die magnetische Suszeptibilität paramagnetischer Stoffe sind unmittelbar vom Spinzustand der Elektronen der äußeren Schalen abhängig, und die Änderung der Anzahl von Elektronen mit unkompensiertem Spin infolge Ausbildung der Adsorptionsbindung verursacht eine Änderung dieser experimentell leicht meßbaren magnetischen Größen.

Das Thema der Magnetisierungsänderung ferromagnetischer Metalle unter dem Einfluß adsorbierter Gase ist von SELWOOD in zwei Monographien ausführlich behandelt worden, in denen auch die Referate zu mehreren Einzelarbeiten nachgelesen werden können [61, 62].

Bei der Adsorption von Gasen wie Wasserstoff, Sauerstoff, Schwefelwasserstoff, Kohlenwasserstoffe u. a. an Nickel erfolgt eine Abnahme der Magnetisierung, die von der Metalldispersität abhängt und proportional dem Bedeckungsgrad ist:

$$\frac{\Delta M}{M} = \frac{2N_s\varepsilon\beta}{I_{sp}V} + \left(\frac{N_s\varepsilon\beta}{I_{sp}V}\right)^2 \tag{6.25}$$

$\Delta M/M$: Relative Magnetisierungsabnahme; N_s: Zahl der auf einem Nickelteilchen adsorbierten Moleküle; I_{sp}: spontane Magnetisierung des Metalls bezogen auf die Volumeneinheit; V: Volumen des Nickelteilchens; ε: Zahl der auf das Metall übertragenen Elektronen; β: BOHRsches Magneton.

Das quadratische Glied in Gl. (6.25) ist im Vergleich zum linearen Ausdruck klein und kann in den meisten Fällen vernachlässigt werden. Aus der somit angenähert linearen Abhängigkeit folgt, daß die Natur der Adsorptionsbindung mit wachsender Bedeckung nicht grundsätzlich geändert wird. Die Magnetisierungsabnahme weist darauf hin, daß mit Zunahme der Zahl adsorbierter Moleküle eine Abnahme der Zahl unbesetzter Quantenzustände im $3d$-Band des Nickels eintritt, was auch die Abnahme des magnetischen Moments zur Folge hat. Daraus ergibt sich, daß im System Ni/H_2 entweder nur eine kovalente oder ionische Bindung $Ni—H^+$ möglich ist, während die polare Form $Ni—H^-$ nicht auftritt.

Die Änderungen der Magnetisierungsintensität als Folge einer Adsorption lassen sich selbstverständlich nur an ferromagnetischen Adsorbenzien untersuchen. Demnach hat diese Methode bisher nur für solche Proben beachtenswerte Resultate geliefert, bei denen Nickel oder Nickellegierungen auf diamagnetischen Trägermaterialien vorlagen. Sind die in Gl. (6.25) auftretenden Werte von V und N_s bekannt, kann man berechnen, wieviel Elektronen pro adsorbiertes Molekül an der chemisorptiven Bindung beteiligt sind und aus diesem Ergebnis ein Modell der Bindung im Adsorbat vorschlagen. Diese Methode wurde auch in neueren Arbeiten über die Adsorption von Kohlenwasserstoffen an Nickelkatalysatoren angewendet [63]; bei den Untersuchungen hat man eine dissoziative Adsorption, und im Fall höherer Temperaturen (320—470 K) ein vollständiges Cracken des Adsorptivs festgestellt.

Die magnetischen Untersuchungen zur Adsorption von Wasserstoff und Kohlenwasserstoffen an Nickel wurden in letzter Zeit von VAN MEERTEN et al. [64] wiederholt.

Sie bestätigen — mit nur wenigen Ergänzungen — weitgehend die früher erhaltenen Resultate. Es wurden auch Messungen der Magnetisierungsänderungen vorgenommen, die als Folge einer Ethenadsorption an hochdispersen Ni—Cu/SiO_2-Proben auftraten [65]. Aus den Ergebnissen wurde abgeleitet, daß das Ethen in Abhängigkeit von der Legierungszusammensetzung und der Temperatur in zwei Formen, der sogenannten π- bzw. σ-Form adsorbiert wird:

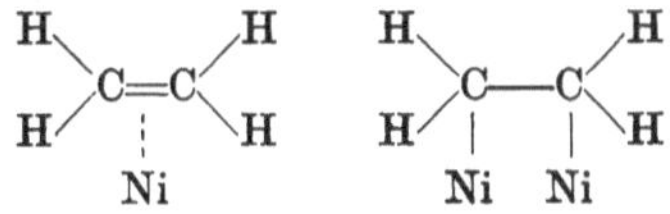

π-Form   di-σ-Form

6.1.2.4. *Änderung der elektrischen Leitfähigkeit bei der Adsorption*

Es hat auch Versuche gegeben, die mit der Adsorptbildung verbundenen Änderungen der Elektronenstruktur der Oberflächenatome dünner (im Vakuum aufgedampfter) Metallschichten durch Messung der elektrischen Leitfähigkeit zu erfassen. In der Mehrzahl der bisher untersuchten Fälle hat man eine Leitfähigkeitserniedrigung festgestellt. Bei den verwendeten Schichtdicken von etwa 10 nm beträgt diese Abnahme nicht mehr als 1—2% der für reine Schichten gemessenen Werte. Die Deutung dieser Änderungen bietet jedoch erhebliche Schwierigkeiten, da zahlreiche Mechanismen denkbar sind, nach denen eine Widerstandserhöhung derartiger Schichten bei Gegenwart von Adsorptmolekülen erreicht werden kann.

Der Wert des elektrischen Widerstandes R dünner kontinuierlicher Metallschichten kann durch folgende Beziehung dargestellt werden:

$$R = \frac{A f(d/l_0)}{N^{3/2} d \cdot l_0} \tag{6.26}$$

A: Konstante; d: Schichtdicke; l_0: mittlere Weglänge der Leitungselektronen; N: Anzahl der Leitungselektronen in der Volumeneinheit.

Aus der Beziehung (6.26) ist ersichtlich, daß die Änderung der elektrischen Leitfähigkeit durch eine Änderung der Anzahl von Leitungselektronen, der effektiven Schichtdicke und/oder der mittleren Weglänge der Elektronen hervorgerufen werden kann. Eine gleichzeitige Änderung von mehr als einer dieser Größen ist nicht ausgeschlossen. So kann N infolge der Beteiligung von Elektronen der Oberflächenatome an der Adsorptbindung abnehmen. Aus demselben Grund kann es auch zu einer „Demetallisierung" der Kristallitoberflächenschicht kommen, wodurch die effektive Schichtdicke verringert wird. Wegen der Anwesenheit der Adsorptschicht kann sich auch die mit der freien Weglänge der Elektronen im Zusammenhang stehende Beweglichkeit der Leitungselektronen ändern. Die Trennung dieser drei, die Leitfähigkeit beeinflussenden Faktoren ist im allgemeinen nicht möglich, und deshalb ist der Mechanismus der Leitfähigkeitsabnahme bei der Adsorptbildung noch nicht restlos geklärt.

Für die Abhängigkeit der Größe $\Delta R/R$ vom Bedeckungsgrad ergibt sich für die bisher untersuchten Fälle der Wasserstoff- und Kohlenmonoxid-Adsorption bei kleinen Θ-Werten eine lineare Beziehung; oberhalb von etwa 50% einer Monoschichtbedeckung treten in manchen Fällen jedoch Sättigungserscheinungen oder sogar eine Abnahme des $\Delta R/R$-Wertes ein. Diese Effekte sind wahrscheinlich auf eine Wechselwirkung der

Adsorptmoleküle untereinander sowie die Existenz verschiedener Adsorptionsformen zurückzuführen; sie lassen sich jedoch nicht immer mit den nach anderen Untersuchungsmethoden erhaltenen Resultaten (z. B. *IR*-Absorptionsspektren, Desorptionsspektren, Oberflächenpotential-Messungen usw.) in Einklang bringen. Eine eindeutige Interpretation der experimentell festgestellten Abhängigkeit der Widerstandsänderungen von der Bedeckung ist daher in vielen Fällen kaum möglich.

Abschließend soll noch bemerkt werden, daß die Tatsache der Abnahme der elektrischen Leitfähigkeit keineswegs als Hinweis auf einen bestimmten Typ der Adsorptionsbindung aufgefaßt werden soll. Ein qualitativ gleicher, obwohl quantitativ weniger ausgeprägter Effekt tritt auch bei ausgesprochen physikalischer Adsorption, z. B. im Fall von Metall/Edelgas-Systemen auf [66].

6.1.2.5. Zu weiteren Problemen von Adsorptionsexperimenten an hochdispersen Metallen

Die in den vorangehenden Abschnitten 6.1.1.2. („AUGER-Elektronenspektroskopie"), 6.1.1.3. („Photoelektronenspektroskopie"), 6.1.1.5. („Thermische Desorption") und 6.1.1.6. (vor allem „Schwingkondensator- und Dioden-Methode") beschriebenen Methoden lassen sich zur Untersuchung der Adsorption an hochdispersen Metallen anwenden.

Den bei Adsorptionsexperimenten gemessenen Größen kann eine exakte physikalische Bedeutung allerdings nur dann zugeschrieben werden, wenn sowohl die Adsorbensoberfläche als auch das Adsorptiv genau definiert sind. Bei den Adsorptionsversuchen an hochdispersen Metallen ist jedoch die Erfüllung dieser Bedingung weitaus schwieriger als bei Adsorptionsversuchen an Oberflächen kompakter (polykristalliner) Proben sowie Einkristallen. In den letzteren Fällen ermöglichen ein Ausheizen der Proben im Ultrahochvakuum sowie andere Operationen verhältnismäßig leicht eine befriedigende Reinigung der Probenoberfläche. Derartige Reinigungsmethoden lassen sich jedoch bei hochdispersen Metallen nur in beschränktem Umfang anwenden, und demnach ist es zweifelhaft, ob die Oberflächen hochdisperser Adsorbenzien mit einem Reinheitsgrad analog dem für kompakte Metalle überhaupt hergestellt werden können. Außerdem ist die Oberfläche disperser Metalle aus verschiedenen Kristallflächen unterschiedlicher Orientierung zusammengesetzt, was zu einer nicht einheitlichen Atomdichte und Struktur einzelner Bereiche führt. Ebenso ist die Zahl der Strukturdefekte in der Oberfläche hochdisperser Metalle gewöhnlich viel größer als in der von Einkristallen. Unter Berücksichtigung dieser Umstände kommt den an hochdispersen Adsorbenzien erhaltenen Resultaten verständlicherweise eine geringere Aussagekraft zu. Wegen der großen praktischen Bedeutung der Adsorptionserscheinungen an Pulvern, dünnen Schichten sowie Metallkatalysatoren sind aber auch diese Resultate sehr nützlich und sollten nicht unterschätzt werden.

6.1.3. Anwendung quantenchemischer Methoden zur Untersuchung von Adsorptionserscheinungen

Das Problem der Elektronenstruktur von Adsorptatomen und -molekülen wie das der Stärke der Adsorptbindung können auch theoretisch mit den Methoden der Quantenchemie (vgl. Anhang I) behandelt werden. Setzt man voraus, daß die Adsorptatome lediglich mit wenigen Atomen an der Adsorbensoberfläche in starke Wechselwirkung treten (lokalisierte Adsorption, „Oberflächenmolekül"), so kann ein derartiges System — ähnlich wie vielatomige Moleküle und Metallcluster (vgl. Abschn. 4.4.) — unter Zuhilfenahme der *MO*-Methode beschrieben werden.

Eine allgemeine quantenmechanische Auffassung der Chemisorption *s*-Orbitale enthaltender Systeme wurde von Blyholder und Coulson [67] vorgelegt. Später hat Baetzold [68] mittels der *CNDO*-Methode u. a. die Adsorption von Silberclustern auf Kohlenstoff in Form des aus 10 Kohlenstoff- und 1—6 Silber-Atomen zusammengesetzten Systems untersucht. Die Molekülorbitale dieses Systems wurden unter Beteiligung der 2*s*- und 2*p*-Orbitale des Kohlenstoffatoms und der 4*d*-, 5*s*- und 5*p*-Orbitale des Silbers konstruiert. Für dieses System hat Baetzold die Potential-Energiekurven, die Bindungsenergie unter Berücksichtigung verschiedener Entfernungen des Silberatoms von den koplanar angeordneten Kohlenstoffatomen sowie die von den Silberatomen auf den Kohlenstoff übertragene Ladung berechnet. Es wurde gefunden, daß die Bindungsenergie für mehratomige Metallcluster größer ist als für das einzelne Silberatom. Ähnliche Berechnungen wurden von Baetzold auch für die Adsorption von Pd-, Ni- Cu- und Zn-Atomen an Kohlenstoff durchgeführt [68].

Von Bennett et al. [69, 70] erfolgten mittels der *EH*- bzw. *CNDO*-Methode Berechnungen zur Adsorption von Wasserstoff-, Stickstoff-, Sauerstoff- und Fluoratomen an Kohlenstoff. Die Adsorption atomaren Wasserstoffs an Nickelclustern, die bis zu 13 Ni-Atomen enthielten, wurde von Fassaert et al. [71] mit der *EH*-Methode untersucht. Die von ihnen berechneten Größen wie die Breite des 3*d*-Bandes (1,81 eV), die Zahl der in diesem Band unbesetzten Quantenzustände (0,68/Atom) und die Kohäsionsenergie (3,8 eV) erwiesen sich als weitgehend identisch mit den entsprechenden Werten für den Nickel-Einkristall. Dieses Ergebnis weist darauf hin, daß — zumindestens im vorliegenden Fall — die Annahme des aus nur wenigen Atomen zusammengesetzten Adsorptionskomplexes eine brauchbare Näherung ist. Die *EH*-Methode wurde auch von Robertson und Wilmsen [72] zur Berechnung der Adsorptionsenergie von CO an Nickel eingesetzt. Die Bindungsenergie der Linearstruktur (vgl. Abschn. 6.1.2.2.) unterscheidet sich nach diesen Berechnungen von der der Brückenstruktur lediglich um 0,14 eV, was im Einklang mit der Erfahrung auf die Möglichkeit hinweist, daß diese beiden Sorptionsformen nebeneinander auftreten können. Die Bindung des CO-Moleküls an Nickel über das Sauerstoffatom ergibt dagegen eine wesentlich geringere Energie, was folglich die viel kleinere Wahrscheinlichkeit der Adsorption in dieser Form erklärt.

Ähnliche Berechnungen wurden für die Adsorption atomaren Wasserstoffs [73] und Stickstoffs [74] an einer (100)-Wolframoberfläche unter Berücksichtigung von drei, auf dieser Fläche der A_2-Struktur möglichen Atomlagen durchgeführt. Es konnte gezeigt werden, daß vom Standpunkt der Adsorptionsenergie die Lage des Wasserstoffatoms im Kontakt mit nur einem Wolframatom am günstigsten ist, während für ein Stickstoffatom die größte Bindungsenergie der Lage mit fünf nächsten Wolframatomen zukommt (Abb. 6.12).

Die *EH*-Methode wurde auch zur Beschreibung der dissoziativen Adsorption der Moleküle Li_2, B_2, C_2, N_2, O_2 und F_2 sowie CO, NO und C_2H_4 an 9-atomigen Fragmenten der Wolfram(100)- und Nickel(100)-Fläche (vgl. Abb. 6.12) angewendet [75]. Im Fall des Li_2-Moleküls erfolgt ein Elektronentransfer vom Molekül zum Metallcluster, in den anderen Fällen ergibt die Berechnung einen entgegengesetzt gerichteten Elektronenübergang. Die Berechnungen zeigen weiterhin, daß für die oben angeführten zweiatomigen, mit ihrer Molekülachse senkrecht zur Metalloberfläche angeordneten Moleküle eine Schwächung der Bindung zwischen den Atomen und ihre Verstärkung mit dem Cluster auftritt.

Die mittels der ab initio *SCF-LCAO*-Methode (Anhang I) durchgeführten Berechnungen der Elektronenstruktur von Ethin-, Ethen-, Propen- und Benzen-Adsorpten auf Nickel wurden mit experimentellen Ergebnissen und *PES*-Untersuchungen (vgl. Abschn. 6.1.1.3.) für den gasförmigen und adsorbierten Zustand verglichen [76]. Aus diesem Vergleich haben die Autoren den Schluß gezogen, daß bei den genannten Adsorbaten die Bindung unter Beteiligung der Metall-*d*-Orbitale (die der Bindung in den π-Komplexen

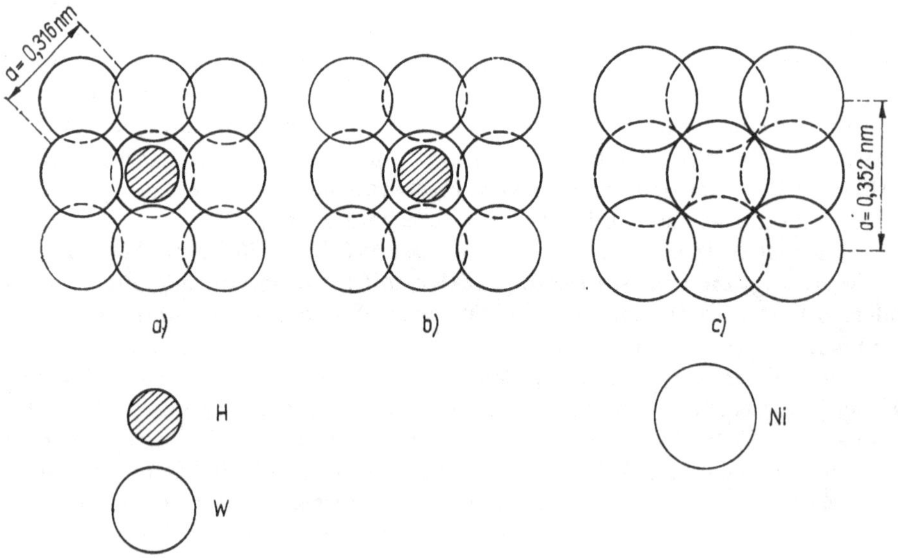

Abb. 6.12. 9-atomige Oberflächencluster; (100)-Flächen:

a) und b) – Wolfram, c) – Nickel. Das adsorbierte H-Atom hat in a) fünf nächste Nachbarn, in b) einen nächsten Nachbar.

metallorganischer Verbindungen analog ist) zustande kommt. Es erfolgt keine „Rehybridisierung" der Orbitale (z. B. $sp^2 \rightarrow sp^3$, im Ethen) und ihre dann folgende Bindung mit dem Metall.

Die neueren Arbeiten, wie z. B. die zur CO-Adsorption an einem koplanaren Ni_5-Cluster mit quadratischer Symmetrie [77] oder die zur Wasserstoffadsorption an einem Lithiumcluster [78] bedienten sich der vervollkommneten Methoden *SCF-EH* und ab initio *EH*. Die Verbesserung der Berechnungsmethoden wird in nächster Zukunft wahrscheinlich genauere und mit der Erfahrung besser übereinstimmende Erkenntnisse über die Elektronenniveaus in den Metall-Adsorptiv- bzw. Adsorpt-Systemen liefern. Ebenso befinden sich die experimentellen Verfahren zur Untersuchung dieser Niveaus (z. B. die Photoelektronenspektroskopie) im Stadium einer raschen Entwicklung, so daß immer besser ein unmittelbarer Vergleich der berechneten Größen mit den experimentellen Daten erfolgen kann.

Der Leser, der sich einen umfassenderen Überblick über quantenchemische Berechnungen zur Adsorption von Gasen an Metallen verschaffen möchte, sei auf die Monographie von Dunken und Lygin [4.23] verwiesen.

6.2. Katalyse an hochdispersen Metallen

6.2.1. Einleitung

Die nicht nur dem Chemiker bekannte Erscheinung der Katalyse besteht in der Beschleunigung des Verlaufs chemischer Reaktionen, d. h. einer Erhöhung der Geschwindigkeit, mit der chemische Systeme das Gleichgewicht erreichen[1]. Diese Beschleunigung kommt dadurch zustande, daß ein in das reagierende System zusätzlich eingebrachter Stoff (Katalysator) sogenannte aktive Zentren bereitstellt, die als Bestandteile des sich bildenden aktiven Komplexes auf die ursprünglich am langsamsten ablaufende Elementarreaktion unmittelbar Einfluß nehmen. Auf diese Weise wird die Reaktion über einen anderen Weg gelenkt, für den die Aktivierungsenergie kleiner ist als für die Reaktion ohne Katalysator; somit verläuft die Gesamtreaktion mit einer höheren Geschwindigkeit.

Die Beschleunigung chemischer Reaktionen durch Anwendung von Katalysatoren ist für die chemische Technologie von allergrößter Bedeutung. Es genügt darauf hinzuweisen, daß heutzutage nahezu alle im großtechnischen Maßstab durchgeführten modernen chemischen Prozesse katalytische Verfahren sind.

Als Katalysatoren dienen sowohl eine Reihe von Elementen als auch zahlreiche zusammengesetzte Stoffe, die den verschiedensten Klassen chemischer Verbindungen angehören. Es ist üblich, die katalytischen Vorgänge in homogene und heterogene Prozesse einzuteilen. Bei ersteren liegt der Katalysator in einer gemeinsamen Phase mit den Reaktanten vor, im zweiten Fall bildet der Katalysator eine andere (zumeist feste) Phase. Hierbei befinden sich die katalytisch aktiven Zentren an der Phasengrenze Reaktant/Katalysator. Die Größe dieser Oberfläche und die Konzentration der aktiven Zentren sind demnach grundsätzliche Parameter, die über die katalytische Wirksamkeit entscheiden.

Die Leistung des Katalysators ist durch zwei Größen charakterisiert. Zum einen handelt es sich um die katalytische Aktivität, die die Geschwindigkeit der katalysierten Reaktion im Vergleich zur nicht katalysierten ausdrückt, und zum anderen um die Selektivität, die das jeweilige Verhältnis der Geschwindigkeit der gewünschten Reaktion zur Summe aller Geschwindigkeiten der im reagierenden System ablaufenden Reaktionen ist. Die Geschwindigkeit katalytischer Reaktionen pflegt man in letzter Zeit durch die Umsatzzahl (Turnover Number) auszudrücken, die angibt, wieviel Moleküle des Substrates pro Zeiteinheit an einem katalytisch aktiven Zentrum zu dem entsprechenden Produkt umgewandelt werden. Für die meisten heterogen katalysierten Reaktionen beträgt diese Zahl 10^{-2}—10^{2} [79].

Um die Zahl der in der Reaktion wirkenden katalytischen Zentren zu erhöhen, verwendet man in der heterogenen Katalyse Stoffe mit einer möglichst großen spezifischen Oberfläche (bis zu einigen Hundert $m^2 \cdot g^{-1}$; Dispersität nahezu 1). Im Fall von Metallkatalysatoren werden derart große Oberflächen und Dispersitäten durch Aufbringen der Metalle auf nichtmetallische Trägermaterialien mit poröser Struktur (vgl. Abschn. 2.3.) oder durch Präparation der Metalle in sehr feinverteilter Form (Metallschwarz und -schwamm; Abschn. 2.1.2.) erreicht.

Heterogen katalysierte Reaktionen verlaufen an der Oberfläche fester Stoffe wie Metalle, Halbleiter und Isolatoren (Dielektrika), also vorwiegend an anorganischen

---

[1] Von dem entgegengesetzten Fall, nämlich einer Erniedrigung der Geschwindigkeit („negative" Katalyse), soll hier abgesehen werden.

Stoffen. Es ist hier nicht möglich, sogar in aller gebotenen Kürze, die Vielzahl katalytischer Reaktionen an den unterschiedlichsten Stoffklassen zu besprechen. Ein gewisser Überblick über die verschiedenen Typen von katalysierten Reaktionen kann entsprechenden Monographien (z. B. [80—82]) bzw. Einführungen [83] entnommen werden.

Alle heterogenen katalysierten Reaktionen sind dadurch gekennzeichnet, daß für ihren Ablauf die Chemisorption mindestens eines Reaktanten an der Katalysatoroberfläche eine notwendige Bedingung ist. Aus diesem Grunde werden in den folgenden Abschnitten Fragen der Chemisorption gasförmiger Reaktanten an Metallen, insbesondere an solchen mit hoher Dispersität, speziell berücksichtigt. Weiterhin werden auch die Veränderungen der chemisorbierten Moleküle vom Standpunkt der Reaktivität und Bildung der in katalysierten Reaktionen auftretenden aktiven Komplexe dargestellt.

6.2.2. *Katalytische Aktivität von Metallen*

Die Metalle stellen einen großen Anteil an den in der chemischen Technik sowie bei Laborarbeiten verwendeten Katalysatoren. Bereits seit langem ist bekannt, daß eine entscheidende Bedingung für die gute katalytische Aktivität der Metalle ihre Fähigkeit ist, einen oder mehrere Reaktanten an der Katalysatoroberfläche nicht zu stark zu chemisorbieren (Sabatier-Regel). Diese Regel sagt aus, daß die chemische Affinität zwischen den aktiven Zentren und den Reaktanten nicht zu groß sein darf. Die Natur und Zahl der aktiven Zentren sind jedoch nicht leicht zu ermitteln, und deshalb ist auch eine quantitative Bestimmung dieser Affinität auf theoretischem oder experimentellem Wege nicht immer möglich. Diese Tatsache war ein Grund dafür, daß man ursprünglich eher einen Zusammenhang zwischen den Volumeneigenschaften des (Metall-)Katalysators und seiner katalytischen Aktivität zu finden versuchte. Derartige Bemühungen führten zur Herausstellung des „geometrischen“ und „elektronischen“ Faktors, die beide einen entscheidenden Einfluß auf die katalytischen Eigenschaften der Festkörper ausüben.

Die Rolle dieser Faktoren wurde am weitgehendsten bei den Metallen erkannt, da für diese Stoffgruppe die Kenntnisse über die geometrische Anordnung der Gitterbausteine und die Elektronenstruktur verhältnismäßig exakt und vollständig sind.

6.2.2.1. *Geometrischer Faktor in der Katalyse an Metalloberflächen*

Zur Bildung eines aktiven Komplexes (Übergangszustandes) bei der Elementarreaktion ist — unter Beteiligung mehrerer Oberflächenatome des Katalysators — in den meisten Fällen eine spezielle geometrische Konfiguration dieser Atome erforderlich. Liegt ein derartiges „Ensemble“ nicht vor, kann sich der betreffende „Komplex“ nicht bilden, und der katalytische Effekt bleibt aus. Benötigt dagegen der aktive Komplex für seine Bildung jeweils nur ein Oberflächenatom, so sind Entfernung und Zahl der nächsten (Metallatom-)Nachbarn ohne Bedeutung. Aus dem Gesagten ergibt sich somit, daß für bestimmte katalytische Reaktionen spezielle Anforderungen an Zahl, gegenseitigen Abstand und Symmetrie der Oberflächenatome des Katalysators gestellt sind. Derart spezielle Atomgruppierungen wurden schon vor langem von Balandin (Multipletts) [84] und Kobozev (Ensembles) [85] postuliert. In neuerer Zeit bezeichnet man die heterogen katalysierten Reaktionen, die durch solche besonderen Atomanordnungen bedingt sind, als strukturempfindliche Reaktionen (demanding reactions). Es gibt andererseits viele Reaktionen, die für ihren Ablauf spezieller Oberflächen-Atomanordnungen nicht bedürfen. Diese Reaktionen werden strukturunempfindliche Reaktionen (facile reactions) genannt [86].

In Tab. 6.1 sind ausgewählte Beispiele für diese beiden Reaktionsgruppen angegeben. Einige der aufgeführten Katalysatoren wurden so hergestellt, daß für einzelne Proben unterschiedliche Dispersitätswerte gesichert waren. Das garantierte auch eine verschiedene Anzahl aktiver Zentren unterschiedlicher Art (d. h. mit verschiedener Koordinationszahl und Symmetrie). Die Abhängigkeit der Anzahl und Art der Zentren von der Metalldispersität wurde durch VAN HARDEVELD und HARTOG [94] gezeigt. Wenn demnach die auf die Oberflächeneinheit bezogene Reaktionsgeschwindigkeit vom Dispersitätsgrad unabhängig ist, kann man schlußfolgern, daß die Reaktion strukturunempfindlich ist. Dagegen ist die umgekehrte Schlußfolgerung nicht immer zulässig, da eine Abhän-

Tabelle 6.1. „Strukturempfindliche" und „strukturunempfindliche" Reaktionen an Metallen (Auswahl)

Reaktion	Katalysator	Weitere Katalysatoren	Bemerkungen	Literatur
Strukturempfindliche Reaktionen				
$2NH_3 \rightarrow N_2 + 3H_2$	W(111)	W(100) und W(110)	Reaktionsgeschwindigkeit auf W(111) zehnmal größer	[87]
Ethanhydrogenolyse	Rh		Teilchengrößenunabhängigkeit der spezifischen Aktivität	[88]
n-Hexanhydrogenolyse	Rh, Pt		Teilchengrößenabhängigkeit	[89]
Ethanhydrogenolyse	Ni—Cu-Legierungen (bis 10 At.-% Cu)	Ni	Turnover number der Legierungen ist maximal bis 1000 mal kleiner als die des reinen Nickels	[90]
Strukturunempfindliche Reaktionen				
$CO + 1/2O_2 \rightarrow CO_2$	Pt und Pd (verschiedene Kristallflächen und polykristallin)	verschiedene Oxide von Übergangsmetallen	Kein Unterschied in der CO-Adsorption an polykristallinem Pd sowie (111)-, (100)- und (110)-Flächen	[91]
Cyclopropanhydrierung	Pt auf Al_2O_3- und SiO_2-Trägern	Platinfolie		[92]
Cyclohexenhydrierung	Pt/Träger			[93]
Benzenhydrierung				
Cyclohexandehydrierung	Cu—Ni-Legierungen (bis rd. 90 At.-% Cu)			[90]

gigkeit der katalytischen Aktivität vom Dispersitätsgrad die gleichzeitige Abhängigkeit derselben von den mit der Elektronenstruktur verknüpften Faktoren sowie von der dispersitätsabhängigen Wechselwirkung des Metalls mit der Unterlage nicht ausschließt.

6.2.2.2. *Elektronischer Faktor in der Katalyse an Metallen*

Der Begriff des „elektronischen Faktors" und die Vorstellungen über seinen Einfluß auf die katalytischen Eigenschaften der Metalle haben sich im Laufe der letzten vier Jahrzehnte stark entwickelt, und trotzdem tragen die Aussagen hierzu nur qualitativen Charakter. Eine gewisse Ausnahme stellt in dieser Hinsicht die von PAULING [95] quantifizierte Fassung des „% *d*-Charakters" für Übergangsmetalle dar sowie die Aufdeckung des Zusammenhangs dieser Größe mit der katalytischen Aktivität der genannten Metalle in Reaktionen, an denen Wasserstoff und Kohlenwasserstoffe beteiligt sind. Diese Größe ist als der prozentuale Anteil der *d*-Orbitale an der Bildung der *spd*-Hybridorbitale definiert. Je größer dieser Anteil ist, desto kleiner wird der der freien *d*-Orbitale. Zahlenmäßig schwankt der „*d*-Charakter" zwischen 39% (Chromium) und 50% (Rhodium). Seine Zunahme wird beispielsweise von einem Anstieg der spezifischen Aktivität der Metalloberfläche bei der Kohlenwasserstoffhydrierung begleitet [96].

Der „*d*-Charakter" δ wird aus folgender Formel berechnet:

$$R_1 = 1{,}825 - 0{,}043\,z(1{,}60 - 0{,}10\,z)\,\delta \qquad (6.27)$$

R_1: Radius des einfach gebundenen Metallatoms; z: Zahl der Elektronen außerhalb der abgeschlossenen Elektronenschale des voranstehenden Edelgases.

Der Zusammenhang zwischen Atomradius und „*d*-Charakter" weist darauf hin, daß der elektronische Faktor bei den Metallen eng mit dem geometrischen Faktor verbunden ist. Andererseits muß darauf hingewiesen werden, daß der Zusammenhang zwischen „*d*-Charakter" und katalytischer Aktivität die Unterschiede in der katalytischen Wirksamkeit verschiedener Kristallflächen nicht berücksichtigt (vgl. dazu Tab. 6.1), also keinen Anhaltspunkt für die eventuelle Strukturempfindlichkeit der katalytischen Aktivität liefert. BOND [97] versuchte den elektronischen Faktor durch die Oberflächenorbitale des Metalls zu charakterisieren, die dieselbe Richtung und Eigenschaften aufweisen wie diejenigen im Metallvolumen. Die Abwesenheit nächster Nachbarn (Liganden) in der dritten Raumrichtung bei den Oberflächenatomen hat nach chemischer Auffassung deren koordinative Nichtsättigung (ungesättigte Bindungen, dangling bonds) zur Folge. Die Zahl und Art dieser unbesetzten Orbitale, die durch Elektronen des Adsorpts gefüllt werden können, stellen nach dieser neueren Auffassung den elektronischen Faktor dar, der gemeinsam mit dem geometrischen Faktor für die Möglichkeit verantwortlich ist, daß instabile aktive Komplexe gebildet werden, deren weitere Umwandlung führt dann zur Produktbildung in der katalysierten Reaktion.

6.2.2.3. *Bimetallkatalysatoren (Legierungskatalysatoren)*

Die Anwendung hochdisperser Bi- und Multimetall-Proben (zur Bezeichnung vgl. auch Fußnote auf S. 27) als Katalysatoren wurde bereits im Kap. 2. erwähnt. Als Beispiel für einen im größeren Maßstab eingesetzten „Legierungs"katalysator sei das RANEY-Nickel (Abschn. 2.1.1.3.) genannt, das wegen seines beträchtlichen Aluminiumgehalts und seines Phasenaufbaus als echte Legierung angesehen werden kann. Sogenannte „reine" Metalle, die als Katalysatoren genutzt werden, enthalten oftmals (wenn auch nur geringe) Beimengungen anderer Metalle, so daß sie als sehr verdünnte Legierungen aufzufassen sind.

Das Interesse an „Legierungskatalysatoren" betraf zunächst vor allem die binären Systeme aus den Metallen der VIII. mit denen der IB-Gruppe des Periodensystems der Elemente. Diese Legierungen kristallisieren (zumindest in gewissen Zusammensetzungsbereichen) als feste Lösung (Mischkristalle), und ihre Komponenten bilden gemeinsame Elektronenbänder aus. Eine geschlossene Übersicht über die Elektronenstruktur der verschiedenen Metallkombinationen ist in [98] gegeben.

Die Änderungen in der Besetzung der jeweiligen äußeren d- und s-Bänder sowie deren Einfluß auf die katalytischen Eigenschaften bei Reaktionen der Kohlenwasserstoffe und des Wasserstoffs wurden ursprünglich mit dem Ziel untersucht, weitere Argumente zugunsten des elektronischen Faktors in der Katalyse an Metallen zu gewinnen. Diese Untersuchungen haben aber schnell zu Ergebnissen geführt, die mit der Hypothese über den Einfluß der Volumeneigenschaften der Metalle auf die Chemisorption und heterogene Katalyse z. T. im krassen Gegensatz standen. Es hat sich z. B. herausgestellt, daß sogar kleinste Zusätze von Metallen der Gruppe IB (Cu [99, 100]) und IIB (Zn [101, 102]) zu den Metallen der VIII. Nebengruppe deren katalytische Eigenschaften merklich beeinflussen: Obwohl durch kleine Zusätze die ursprüngliche Besetzung des jeweiligen d-Bandes nur unbedeutend beeinflußt wird, erniedrigt sich die Hydrieraktivität der Matrixmetalle um mehrere Größenordnungen. Die Erklärung dieses Befundes ist darin zu suchen, daß sich die chemische Zusammensetzung der Legierungskristallit-Oberfläche von der Volumenzusammensetzung unterscheidet, was durch folgende Ursachen erklärt werden kann und experimentell bestätigt worden ist:

1. Aus den thermodynamischen Prinzipien (Gibbssche Regel) ergibt sich, daß im Gleichgewichtszustand an der Oberfläche eines Kristallits diejenige Legierungskomponente angereichert wird, die die Oberflächenspannung erniedrigt. Es ist das in der Regel die Komponente, die im reinen Zustand eine kleinere Sublimationsenthalpie aufweist oder einen größeren Atomradius besitzt. Bei den oben erwähnten VIII-IB- bzw. VIII-IIB-Legierungen sind es die Bestandteile Kupfer bzw. Zink, deren Chemisorptionskapazität bezüglich Wasserstoff und Kohlenwasserstoffe nahezu Null ist. Weitere Beispiele für die thermodynamisch bedingte Oberflächenanreicherung bieten die Systeme, die in Tab. 6.2 aufgeführt sind.

2. Es wurde auch vielfach beobachtet, daß die Oberfläche eines Legierungskristallits mit derjenigen Komponente angereichert wird, die eine größere chemische Affinität zu den im Kontakt mit der Oberfläche befindlichen aktiven Gasen (O_2, H_2, CO) besitzt: Chemisorptionsinduzierte Oberflächenanreicherung. So hat man z. B. die Anreicherung der Oberfläche von Pd—Ag-Legierungen unter Vakuumbedingungen mit Silber beobachtet (vgl. Pkt. 1.), während umgekehrt die Palladiumkonzentration in der Oberfläche erheblich anstieg, wenn die Legierungsproben einer CO-Atmosphäre ausgesetzt wurden [114]. Au—Pd-Legierungen wiesen ebenfalls eine Oberflächenanreicherung mit Palladium nach Kontakt mit Sauerstoff auf, da die Affinität des Palladiums zum Sauerstoff viel größer ist als die von Gold [115]. Ähnliche Resultate wurden von Williams und Boudart für Ni—Au-Legierungen erhalten [116]. Es wurde festgestellt, daß die Anreicherung der Oberfläche mit Gold nach Kontakt mit Sauerstoff stark abgenommen hatte. Auch bei weiteren Legierungs/Adsorptiv-Systemen konnte eine chemisorptionsinduzierte

Tabelle 6.2. Thermodynamisch bedingte Oberflächenanreicherung einer Legierungskomponente

Legierungssystem/Sublimations-enthalpie in $kJ \cdot mol^{-1}$; [1]		an der Oberfläche angereichertes Metall[1]	Literatur
Ni (0,124) 423	— Au 352	Au (0,144)	[103]
Ni	— Al 281	Al (0,143)	[104]
Pd (0,137) 381	— Ag 285	Ag (0,144)	z. B. [105, 106]
Pd	— Au	Au	[107]
Pd	— Rh (0,134) 578	Pd	[108]
Pt (0,138) 565	— Cu 339	Cu (0,128)	[109]
Pt	— Au	Au	[110, 111]
Pt	— Sn 293	Sn (0,162)	[112, 113]

[1] In runden Klammern: Atomradien in nm, bezogen auf die Koordinationszahl 12

Oberflächenanreicherung nachgewiesen werden, zum Beispiel (unterstrichen: jeweils an der Oberfläche angereicherte Komponenete): Pt-Sn/O_2 [112], Pt-Sn/H_2 [112], Pt-Au/CO [110], Pt-Fe/O_2 [117] und Fe-Cr/O_2 [118].

Den Anreicherungseffekt in der Legierungsoberfläche mit einer der Komponenten hat man auf Grund thermodynamischer Berechnungen vorausgesagt [119, 120] und experimentell hauptsächlich durch Anwendung der AUGER-Elektronenspektroskopie [115, 116] und *PES*-Methode [121] bestätigt. Auch die Ermittlung der spezifischen Chemisorptionskapazität für Gase sowie die Messung des Oberflächenpotentials können hierbei als Nachweismethoden von Nutzen sein.

Es ist leicht einzusehen, daß mit Zunahme der Dispersität der Legierung allmählich auch der Unterschied zwischen Oberflächen- und Volumenzusammensetzung verschwindet; da bei Dispersitätsanstieg der Anteil der Volumenphase abnimmt, wird im Grenzfall (Dispersität: 1) das gesamte Teilchen (Cluster) der Legierung eine Oberflächenphase bilden. Infolgedessen verschwindet auch der Effekt der Oberflächenanreicherung. Es treten jetzt andere Effekte auf, wie z. B. die im Kap. 2. erwähnte Zunahme einer Mischbarkeit der Komponenten ([2.135]—[2.139]). Diese Erscheinung wurde auf Grund des katalytischen Verhaltens hochdisperser „Legierungen" theoretisch behandelt, da die Möglichkeiten zu physikalischen Untersuchungen mittels Diffraktometer- oder *AES*- sowie *PES*-Methode im Fall extrem hoher Dispersitäten ziemlich eingeengt sind.

6.2.2.4. *Metallatom-Cluster-Verbindungen in der Katalyse*

In den letzten Jahren wurden die Forschungen über eine Gruppe chemischer Verbindungen vorangetrieben, die eine z. T. große Ähnlichkeit mit den Metallclustern aufweisen. In vielen Fällen wirken erstere als Katalysatoren derselben chemischen Reaktionen wie die entsprechenden Metalle. Es handelt sich um Verbindungen, deren Moleküle (oder Ionen) aus wenigen, chemisch untereinander verbundenen Metallatomen bestehen, die ähnliche geometrische Konfigurationen besitzen wie die Metallcluster. An der Peripherie oder „Oberfläche" dieser Gerüste sind weitere Atomgruppen oder Moleküle (Liganden) gebunden. Diese Gebilde ähneln Metallclustern mit den an ihrer Oberfläche chemisorbierten Molekülen oder Atomen. Einige Beispiele für derartige Substanzen, die als Metallatom-Cluster-Verbindungen bezeichnet werden, sind in Tab. 6.3 aufgeführt. Entsprechend der traditionellen Nomenklatur werden diese Verbindungen auch als Mehrkern(metall)komplexe bezeichnet.

Tabelle 6.3. Metall-Cluster-Verbindungen (Auswahl)[1]

3 Metallatome (Dreieck)	4 Metallatome (Tetraeder)	5 Metallatome (Trigonale Bipyramide)
$Me_3(CO)_{12}$ (Me: Fe, Ru, Os) $Pd_3(CNR)_6$ $Re_3Cl_{12}^{3-}$ $Fe_3(CO)_9(RC{=}CR)$ $[HFe_3(CO)_{11}]^-$	$Ni_4(C_5H_5)_4H_3$ $Me_4(CO)_{12}$ (Me: Ir, Rh) $Li_4(CH_3)_4$ $Ni_4(CNR)_7$ $Rh_2Fe_2(C_5H_5)_2(CO)_8$ $Ru_4(CO)_9$ (Azulen)	$Pt_3Sn_2(1,5\text{-}C_8H_{12})_3Cl_6$ Bi_5^{3+} $Fe_5\underline{C}(CO)_{15}$ $[Ni_5(CO)_{12}]^{2-}$
6 Metallatome (Oktaeder)	7 Metallatome	8 Metallatome (Kubus oder Antiprisma)
$[Co_6(CO)_{14}]^{2-}$	$[Rh_7(CO)_{16}]^{3-}$ $[Rh_7(CO)_{16}I]^{2-}$	$Os_8(CO)_{23}$ $[Au_8\underline{Au}(PR_3)_8]^{3+}$ Bi_8^{2+} $Co_4B_4H_4(C_5H_5)_4$
9 Metallatome	10 Metallatome	12 Metallatome
Bi_9^{5+} Sn_9^{4-} $[Pt_9(CO)_{18}]^{2-}$	$Au_{10}\underline{Au}(SCN)_3(PR_3)_7$	$[Pt_{12}(CO)_{24}]^{2-}$ $[Rh_{12}(CO)_{30}]^{2-}$ $[Rh_{12}\underline{Rh}(CO)_{24}H_3]^{2-}$ (Kubooktaeder)
15 Metallatome		
$[Pt_{15}(CO)_{30}]^{2-}$ $[Rh_{15}\underline{C_2}(CO)_{28}]^-$		

[1] R: organisches Radikal, zumeist Kohlenwasserstoffrest. Unterstrichene Atome befinden sich im Zentrum des Polyeders

Es gibt zahlreiche, vorrangig auf magnetische Kernresonanzuntersuchungen gestützte Beweise dafür, daß zum einen die Liganden in diesen Metallatom-Cluster-Verbindungen nicht sehr fest gebunden sind und somit auf der Oberfläche eines derartigen „Komplexes" ihren Platz wechseln können. Die Liganden weisen demnach eine gewisse Beweglichkeit bezüglich des „Metallkerns" auf, ähnlich wie die an einer Metalloberfläche chemisorbierten Moleküle [122]. Weiterhin ist bei Übergangsmetall-Clustern ein Abdissoziieren von Liganden möglich. Folglich steht die Metall„oberfläche" derartiger Cluster für die Bindung von Substraten zur Verfügung. Die Analogie mit den katalytisch aktiven Metallclustern scheint demnach vollkommen zu sein.

Es ist interessant, daß viele Metallatom-Cluster-Verbindungen solche Reaktionen katalysieren, in denen C—C- und C—H-Bindungen von Kohlenwasserstoffmolekülen gespalten werden. Diese Reaktionen sowie Umsetzungen von ungesättigten Verbindungen mit CO/H_2 (H_2O) sind für praktische Anwendungen sehr wichtig. Aber auch für einfache Reaktionen kann die homogen-katalysierte Umsetzung von Vorteil sein. So können z. B. die Cluster $Os_3(CO)_{12}$ und $Ir_4(CO)_{12}$ im Toluen als Lösungsmittel die Kohlenmonoxid-Hydrierung katalysieren:

$$CO + 3H_2 \rightarrow CH_4 + H_2O.$$

Der ligandenfreie Cluster Bi_5^{3+} katalysiert die Umwandlung von n-Hexan zu C_1- bis C_8-Kohlenwasserstoffen:

$$n\text{-}C_6H_{14} \rightarrow \text{Kohlenwasserstoffgemisch (Alkane und Cycloalkane).}$$

Das Clustermolekül $Ru_3(CO)_{12}$ ist als Katalysator für die CO-Konvertierung [123]:

$$H_2O + CO \rightarrow H_2 + CO_2$$

bereits bei 373 K wirksam, also bei viel niedrigeren Temperaturen als alle bisher bekannten heterogen wirkenden Katalysatoren. Es gibt gut begründete Aussichten dafür, entsprechende Metallatom-Cluster-Verbindungen zu finden, die als industriell zu nutzende Katalysatoren eine genügend hohe Aktivität bei vertretbarer preisgünstiger Herstellung besitzen. Ihre vorrangigen Anwendungsgebiete dürften im Bereich der Großsynthesen und bei der Erdölverarbeitung liegen. Derartige Katalysatoren sind — im Vergleich zu Metall-Trägerkatalysatoren — in der Regel durch eine hohe Aktivität und große Selektivität bei viel niedrigeren Temperaturen gekennzeichnet.

Die Forschungsarbeiten über die Nutzung von Metallatom-Cluster-Verbindungen als Katalysatoren wurden in den letzten Jahren intensiv entwickelt. Diese Verbindungen, die in zahlreichen organischen Lösungsmitteln löslich sind und im festen Zustand Molekülkristalle bilden, sind auch mittels vieler chemischer und physikalischer Methoden leichter zu untersuchen als andere Katalysatoren. Sie bieten eine bessere Möglichkeit dafür, den Mechanismus der katalysierten Reaktionen genauer zu erkennen und die homogene und heterogene Katalyse von einem einheitlichen Standpunkt aus zu beschreiben. Die Entwicklung der Forschung auf dem Gebiet der Metallatom-Cluster-Verbindungen liefert bereits heute neue Erkenntnisse, die auch die „chemische" Betrachtungsweise der Katalyse an Metallen unterstützen, vgl. dazu auch [124].

Literatur

[1] R. GOMER, *„Chemisorption in Surface Science"*, Vol. II. Lectures presented at International Course, Trieste [16. Jan.—10. April 1974], International Atomic Energy Agency, Vienna 1975, S. 63

[2] C. J. DAVISSON u. L. H. GERMER, Phys. Rev. **30**, 705 (1927)

[3] E. J. SCHEIBNER, L. H. GERMER u. C. D. HARTMAN, Rev. Sci. Instr. **31**, 675 (1960); L. H. GERMER u. C. D. HARTMAN, ibid. **31**, 784 (1960)

[4] J. J. LANDER, J. MORRISON u. F. UNTERWALD, Rev. Sci. Instr. **33**, 782 (1962)

[5] R. L. PARK u. H. E. FARNSWORTH, Rev. Sci. Instr. **35**, 1592 (1964)

[6] *„LEED — Surface Structure of Solids"*, hrsg. von M. LÁZNIČKA, Bd. 1 und 2, Union of Czechoslovak Mathematicians and Physicists, Praha 1972

[7] J. B. PENDRY, *„Low Energy Electron Diffraction"*, Academic Press, London—New York 1974

[8] G. ERTL — J. KÜPPERS, *„Low Energy Electrons and Surface Chemistry"* (Monographs in Modern Chemistry, Bd. 4) Verlag Chemie GmbH, Weinheim/Bergstr. 1974

[9] D. L. HERON u. D. HANEMAN, Surface Sci. **21**, 12 (1970) und daselbst zitierte Literatur

[10] A. E. MORGAN u. G. A. SOMORJAI, Surface Sci. **12**, 405 (1968)
[11] P. W. PALMBERG u. T. N. RHODIN, Phys. Rev. **161**, 586 (1967)
[12] J. T. GRANT, Surface Sci. **18**, 28 (1969)
[13] F. JONA, Surface Sci. **8**, 57 (1967)
[14] H. MÜLLER u. Ch. OPITZ, Z. phys. Chem. (Leipzig) **257**, 482 (1976)
[15] G. A. SAMORJAI, Surface Sci., Bd. 1, loc. cit. S. 210 und ff.
[16] „*Characterization of Solid Surface*", hrsg. von Ph. F. KANE und G. B. LARABEE, Plenum Press, New York—London 1974, Kap. 20
[17] K. SIEGBAHN, C. NORDLING, A. FAHLMAN, R. NORDBERG, K. HAMRIN, J. HEDMAN, G. JOHANSSON, T. BERGMARK, S. E. KARLSSON, I. LINDGREN u. B. LINDBERG, „*ESCA Atomic, Molecular and Solid State Structure, Studies by Means of Electron Spectroscopy*", Almquist and Niksells, Upsala 1967
Übersetzung „*Elektronnaja spektroskopija*", Izd. „Mir", Moskva 1971
Siehe auch „*Structure and Bonding*", Bd. 24: „*Photoelectron Spectroscopy*", Springer-Verlag, New York—Heidelberg—Berlin 1975
[18] D. E. EASTMAN u. J. K. CASHION, Phys. Rev. Lett. **27**, 1520 (1971)
[19] G. DOYEN u. G. ERTL, Surface Sci. **43**, 197 (1974)
[20] G. BLYHOLDER, J. Vac. Sci. Technol. **11**, 865 (1974)
[21] J. P. BATRA u. O. ROBAUX, J. Vac. Sci. Technol. **12**, 242 (1975)
[22] R. P. MESSMER u. C. W. TUCKER jr., Surface Sci. **42**, 341 (1974)
[23] J. E. DEMUTH u. D. E. EASTMAN, Phys. Rev. Lett. **32**, 1123 (1974)
[24] A. M. BRADSHAW, D. MENZEL u. M. STEINKILBERG, Jap. J. Appl. Phys. Suppl. 2 Pt. 2, 841 (1974)
[25] J. P. PAGE, D. L. TRIMM u. P. M. WILLIAMS, J. Chem. Soc. Faraday Trans., **I 70**, 1769 (1974)
[26] A. M. BRADSHAW, D. MENZEL u. M. STEINKILBERG, Faraday Discuss. Chem. Soc., No **58** (1974)
[27] R. GOMER, „*Field Emission and Field Ionization* ", Harward University Press 1961
[28] E. W. MÜLLER, Phys. Z. **37**, 838 (1936); Z. Phys. **106**, 541 (1937)
[29] E. W. MÜLLER, Z. Phys. **131**, 136 (1951)
[30] E. W. MÜLLER u. T. T. TSONG, „*Field Ion Microscopy*", Elsevier ,New York 1969
[31] K. M. BOWKETT u. D. A. SMITH, „*Field Ion Microscopy*", North Holland Publ. Comp., Amsterdam 1970
[32] P. A. REDHEAD, Can. J. Phys. **42**, 886 (1964)
[33] D. MENZEL, Z. Naturforsch. **23a**, 330 (1968); Ber. Bunsenges. Phys. Chem. **72**, 591 (1968)
[34] D. LICHTMANN, F. N. SIMON u. T. R. KIRST, Surface Sci. **9**, 325 (1968)
[35] D. MENZEL u. R. GOMER, J. Chem. Phys. **41**, 3311 (1964)
[36] D. POTOCZNA-PETRU u. W. ROMANOWSKI, Rocz. Chem **50**, 537 (1976)
[37] Siehe z. B. D. A. KING, Surface Sci. **9**, 375 (1968)
[38] P. A. REDHEAD, Vacuum, **12**, 203 (1962)
[39] H. SIMON u. R. SUHRMANN, „*Der lichtelektrische Effekt und seine Anwendungen*", Springer-Verlag, Berlin 1958, S. 26ff.
[40] P. P. CRAIG u. V. RADEKA, Rev. Sci. Instr. **41**, 258 (1970)
[41] A. G. KNAPP, Surface Sci. **34**, 289 (1973)
[42] J. TOPPING, Proc. Roy. Soc. (London) **A 114**, 67 (1927)
[43] E. P. GYFTOPULOS u. J. D. LEVINE, J. Appl. Phys. **33**, 67 (1962)
[44] N. D. LANG, J. Vac. Sci. Technol. **9**, 569 (1972)
[45] J. PRITCHARD, J. Vac. Sci. Technol. **9**, 895 (1972)
[46] W. KARPIŃSKI u. W. PALCZEWSKA, Bull. Acad. Polon. Sci., Sér. Sci. Chim. **22**, 159 (1974)
[47] J. RUDNY, Dissertation, INTiBS PAN, Wrocław 1976
[48] Siehe z. B. G. WEDLER, „*Adsorption*", Verlag Chemie, Weinheim 1970
[49] Siehe z. B. W. B. INNES in: „*Experimental Methods in Catalytic Research*", hrsg. von R. B. ANDERSON, Academic Press, New York 1968, S. 81ff.
[50] Z. KNOR in „*Catalysis Rev.*" Bd. 1, hrsg. von H. HEINEMANN, Marcel Dekker, Inc., New York 1968, S. 257ff.
[51] L. H. LITTLE, „*Infrared Spectra of Adsorbed Species*", Academic Press, London—New York 1966.

[52] M. L. Hair, „*Infrared Spectrocsopy in Surface Chemistry*“, Marcel Dekker, Inc., New York 1967
[53] R. P. Eischens u. W. A. Pliskin, Adv. Catal. **10**, 2 (1958)
[54] H. F. Leftin u. M. C. Hobson, Advan. Catal. **14**, 115 (1963)
[55] A. V. Kiselev u. V. I. Lygin, Usp. Khim. **31**, 351 (1962)
[56] W. Heiland, W. Englert u. E. Taglauer, J. Vac. Sci. Techn. **15**, 419 (1978)
[57] K. Klostermann, Dissertation zur Promotion B, Friedrich-Schiller-Universität Jena 1979; daselbst umfangreiche Literatur zum System Ni—CO
[58] W. A. Pliskin u. R. P. Eischens, Z. Phys. Chem. (Frankfurt) **24**, 11 (1960)
[59] D. D. Eley, D. M. Moran u. C. H. Rochester, Trans. Faraday Soc. **64**, 2168 (1968)
[60] R. van Hardeveld u. A. van Montfoort, Surface Sci. **4**, 396 (1966)
[61] P. W. Selwood, „*Adsorption and Collective Paramagnetism*“, Academic Press, New York—London 1962
[62] P. W. Selwood, „*Chemisorption and Magnetism*“, Academic Press, 1975
[63] G. A. Martin u. B. Imelik, Surface Sci. **42**, 157 (1974)
[64] R. Z. C. van Meerten, T. F. M. de Graaf u. J. W. E. Coenen, J. Catal. **46**, 1 (1977)
[65] J. A. Dalmon, G. A. Martin u. B. Imelik, C. R. Acad. Sci., Ser. C **278**, 1481 (1974)
[66] R. Suhrmann, E. A. Dierk, B. Engelke, H. Hermann u. K. Schulz, J. Chim. Phys. **1957**, 15
[67] G. Blyholder u. C. A. Coulson, Trans. Faraday Soc. **63**, 1782 (1967)
[68] R. C. Baetzold, Surface Sci. **36**, 123 (1973)
[69] A. J. Bennett, B. Mc Caroll u. R. P. Messmer, Surface Sci. **24**, 191 (1971); Phys. Rev. **B 3**, 1397 (1971)
[70] R. P. Messmer u. A. J. Bennett, Phys. Rev. **B 6**, 633 (1972)
[71] D. J. M. Fassaert, H. Verbeek u. A. van der Avoird, Surface Sci. **29**, 501 (1972)
[72] J. C. Robertson u. C. W. Wilmsen, J. Vac. Sci. Technol. **9**, 901 (1972)
[73] L. W. Anders, R. S. Hansen u. L. S. Bartell, J. Chem. Phys. **59**, 5277 (1973)
[74] L. W. Anders, R. S. Hansen u. L. S. Bartell, J. Chem. Phys. **62**, 1641 (1975)
[75] A. B. Anderson u. R. Hoffman, J. Chem. Phys. **61**, 4545 (1974)
[76] J. E. Demuth u. D. E. Eastman, Phys. Rev. **B 13**, 1523 (1976)
[77] D. E. Ellis, E. J. Barends, H. Adachi u. F. W. Averill, Surface Sci. **64**, 649 (1977)
[78] H. Stall u. H. Preuss, Surface Sci. **65**, 229 (1977)
[79] R. L. Burwell jr. u. M. Boudart in: „*Investigation of Rates and Mechanism of Reactions*“, Teil 1, hrsg. von E. S. Lewis, Kap. 12, J. Wiley and Sons, New York 1974
[80] J. M. Thomas u. W. J. Thomas, „*Introduction to Principles of Heterogenous Catalysis*“, Academic Press, New York 1967
Übersetzung: „*Geterogennyj kataliz*“, Izd. „Mir“, Moskva 1969
[81] A. Clark, „*Theory of Adsorption and Catalysis*“, Academic Press, New York 1970
[82] M. Boudart in: „*Physical Chemistry*“, hrsg. von H. Eyring, D. Henderson u. W. Jost, Bd. 7, Kap. 7: „*Heterogenous Catalysis*“, Academic Press, New York 1975
[83] H. Bremer u. K.-P. Wendlandt, „*Heterogene Katalyse*“, Akademie-Verlag, Berlin 1978
[84] A. A. Balandin, Z. phys. Chem. **B 2**, 289 (1929); **B 3**, 167 (1929)
[85] N. I. Kobozev, Usp. Khim. **25**, 545 (1956)
[86] M. Boudart, Advan. Catal. **20**, 153 (1969)
[87] J. Mc Allister u. R. S. Hansen, J. Chem. Phys. **59**, 414 (1973)
[88] D. J. C. Yates u. J. H. Sinfelt, J. Catal. **8**, 348 (1967)
[89] J. R. Anderson u. Y. Shimoyama, Proc. 5th Int. Congr. Catal., hrsg. von J. Hightower, North Holland Publ. Comp., Amsterdam 1973, S. 695
[90] J. H. Sinfelt, J. L. Carter u. D. J. C. Yates, J. Catal. **24**, 283 (1972)
[91] G. L. Ertl u. J. Koch, Proc. 5th Int. Congr. Catal., loc. cit. S. 969
[92] M. Boudart, A. Aldag, J. E. Benson, N. A. Dougharty u. C. G. Harkins, J. Catal. **6**, 92 (1966)
[93] M. Boudart in: „*Interaction on Metal Surfaces*“, Springer-Verlag, New York—Heidelberg—Berlin 1975, S. 275
[94] R. van Hardeveld u. F. Hartog, Surface Sci. **15**, 189 (1969)
[95] L. Pauling, Proc. Roy. Soc. (London) A **196**, 343 (1949)
[96] O. Beeck, Discuss. Faraday Soc. **8**, 118 (1950)

[97] G. C. BOND, „*Catalysis by Metals*“, Academic Press, London and New York, 1962; Discuss. Faraday Soc. **41**, 200 (1966)
[98] S. ENGELS, Z. Chem. **9**, 161 (1969)
[99] P. VAN DER PLANK u. W. M. H. SACHTLER, J. Catal. **7**, 300 (1967)
[100] J. H. SINFELT, J. C. CARTER u. D. J. C. YATES, J. Catal. **24**, 293 (1972)
[101] W. TRZEBIATOWSKI u. H. KUBICKA, Z. Chem. **3**, 262 (1963)
[102] W. ROMANOWSKI u. J. RUDNY, Rocz. Chem. **41**, 1221 (1967)
[103] F. L. WILLIAMS u. M. BOUDART, J. Catal. **30**, 438 (1973)
[104] P. E. C. FRANKEN u. V. PONEC, J. Catal. **35**, 417 (1974)
[105] M. H. BORTNER u. G. PARRAVANO, Adv. Catal. related Subj. **7**, 422 (1957)
[106] N. P. SOKOLOVA, Zh. Fiz. Khim. **48**, 1274 (1974)
[107] C. VISSER, J. G. P. ZUIDWIJK u. V. PONEC, J. Catal. **35**, 407 (1974)
[108] R. L. MOSS u. H. R. GIBBENS, J. Catal. **24**, 48 (1972)
[109] J. H. ANDERSON, P. J. CONN u. S. G. BRANDENBERGER, J. Catal. **16**, 326 (1970)
[110] R. BOUWMAN u. W. M. H. SACHTLER, J. Catal. **19**, 127 (1970)
[111] F. J. KUIJERS, R. P. DESSING u. W. M. H. SACHTLER, J. Catal. **33**, 316 (1974)
[112] R. BOUWMAN, L. H. TONEMAN u. A. A. HOLSCHER, Surface Sci. **35**, 8 (1973)
[113] K. BOUWMAN u. P. BILOEN, Surface Sci. **41**, 348 (1974)
[114] R. BOUWMAN, G. I. LIPPITS u. W. M. H. SACHTLER, J. Catal. **25**, 350 (1972)
[115] B. J. WOOD u. H. WISE, Surface Sci. **52**, 151 (1975)
[116] F. L. WILLIAMS u. M. BOUDART. J. Catal. **30**, 438 (1973)
[117] C. H. BARTHOLOMEW u. M. BOUDART, J. Catal. **29**, 278 (1973)
[118] J. OUDAR, N. BARBOUTH, A. TRUEBA u. J. BÉNARD, C. R. Acad. Sci., Ser. C **278**, 545 (1974)
[119] R. A. VAN SANTEN u. M. A. M. BOERSMA, J. Catal. **34**, 13 (1974)
[120] F. L. WILLIAMS u. D. NASON, Surface Sci. **45**, 377 (1974)
[121] R. L. PARK u. J. E. HOUSTON, J. Vac. Sci. Technol. **10**, 176 (1976)
[122] E. L. MUETTERTIES, Science **196**, 839 (1977)
[123] A. L. ROBINSON, Science, **194**, 1150 (1976)
[124] G. HUTTNER, Nachr. Chem. Tech. Lab. **27**, 261 (1979)

Anhang I

Übersicht über die wichtigsten quantenchemischen Näherungsverfahren
(von H. CHOJNACKI)

1. Einführung

Die Mehrzahl der heutzutage angewendeten quantenchemischen Verfahren gründet sich auf dem *MO*-(Molecular Orbital)Modell, das unter dem Namen der *LCAO*-(Linear Combination of Atomic Orbitals)Näherung bekannt ist. Hierbei nimmt man an, daß die Bewegung der Elektronen mittels der für das ganze Molekül gemeinsamen Wellenfunktionen (Molekülbahnfunktionen, Molekülorbitale) beschrieben werden kann. Ein derartiges Modell stellt demnach die Verallgemeinerung des in der Theorie für ein Atom angewandten Begriffs „Orbital" auf den Fall des Moleküls dar.

Die BORN-OPPENHEIMER-Näherung ermöglicht die Separation der Kern- und Elektronenbewegung im Molekül, so daß das Verhalten der Elektronen bei vorgegebenen Kernabständen untersucht werden kann. Der nichtrelativistische HAMILTON-Operator eines Systems, das aus M Kernen und N Elektronen besteht, kann in dieser Näherung durch die Gleichung 1 ausgedrückt werden:

$$H = -\frac{\hbar^2}{2m} \sum_{\mu=1}^{N} \nabla_\mu^2 - \sum_{\alpha=1}^{M} \sum_{\mu=1}^{N} \frac{Z_\alpha e^2}{r_{\alpha\mu}} + \sum_{\mu<\nu} \sum \frac{e^2}{r_{\mu\nu}} \tag{1}$$

Das erste Glied ist die Summe der Operatoren der kinetischen Energie, das zweite Glied stellt die Summe der Wechselwirkungen der Elektronen μ mit den Kernen α dar und das letzte die Summe der COULOMB-Wechselwirkung zwischen den Elektronen mit den Indices μ und ν.

Da die Lösung der SCHRÖDINGER-Gleichung mit dem Operator (1) nicht möglich ist, sind zur Berechnung der Elektronenstruktur von Molekülen Näherungsmethoden erforderlich. Eine derartige Näherung stellt das Modell von HARTREE-FOCK-ROOTHAAN [1] dar, in dem die Bewegung eines Elektrons des Moleküls im Feld der Kerne und dem gemittelten Feld aller übrigen Elektronen betrachtet wird. Damit läßt sich der Operator eines jeden Elektrons wie folgt schreiben:

$$H = H^{\text{Rumpf}} + \sum_{p}^{\text{gefüllt}} (2J_p - K_p) \tag{2}$$

H^{Rumpf}: Atomrumpf-Operator; Symbol $\sum_{p}^{\text{gefüllt}}$: Summation über alle Molekülbahnfunktionen (Molekülorbitale); J_p: COULOMB-Operator; K_p: Austauschoperator.

In der *LCAO*-Theorie werden die Wellenfunktionen der Moleküle mit der linearen Kombination der Atomorbitale approximiert:

$$\psi_p = \sum_j c_{jp} \chi_j \tag{3}$$

wobei die Gesamtheit der Atomorbitale $\{\chi_1, \chi_2, \ldots, \chi_n\}$ die Funktionsbasis dieser Methode ist. Die Operatoren J_p und K_p sind durch folgende Abhängigkeiten definiert:

$$[J_p(\mu)]\,\psi_q(\mu) = \left[\int \psi_p^*(\nu)\,\frac{e^2}{r_{\mu\nu}}\,\psi_p(\nu)\,dV_\nu\right]\psi_q(\mu) \tag{4}$$

$$[K_p(\mu)]\,\psi_q(\mu) = \left[\int \psi_p^*(\nu)\,\frac{e^2}{r_{\mu\nu}}\,\psi_q(\nu)\,dV_\nu\right]\psi_p(\mu) \tag{5}$$

ψ_p, ψ_q: die durch Gl. (3) definierten Molekülbahnfunktionen

Auf Grund der SCHRÖDINGER-Gleichung

$$H\psi_p = E_p\psi_p \tag{6}$$

und bei Anwendung des Energieoperators (2) sowie der Linearkombination (3) erhält man für den Fall eines Moleküls mit gefüllten Elektronenschalen:

$$\sum_j H_{ij}\,c_{jp} = \sum_j S_{ij}\,c_{jp}\,E_p \tag{7}$$

Diese Gleichungen sind als HARTREE-FOCK-ROOTHAAN-Gleichungen bekannt.

Das Integral

$$S_{ij} = \int \chi_i^*\chi_j\,dV \tag{8}$$

ist ein Überlappungsintegral; und in den Matrixelementen

$$H_{ij} = H_{ij}^{\text{Rumpf}} + \sum_k \sum_l P_{kl}\left[(ij\,|\,kl) - \frac{1}{2}\,(ik\,|\,jl)\right], \tag{9}$$

die als Elemente der HARTREE-FOCK-ROOTHAAN-Matrix“ bezeichnet werden, ist das Integral H_{ij}^{Rumpf} definiert als

$$H_{ij}^{\text{Rumpf}} = \int \chi_i^* H^{\text{Rumpf}}\chi_j\,dV, \tag{10}$$

und

$$P_{kl} = 2\sum_p^{\text{gefüllt}} c_{kp}\,c_{lp} \tag{11}$$

ist ein Element der Bindungsordnungsmatrix. Die zweielektronigen Abstoßungsintegrale $(ij\,|\,kl)$ und $(ik\,|\,jl)$ sind durch die Beziehungen

$$(ij\,|\,kl) = \iint \chi_i^*(\mu)\,\chi_j(\mu)\,\frac{e^2}{r_{\mu\nu}}\,\chi_k^*(\nu)\,\chi_l(\nu)\,dV_\mu\,dV_\nu \tag{12}$$

$$(ik\,|\,jl) = \iint \chi_i^*(\mu)\,\chi_k(\mu)\,\frac{e^2}{r_{\mu\nu}}\,\chi_j^*(\nu)\,\chi_l(\nu)\,dV_\mu\,dV_\nu \tag{13}$$

definiert und bestimmen die COULOMB- bzw. Austausch-Integrale.

Die gesamte normierte und antisymmetrische Wellenfunktion Ψ_Λ des N-Elektronensystems wird für die gegebene Konfiguration Λ in Form der SLATER-Determinante konstruiert. Ihre Elemente sind Spinorbitale, die aus den entsprechenden gefüllten Orbitalen und Spinanteilen gebildet werden:

$$\Psi_A = \frac{1}{\sqrt{N!}} \begin{vmatrix} (\psi_1\varphi)^1 & (\psi_1\beta)^1 & (\psi_2\alpha)^1 & \cdots \\ (\psi_1\varphi)^2 & (\psi_1\beta)^2 & (\psi_2\alpha)^2 & \cdots \\ (\psi_1\varphi)^3 & (\psi_1\beta)^3 & (\psi_2\alpha)^3 & \cdots \end{vmatrix} \tag{14}$$

Nach der Definition des mittleren Energiewertes sind die Energien der einzelnen Energieniveaus, E_p, die den Molekülorbitalen ψ_p in Gl. (14) entsprechen, gleich

$$E_p = \int \psi_p^* H(\mu)\, \psi_p \, dV \tag{15}$$

$H(\mu) \equiv H$ ist der durch Gleichung 2 definierte (Einelektronen-)HARTREE-FOCK-ROOTHAAN-Operator. Die gesamte Energie aller Elektronen, E_{el}, die der Determinanten der Wellenfunktion (14) entspricht, kann aus der Beziehung

$$E_{el} = \int \Psi_A^* \mathscr{H} \Psi_A \, dV \tag{16}$$

bestimmt werden. Dabei ist der HAMILTON-Operator $\mathscr{H}$ gleich der Summe der Einelektronen-Operatoren:

$$\mathscr{H} = \sum_{\mu=1}^{N} H(\mu) \tag{17}$$

In einem derartigen Fall ergibt sich die Gesamtelektronenenergie des Moleküls zu

$$E_{el} = \frac{1}{2} \sum_i \sum_j P_{ij}(H_{ij}^{\text{Rumpf}} + H_{ij}) = \sum_i^{\text{gefüllt}} E_i + \frac{1}{2} \sum_i \sum_j P_{ij} H_{ij}^{\text{Rumpf}} \tag{18}$$

Die Gesamtenergie des Systems ist die Summe aus Elektronenenergie und der Komponente der Kernabstoßung:

$$E = E_{el} + E_{nn} \tag{19}$$

E_{nn} wird oft als Summe der COULOMB-Wechselwirkung berechnet.

Eine grundsätzliche Schwierigkeit der so formulierten *LCAO-MO*-Methode ist die Bestimmung der Matrixelemente entsprechend Gl. (9). Um diese zu finden, müssen zuerst die Molekülwellenfunktionen bekannt sein. Aus diesem Grunde löst man HARTREE-FOCK-Gleichungen mittels eines iterativen Verfahrens, indem man auf der Grundlage der approximierten Wellenfunktionen die Matrixelemente H_{ij} berechnet und danach neue Funktionen findet, die in der Regel eine bessere Näherung darstellen. In diesem iterativen Prozeß erhält man mit jedem weiteren Schritt für jedes Elektron bessere Potentialwerte; deshalb wird auch eine derartige Methode zur Lösung von Gl. (7) als Methode des selbstkonsistenten Feldes oder *LCAO-MO-SCF*(Self Consistent Field)-Methode bezeichnet [2].

Die Berechnungen, denen die angegebene Formulierung der *LCAO-MO-SCF*-Methode zugrunde liegt und in denen keine zusätzliche Vereinfachungen (z. B. halbempirische Parameter) eingeführt werden, bezeichnet man als ab initio-Berechnungen. Diese Berechnungen werden hauptsächlich auf kleine Moleküle mit verhältnismäßig einfacher Elektronenstruktur angewendet. Den mit dieser Methode gewonnenen Werten kommt auch das größte Vertrauen zu. In einer ganzen Reihe von Fällen ist die Genauigkeit der Berechnungen größer als die der experimentell bestimmten Werte [3]. Das trifft besonders für die Größen zu, die mit dem Grundzustand des Moleküls im Zusammenhang stehen, wie die Gesamtenergie, das Dipolmoment sowie (in geringem Maße) die Ionisierungsenergie und Konformation.

Die physikalischen und chemischen Eigenschaften der Moleküle werden — ganz allgemein — erheblich genauer von den Theorien wiedergegeben, die die Einelektronen-Näherung von HARTREE-FOCK-ROOTHAAN verlassen. Hierzu gehört vor allem das Verfahren der Konfigurations-Wechselwirkung (Configuration Interaction) oder *CI*-Verfahren, nach dem eine Vielelektronen-Wellenfunktion des Moleküls in Form einer Linearkombination der orthogonalen Konfigurationsfunktionen vom Typ der Determinanten (14) konstruiert wird. Ein derartiges Verfahren [4] wird besonders bei der Untersuchung angeregter Zustände und ihnen entsprechender physikalischer Größen angewendet.

Wegen der komplizierten Berechnungen zweielektroniger Integrale und Matrixelemente sind ab initio-Verfahren bisher nur auf kleine Moleküle beschränkt. Demnach ist — trotz einer intensiven Entwicklung der Quantenchemie in den letzten Jahren — im Fall größerer Moleküle die Anwendung von Näherungsmethoden erforderlich. Bei diesem Verfahren werden bestimmte Annahmen eingeführt, die die Zahl der Integrale und halbempirischen Parameter verringern; dadurch kann die Beziehung (9) für die Matrixelemente erheblich vereinfacht werden. Die Beschränkung der Zahl der Integrale ist vor allem auf Grund der sogenannten *ZDO*(Zero Differential Overlap)-Näherung [5] möglich, nach der

$$\chi_i^* \chi_j = \delta_{ij} \tag{20}$$

gilt, d. h. $\chi_i^* \chi_j = 0$ bei $i \neq j$. Diese Näherung verringert besonders stark die Zahl der Integrale, die am schwierigsten zu berechnen sind (Drei- und Vierzentrenintegrale vom Typ (12) und (13)).

Die große Vereinfachung des ab initio-Verfahrens kann auch darin bestehen, daß die Funktionsbasis (3) auf die Valenz- oder sogar π-Orbitale beschränkt wird. Diese Einschränkungen führen zu einer Reihe verhältnismäßig einfacher Näherungsmethoden.

2. Valenzmethoden

2.1. *NDDO-Methode*

In der von POPLE et al. [6] ausgearbeiteten *LCAO-MO-SCF-NDDO*(Neglet of Diatomic Differential Overlap)-Methode vernachlässigt man Zweielektronenintegrale, sofern die Atomorbitale mit den Indices i, j bzw. k, l zu verschiedenen Zentren gehören. Der Ausdruck für die Matrixelemente (9) wird damit auf die Relation

$$H_{ij} = H_{ij}^{\mathrm{Rumpf}} + \sum_{B} \sum_{k,l \in B} P_{kl}(ij|kl) - \frac{1}{2} \sum_{k,l \in B} P_{kl}(il|jk) \tag{21}$$

zurückgeführt, sofern $i, j \in A$ (d. h. Atomorbitale mit den Indices i, j sind im Atom A); die Beziehung

$$H_{ij} = H_{ij}^{\mathrm{Rumpf}} - \frac{1}{2} \sum_{k \in B} \sum_{l \in A} P_{kl}(il|jk) \tag{22}$$

gilt für den Fall, daß $i \in A$ und $j \in B$, d. h., wenn Atomorbitale den verschiedenen Zentren (A oder B) des Moleküls angehören. Die Komponente H_{ij}^{Rumpf} ist durch

$$H_{ij}^{\text{Rumpf}} = U_{ij} - \sum_{B \neq A} (i|V_B|j) \tag{23}$$

gegeben mit

$$U_{ij} = \left(i \left| \frac{-h^2}{2m} \nabla^2 - \frac{Z_A e^2}{r_A} \right| j\right) \tag{24}$$

und

$$V_B = -\frac{Z_B e^2}{r_B} \tag{25}$$

Die *NDDO*-Methode ist die am weitesten entwickelte Valenzmethode; aber wegen der noch verhältnismäßig großen Zahl der Zweielektronenintegrale wurde sie bisher nur in beschränktem Maße angewendet. Es ist jedoch wahrscheinlich, daß diese Methode bei der Klärung vieler, mit der Elektronenstruktur von Molekülen im Grundzustand im Zusammenhang stehender Probleme von großem Nutzen sein kann.

2.2. *INDO- und MINDO-Näherungen*

Bei der *LCAO-MO-SCF-INDO*(Intermediate Neglect of Differential Overlap)-Methode [7] und der *LCAO-MO-MINDO*(Modified Intermediate Neglect of Differential Overlap)-Näherung [8] berücksichtigt man Zweielektronen-Abstoßungsintegrale nur dann, wenn sich die Atomorbitale an denselben Zentren befinden. Auf Grund dieser Festlegung kann man die Matrixelemente H_{ij} in folgender Form schreiben:

$$H_{ii} = U_{ii} + \sum_{k,l \in A} P_{kk} \left[(ii|kk) - \frac{1}{2} (ik|ik) \right] + \sum_{B \neq A} (P_{BB} - Z_B)(AA|BB) \tag{26}$$

sofern $i \in A$. Außerdem gilt

$$H_{ij} = P_{ij} \left[\frac{3}{2} (ij|ij) - \frac{1}{2} (ii|jj) \right] \tag{27}$$

wenn $i, j \in A$, und

$$H_{ij} = U_{ij} - \frac{1}{2} P_{ij} (AA|BB) \tag{28}$$

wenn $i \in A$ und $j \in B$.

Nach der *INDO*-Methode erhält man richtige Werte von Dipolmomenten sowie genaue Angaben zu den geometrischen Verhältnissen einfacher Moleküle. Sie wird auch bei der Interpretation von Elektronenspektren angewendet [9]. Mit der Version der „nicht vollständig gefüllten Schale" dieser Methode gewinnt man weiterhin recht genaue Spindichtewerte, was die Deutung magnetischer Eigenschaften von Molekülen ermöglicht.

Bei der *MINDO*-Methode werden die in den Matrixelementen H_{ij} auftretenden Integrale auf halbempirischem Wege bestimmt. Nach dieser Methode kann eine überaus gute Übereinstimmung der Berechnungen mit den experimentellen Daten für solche Größen wie Ionisierungsenergie, Bildungswärme, Rotationsbarriere und Molekülgeometrie erreicht werden.

2.3. *CNDO-Methode*

Bei der gegenwärtig am häufigsten angewendeten *LCAO-MO-SCF-CNDO*(Complete Neglect of Differential Overlap)-Methode [10, 11] berücksichtigt man Zweielektronenintegrale nur dann, wenn $i, j \in A$ und $k, l \in B$. Die Elemente der Hartree-Fock-Roothaan-Matrix sind dann durch folgende Gleichungen gegeben:

$$H_{ii} = U_{ii} + \left(P_{AA} - \frac{1}{2} P_{ii}\right) (AA|AA) + \sum_{B \neq A} (P_{BB} - Z_B)(AA|BB) \quad (29)$$

$$H_{ij} = U_{ij} - \frac{1}{2} P_{ij}(AA|BB), \quad (30)$$

wobei die Integrale U_{ii} aus der nachfolgenden Relation bestimmt werden:

$$U_{ii} = -\frac{1}{2}(I_i + E_i) - \left(Z_A - \frac{1}{2}\right)(AA|AA) \quad (31)$$

P_{AA} und P_{BB}: Gesamtelektronendichten an den Atomen A und B; P_{ii}: Gesamtelektronendichte des i-ten Orbitals; I_i bzw. E_i: Ionisierungsenergie bzw. Elektronenaffinität des i-ten Orbitals; Z_A: Kernladung

Die nichtdiagonalen Matrixelemente U_{ij} werden durch die Abhängigkeit

$$U_{ij} = \frac{1}{2}(\beta_A^0 + \beta_B^0) S_{ij} \quad (32)$$

angenähert.

β_A^0 und β_B^0: Halbempirische, die Atome A und B charakterisierende Parameter; S_{ij}: Überlappungsintegral

Die *CNDO*-Methode, gemeinhin unter der Bezeichnung *CNDO*/2 bekannt, wird zur Lösung vieler Probleme, wie z. B. bei Berechnungen von Dipolmomenten, intermolekularen Wechselwirkungen und der Konformation angewendet; sie erlaubt eine korrekte Interpretation vieler physikalisch-chemischer Eigenschaften von Molekülen. In einer modifizierten Version [12] dient sie auch bei Untersuchungen angeregter Molekülzustände.

2.4. *EH-Methode*

Bei der *LCAO-MO-EH*(Extended Hückel)-Methode [13, 14, 15] führt man an Stelle des Einelektronen-Operators von Hartree-Fock-Roothaan den effektiven Operator

$$H = H_{eff} \quad (33)$$

ein, worin die H_{ij}-Matrixelemente mit den halbempirischen Abhängigkeiten angenähert sind. Die diagonalen Elemente H_{ii} werden dabei gewöhnlich der Ionisierungsenergie I_i

der entsprechenden Valenzorbitale (*VOIE*; Valence Orbital Ionization Energy) des Atoms gleichgesetzt:

$$H_{ii} = -I_i, \tag{34}$$

während die nichtdiagonalen Elemente H_{ij} mit der WOLFSBERG-HELMHOLZ-Beziehung [16]

$$H_{ij} = \frac{1}{2} KS_{ij}(H_{ii} + H_{jj}) \tag{35}$$

oder mit der BALLHAUSEN-GRAY-Abhängigkeit [17] angenähert werden:

$$H_{ij} = KS_{ij} \sqrt{H_{ii}H_{jj}} \tag{36}$$

K: halbempirischer Parameter; S_i : Überlappungsintegral

Nach der angenommenen Form des Operators (33) ist die Gesamtelektronenenergie E_{el} gleich der Summe der Energien E_p der gefüllten Molekülorbitale:

$$E_{el} = \sum_{p}^{\text{gefüllt}} N_p E_p \tag{37}$$

N_p: Besetzungszahl des p-ten Orbitals

Die erweiterte HÜCKEL-Methode wurde zur Berechnung der Ionisierungsenergie, Dipolmomente, Rotationsbarrieren und angeregten Zustände auch im Fall größerer Moleküle verwendet. Noch bessere Resultate lassen sich durch ihre iterative Version, die *IEHM*(Iterative Extended Hückel)-Methode erreichen, nach der die diagonalen Matrixelemente von der Ladung q des Zentralions abhängen:

$$H_{ii} = A_i + B_i q + C_i q^2 \tag{38}$$

Die Konstanten A_i, B_i und C_i werden für gegebene Orbitaltypen auf der Grundlage der Elektronenstruktur des Atoms bestimmt.

2.5. *SCCC-Methode*

Die *LCAO-MO-SCCC*(Self Consistent Charge and Configuration)-Näherung [18, 19, 20] ist eine vereinfachte MO-Methode, in der die diagonalen Elemente der HARTREE-FOCK-ROOTHAAN-Matrix nicht nur, wie in Gl. (38), von der Ladung q des Zentralions, sondern auch von seiner Elektronenkonfiguration abhängen. Die nichtdiagonalen Matrixelemente H_{ij} werden, ähnlich wie bei der *EH*-Methode, mit den Beziehungen des Typs (35) und (36) angenähert. Um die erforderlichen Integrale zu berechnen, ist auch die Einführung halbempirischer Parameter notwendig, die in der Regel aus spektroskopischen Untersuchungen gewonnen werden. Numerische Berechnungen werden zur Erlangung der Selbstkonsistenz der angenommenen Ladung des Zentralions und der Elektronenkonfiguration geführt.

Die *MO*-Methode in der *SCCC*-Variante wird bei Untersuchungen der Elektronenstruktur solcher Verbindungen genutzt, die Übergangsmetallatome enthalten, d. h. bei denen d- und f-Elektronen eine wesentliche Rolle spielen. Neben der Kristallfeld- und Ligandenfeld-Theorie ist sie eine grundsätzliche Methode für Untersuchungen der Struktur von Koordinationsverbindungen.

3. π-Elektronen-Methoden

Diesen Methoden liegt die π-Elektronen-Näherung zugrunde [21], in der der HAMILTON-Operator für jedes der π-Elektronen im Molekül die Form des HARTREE-FOCK-ROOTHAAN-Operators (2) besitzt. Die Wellenfunktion aller im System vorhandenen Elektronen wird dann durch das Produkt der σ- und π-Elektronenwellenfunktionen ausgedrückt:

$$\Psi = (\Sigma)(\Pi), \tag{39}$$

so daß die Gesamtenergie des Moleküls gleich der Summe

$$E_{el} = E_\sigma + E_\pi \tag{40}$$

ist.

In dem auf der *ZDO*-Näherung (17) beruhenden π-Elektronenmodell stellt man lediglich π-Elektronen explicite in Rechnung. Deren Bewegung wird im Feld der Kerne und dem der anderen Elektronen des Moleküls betrachtet.

3.1. PPP-Methode

In der PPP(PARISER, PAAR und POPLE)-Methode [21] sind die Molekülorbitale mittels der Linearkombination der $2p_z$-Atomorbitale des Moleküls approximiert. Wendet man den HARTREE-FOCK-ROOTHAAN-Operator in der Form (2) an, kann man die Matrixelemente wie folgt schreiben.

$$H_{ii} = \alpha_i + \frac{1}{2} P_{ii}(ii|ii) + \sum_{j \neq i} P_{jj}(ii|jj) \tag{41}$$

$$H_{ij} = \beta_{ij} - \frac{1}{2} P_{ij}(ii|jj) \tag{42}$$

wobei für α_i und β_{ij} gilt:

$$\varphi_i = \int \chi_i^* H^{\text{Rumpf}} \chi_i \, dV \tag{43}$$

$$\beta_{ij} = \int \chi_i^* H^{\text{Rumpf}} \chi_i \, dV \tag{44}$$

Die Integrale in den Gln. (43) und (44) werden überwiegend durch halbempirische Methoden bestimmt.

Die PARISER-PARR-POPLE-Methode mit ihrer Berücksichtigung der Konfigurationsüberlagerung wird vor allem bei Untersuchungen der Elektronenspektren von π-Elektronen enthaltenenden Molekülen angewendet. In der Mehrzahl der Fälle ergeben die Berechnungen der Elektronenzustände und der Intensität der entsprechenden optischen Übergänge eine wertvolle Ergänzung experimenteller Daten.

3.2. HMO-Methode

Wenn man in den Matrixelementen (41) und (42) die Zweielektronenintegrale vernachlässigt, erhält man

$$H_{ii} = \alpha_i \tag{45}$$

$$H_{ij} = \beta_{ij} \tag{46}$$

Dies bedeutet, daß die *LCAO-MO*-Methode in der PARISER-PARR-POPLE-Näherung auf die HÜCKEL-Methode zurückgeführt wird [22], die man auch als *HMO*(Hückel Molecular Orbital)-Methode bezeichnet und vor allem auf organische Moleküle anwendet. Praktisch führt man jedoch an Stelle der Beziehungen (41) und (42) halbempirische Abhängigkeiten der Form

$$\alpha_i = \alpha_c + k_i \beta_{cc} \tag{47}$$

$$\beta_{ij} = h_{ij} \beta_{cc} \tag{48}$$

ein; α_c: COULOMB-Integral für das Kohlenstoffatom; β_{cc}: Resonanzintegral für die aromatische Bindung [23].

Werden die Integrale β_{ij} für die nicht benachbarten Atome vernachlässigt, so sind die Eigenschaften des i-ten Atoms im Molekül mit dem Parameter k_i beschrieben, während die Eigenschaften der Bindung zwischen den Atomen i und j durch den Parameter h_{ij} bestimmt sind. Die Zahlenwerte dieser Parameter findet man in der Literatur, z. B. [23].

Die HÜCKEL-Methode [24] ist das geschichtlich älteste und einfachste Verfahren, das auf der *LCAO-MO*-Methode beruht. Es wurde von HÜCKEL zur Berechnung von π-Elektronensystemen der organischen Chemie entwickelt und gestattet auch heute noch (als halbquantitatives Modell) die Erklärung einer ganzen Reihe von Eigenschaften derartiger Systeme.

Literatur

[1] C. C. J. ROOTHAAN, Rev. Mod. Phys. **23**, 69 (1951)

[2] I. G. CSIZMADIA, M. C. HARISON, J. W. MOSKOWITZ u. B. T. SUTCLIFFE, Theoret. Chim. Acta **6**, 191 (1966)

[3] W. KOLOS u. C. C. J. ROOTHAAN, Rev. Mod. Phys. **32**, 219 (1960)

[4] B. ROOS, „*Computational Techniques in Quantum Chemistry and Molecular Physics*", hrsg. von G. H. F. DIERCKSEN, B. T. SUTCLIFFE u. A. VEILLARD, Redel Publishing Co., Dordrecht-Boston 1975

[5] I. FISCHER-HJALMARS, J. Chem. Phys. **42**, 1962 (1965)

[6] J. A. POPLE, D. P. SANTRY u. G. A. SEGAL, J. Chem. Phys. **43**, 129 (1965)

[7] J. A. POPLE, D. L. BEVERIDGE u. P. A. DOBOSH, J. Chem. Phys. **47**, 2026 (1967)

[8] N. C. BAIRD u. M. J. S. DEWAR, J. Chem. Phys. **50**, 1262 (1969)

[9] J. LIPIŃSKI, A. NOWAK u. H. CHOJNACKI, Acta Phys. Polon. **53a**, 229 (1978)

[10] J. A. POPLE u. G. A. SEGAL, J. Chem. Phys. **44**, 3289 (1966)

[11] J. A. POPLE u. D. L. BEVERIDGE, „*Approximate Molecular Orbital Theory*", McGraw Hill, New York 1970

[12] J. DEL BENE u. H. H. JAFFE, J. Chem. Phys. **48**, 1807 (1968)

[13] C. J. BALLHAUSEN u. H. B. GRAY, „*Molecular Orbital Theory*", W. A. Benjamin Inc., New York—Amsterdam 1965

[14] D. A. BROWN, W. J. CHAMBERS u. N. J. FITZPATRICK, Inorg. Chim. Acta, **6**, 7 (1972)

[15] R. HOFFMANN, J. Chem. Phys. **39**, 1397 (1963); vgl. auch ibid. **40**, 2474, 2480, 2745 (1964)

[16] M. WOLFSBERG u. L. HELMHOLZ, J. Chem. Phys. **20**, 837 (1952)

[17] C. J. BALLHAUSEN u. H. B. GRAY, Inorg. Chem. **1**, 11 (1962)

[18] A. VISTE u. H. B. GRAY, Inorg. Chem. **3**, 1113 (1964)

[19] H. BASH, A. VISTE u. H. B. GRAY, J. Chem. Phys. **44**, 10 (1966)

[20] A. GOŁĘBIEWSKI, „*Chemia kwantowa związków nieorganicznych*", PWN, Warszawa 1969

[21] R. G. PARR, „*The Quantum Theory of Molecular Electronic Structure*", W. A. Benjamin, Inc., New York—Amsterdam 1964

[22] F. A. COTTON, „*Chemical Applications of Group Theory*", Interscience Publishers, New York—London, 1963; vgl. auch F. A. COTTON, „*Teoria grup. Zastosowania w chemii*", PWN, Warszawa 1973

[23] A. STREITWIESER, Jr., „*Molecular Orbital Theory*", John Wiley and Sons, New York—London 1961

[24] E. HÜCKEL, „*Grundzüge der Theorie ungesättigter und aromatischer Verbindungen*", Springer-Verlag Berlin, 1938

Anhang II

Weiterführende Spezialliteratur

Wenngleich der vorliegende Titel als Einführung in das Gebiet der hochdispersen Metalle gedacht ist, werden nachfolgend weitere ausgewählte Arbeiten zitiert, die dem Leser eine zusätzliche und zugleich vertiefende Information ermöglichen. Darüber hinaus spiegelt der Inhalt der angeführten Publikationen die stürmische Entwicklung wider, die sich auf den hier behandelten Forschungsgebieten vollzieht.

zu Kapitel 1:

T. Anderson u. C. G. Granquist, J. Appl. Phys. **48**, 1673 (1977)
S. K. Kurtz u. F. M. A. Carpay, J. Appl. Phys. **51**, 5725 (1980)
G. Cocco, L. Schiffini, G. Strukul u. G. Carturan, J. Catal. **65**, 348 (1980)

zu Kapitel 2:

K. J. Klabunde, H. F. Efner, T. O. Murdock u. R. Popple, J. Amer. Chem. Soc. **98**, 1021 (1976)
S. Yamaguchi, Z. Phys. Chem. (Frankfurt/M.) **105**, 109 (1977)
R. Sigg u. E. Wicke, Z. Phys. Chem. (Frankfurt/M.) **106**, 65 (1977)
D. G. W. Goad u. M. Moskowits, J. Appl. Phys. **49**, 2929 (1978)
R. Uyeda, J. Cryst. Growth **45**, 485 (1978)
S. Yatsuya, Y. Tsukasaki, K. Mikawa u. R. Uyeda, J. Cryst. Growth **45**, 490 (1978)
J. T. Richardson u. R. J. Dubus, J. Catal. **54**, 207 (1978)
K. J. Klabunde, S. C. Davis, H. Hattori u. Y. Tanaka, J. Catal. **54**, 254 (1978)
R. Maatman, J. Catal. **55**, 108 (1978)
J. T. Richardson u. J. G. Crump, J. Catal. **57**, 417 (1979)
J. B. Nagy, M. van Eenoo u. E. G. Derouane, J. Catal. **58**, 230 (1979)
J. C. Rasser, W. H. Beindorf u. J. J. F. Scholten, J. Catal. **59**, 211 (1979)
J. Lahaye u. R. Lagarde, J. Catal. **60**, 270 (1979)
J. A. Dalmon, J. Catal. **60**, 325 (1979)
W. O. Freitag, T. A. Sharp, A. Baltz u. V. Suchodolski, J. Appl. Phys. **50**, 7801 (1979)
P. Birke, S. Engels, M. Kranz u. F. Meiler, Z. anorg. allg. Chem. **467**, 7 (1980)
R. L. Garten u. J. H. Sinfelt, J. Catal. **62**, 127 (1980)
G. I. Straguzzi, H. R. Aduriz u. C. E. Gigola, J. Catal. **66**, 171 (1980)
Y. Saito, K. Mihama u. R. Uyeda, Jap. J. Phys. **19**, 1603 (1980)

zu Kapitel 3:

a) Elektrische Leitfähigkeit in diskontinuierlichen Schichten

R. H. Hill u. T. J. Coutts, Thin Solid Films **42**, 201 (1977)
J. E. Morris u. T. J. Coutts, Thin Solid Films **47**, 3 (1977)
K. Kempa, B. Licznerski u. J. Markowski, Acta Phys. Polon. **52**, 207 (1977)
R. H. Cornely u. T. A. Ali, J. Appl. Phys. **49**, 4095 (1978)

F. WARKUSZ, J. Appl. Phys. D **11**, 689 (1978)
W. ROMANOWSKI u. L. KĘPIŃSKI, Thin Solid Films **65**, 141 (1980)
L. KĘPIŃSKI, Thin Solid Films **78**, 133 (1981)

b) Röntgenographische Analyse der Dispersität

A. GANGULEE, J. Appl. Cryst. **7**, 434 (1974)
S. R. SASHITAL, J. B. COHEN, R. L. BURWELL Jr. u. J. B. BUTT, J. Catal. **50**, 479 (1977)
P. GANESAN, H. K. KUO, A. SAAVEDRA u. R. J. DE ANGELIS, J. Catal. **52**, 310 (1978)
D. G. MUSTARD u. C. H. BARTHOLOMEW, J. Catal. **67**, 186 (1981)

c) Magnetische Eigenschaften hochdisperser Metalle

R. W. CHAUTRELL, J. POPEWELL u. S. W. CHARLES, Phys. (Utrecht) **86–88** B (3) 1421 (1977)
J. T. RICHARDSON u. R. J. DUBUS, J. Catal. **54**, 207 (1978); vgl. auch J. T. RICHARDSON u. J. G. CRUMP, J. Catal. **57**, 417 (1979)
J. A. DALMON, J. Catal. **60**, 325 (1979)
H. YANAMURA u. L. N. MULAY, J. Appl. Phys. **50**, 7795 (1979)
W. ROMANOWSKI, Polish J. Chem. **54**, 1515 (1980)
S. ENGELS, W. MÖRKE, M. WILDE, W. ROSCHKE, B. FREITAG u. H. SIEGEL, Z. anorg. allg. Chem. **472**, 162 (1981)

d) Optische Eigenschaften

C. G. GRANQUIST u. O. HUNDER, Phys. Rev. B **16**, 3513 (1977)
E. K. SICKEL u. J. F. GITTLEMAN, Appl. Phys. Lett. **33**, 564 (1978)
C. G. GRANQUIST, N. CALANDER u. O. HUNDERI, Solid State Comm. **31**, 249 (1979)

zu Kapitel 4:

a) Struktur kleiner Metallteilchen

R. UYEDA, J. Cryst. Growth **24/25**, 69 (1974)
M. GILLET, Surface Sci. **67**, 139 (1977)
H. D. BREUER u. W. BACH, Z. Phys. Chem. (Frankfurt/M.) **110**, 267 (1978)
R. UYEDA, J. Cryst. Growth **45**, 485 (1978)
Y. SAITO, S. YATSUYA, K. MIHAMA u. R. UYEDA, J. Cryst. Growth **45**, 501 (1978)
D. J. C. YATES, L. L. MURRELL u. E. B. PRESTRIDGE, J. Catal. **57**, 41 (1979)
M. GILLET u. A. RENOU, Surface Sci. **90**, 91 (1979)
H. MÜLLER u. Ch. OPITZ, Z. Phys. Chem. (Leipzig) **261**, 761 (1980)
J. ZENITH, J. L. CONTRERAS L., J. M. DOMÍNGUEZ u. M. J. YACAMÁN, J. Microsc. Spectrosc. Electron. **5**, 291 (1980)

b) Anwendung von Quantenmethoden

J. C. SLATER u. K. H. JOHNSON, Phys. Rev. **B 5**, 844 (1972)
J. C. SLATER u. K. H. JOHNSON, Physics Today **1974**, 34
K. H. JOHNSON u. R. P. MESSMER, J. Vac. Sci. Technol. **11**, 236 (1974)
T. TANABE, H. ADACHI u. S. IMOTO, Jap. J. Appl. Phys. **16**, 1097 (1977)
D. G. DEMPSEY u. L. KLEINMANN, Phys. Rev. B **16**, 5356 (1977)
R. COLDITZ u. H. G. FRITSCHE, Z. Chem. **19**, 150 (1979)
J. F. HAMILTON u. R. C. BAETZOLD, Science **205**, 1213 (1979)
J. W. LAUHER, J. Catal. **66**, 237 (1980)
G. A. THOMPSON u. D. M. LINDSAY, J. Chem. Phys. **74**, 959 (1981)

zu Kapitel 5:

a) Oberflächenspannung von Metallen

J. J. GILMAN, J. Appl. Phys. **31**, 2208 (1960)
S. K. RHEE, J. Amer. Cer. Soc. **58**, 279 (1975)

B. Chatterjee, Ind. J. Technol. **15**, 221 (1977)
W. R. Tyson u. W. A. Miller, Surface Sci. **62**, 267 (1977)
C. R. White, J. Chem. Soc., Faraday Trans. I **73**, 390 (1977)
S. Jurama u. T. Sahashi, Jap. J. Appl. Phys. **19**, 1039 (1980)

b) Wechselwirkung von Metallen mit Unterlagen

D. Tabor, J. Coll. Interf. Sci. **58**, 2 (1977)
P. Becker, J. Coll. Interf. Sci. **59**, 429 (1977)
Kin-Ichi Masuda, Phys. Status Solidi (b) **92**, K 103 (1979)
R. T. K. Baker, E. B. Prestridge u. R. L. Garten, J. Catal. **59**, 293 (1979); ibid. **57**, 41 (1979)
H. C. Yao, M. Sieg u. H. K. Plummer Jr., J. Catal. **59**, 365 (1979)
M. A. Vannice u. R. L. Garten, J. Catal. **63**, 255 (1980)
R. B. Greegor u. F. W. Lytle, J. Catal. **63**, 476 (1980)
R. T. K. Baker, J. Catal. **63**, 523 (1980)
M. J. Yacamán u. J. M. Domínguez E., J. Catal. **64**, 213 (1980)
J. M. Domínguez u. M. J. Yacamán, J. Catal. **64**, 223 (1980)
X. E. Verykios, F. P. Stein u. R. W. Coughlin, J. Catal. **66**, 147 (1980)
C. W. Keep, S. Terry u. M. Wells, J. Catal. **66**, 451 (1980)

c) Oberflächendiffusion und Aggregation von Metallen auf Unterlagen

U. Landman u. M. F. Shlesinger, Phys. Rev. **16**, 3389 (1977)
E. Ruckenstein u. D. B. Dadyburjor, J. Catal. **48**, 73 (1977)
Y. F. Chu u. E. Ruckenstein, J. Catal. **55**, 281 (1978)
M. Chen u. L. D. Schmidt, J. Catal. **55**, 348 (1978)
H. P. Bonzel u. E. E. Latta, Surface Sci. **76**, 275 (1978)
A. Winzer, Z. Chem. **19**, 132 (1979)
R. Zito, Thin Solid Films **60**, 27 (1979)
P. Wynblatt, „Growth and Properties of Metal Clusters: Application to Catalysis and the Photographic Process", North-Holland, Amsterdam, 1979
K. Heinemann, H. K. Kim u. H. Poppa, J. Vac. Sci. **16**, 622 (1979)
M. J. Yacamán, L. D. Romeu, A. Gómez u. Z. A. Munir, IFUNAM-80-03
T. K. Galeev, N. N. Bulgakov, G. A. Savelieva u. N. H. Popova, React. Kin. Catal. Lett. **14**, 61 (1980)
P. Wynblatt u. J. K. Tien, J. Catal. **62**, 59 (1980)
H. H. Lee, J. Catal. **63**, 129 (1980)
H. K. Kuo, P. Ganesan u. R. J. de Angelis, J. Catal. **64**, 303 (1980)
R. T. Baker, R. D. Sherwood u. J. A. Dumesic, J. Catal. **66**, 56 (1980)
T. Wang u. L. D. Schmidt, J. Catal. **66**, 301 (1980)
T. M. Ahn, J. K. Tien u. P. Wynblatt, J. Catal. **66**, 335 (1980)

d) Keimbildung

B. Lewis, Thin Solid Films **50**, 233 (1978)
B. Lewis u. J. C. Anderson, „Nucleation and Growth of Thin Films", Academic Press, London 1978

zu Kapitel 6:

a) Struktur und Zusammensetzung von Metalloberflächen

F. J. Kuijers u. V. Ponec, Surface Sci. **68**, 294 (1977)
S. H. Overbury u. G. A. Samorjai, J. Chem. Phys. **66**, 3181 (1977)
I. P. Batra u. S. Ciraci, Phys. Rev. Lett. **39**, 774 (1977)
J. C. Tully, Phys. Rev. B **16**, 4324 (1977)
D. G. Dempsey u. L. Kleinmann, Phys. Rev. B **16**, 5356 (1977)
L. Ley, O. B. Dabonessi, S. P. Kowalczyk, F. R. Mc Feely u. D. A. Shirley, Phys. Rev. B **16**, 5372 (1977)
G. P. Williams, C. Norris u. M. R. Hawells, J. Phys. F (Metal Physics) **7**, 2247 (1977)

G. V. HANSSON u. S. A. FLODSTRÖM, Phys. Rev. B **18**, 1562 (1978)
J. A. DEL CUETO u. N. J. SHEVCHIK, J. Phys. C **11**, L 833 (1978)
L. GAUDART, P. RENUCCI u. R. RIVOIRA, J. Appl. Phys. **49**, 4105 (1978)
S. M. HEALD u. E. A. STERN, Phys. Rev. B **17**, 4609 (1978)
J. DAFFEL u. R. G. FORBES, J. Phys. D **11**, L 123 (1978)
M. MOGLIATTA u. E. ZANASI, J. Appl. Phys. (Germany) **15**, 409 (1978)
F. GARBASSI u. G. PARRAVANO, Surface Sci. **71**, 42 (1978)
W. M. H. SACHTLER u. R. A. VAN SANTEN, Advances Catalysis related Subjects, **28**, 69 (1978)
M. KELLEY, J. Catal. **57**, 113 (1979)
S. GALVAGNO u. G. PARRAVANO, J. Catal. **57**, 272 (1979)
M. P. SEAH, J. Catal. **57**, 450 (1979)
J. R. ANDERSON, K. FOGER u. R. J. BREAKSPERE, J. Catal. **57**, 458 (1979)
D. B. DADYBURJOR, J. Catal. **57**, 504 (1979)
D. F. OLLIS, J. Catal. **59**, 430 (1979)
O. BISI u. C. CALANDRA, Surface Sci. **83**, 83 (1979)
F. J. KUIJERS u. V. PONEC, J. Catal. **60**, 100 (1979)
M. CHEN, T. WANG u. L. D. SCHMIDT, J. Catal. **60**, 356 (1979)
O. M. CHAN u. W. H. WEINBERG, J. Chem. Phys. **71**, 3988 (1979)
K. CHRISTMANN, G. ERTL u. H. SHIMIZU, J. Cral. **61**, 397 (1980)
P. BILOEN, J. N. HELLE, H. VERBEEK, F. M. DAUTZENBERG u. W. M. H. SACHTLER, J. Catal. **63**, 112 (1980)
H. C. DE JONGSTE u. V. PONEC, J. Catal. **64**, 228 (1980)
S. ANDERSON u. J. B. PENDRY, J. Phys. C (Solid State Phys.) **13**, 3547 (1980)
M. A. VAN HOVE, R. J. KOESTNER, P. C. STAIR, J. P. BIBÉRIAN, L. L. KESMODEL, I. BARTOŠ u. G. A. SOMORJAI, Surface Sci. **103**, 189, 218 (1981)

b) Adsorption, Chemisorption: Experimentelle Arbeiten

J. T. YATES jr., R. KLEIN u. T. E. MADEY, Surface Sci. **58**, 469 (1976)
T. N. RHODIN u. G. BRODÉN, Surface Sci. **60**, 466 (1976)
M. E. BRIDGE, C. M. COMRIE u. R. M. LAMBERT, Surface Sci. **67**, 393 (1977); vgl. auch J. Catal. **58**, 28 (1979)
M. BARBER, J. C. VICKERMAN u. J. WOLSTENHOLME, Surface Sci. **68**, 130 (1977)
M. ABON, G. BERGERET u. B. TARDY, Surface Sci. **68**, 305 (1977)
B.-H. CHEN, D. C. FOYT u. J. M. WHITE, Surface Sci. **69**, 218 (1977)
G. A. SOMORJAI, Angew. Chem. **89**, 94 (1977)
C. L. ALLYN, T. GUSTAFSON u. E. W. PLUMMER, Solid State Commun. **24**, 531 (1977)
P. C. STAIR u. G. A. SOMORJAI, J. Chem. Phys. **66**, 2036 (1977)
A. ANDOT u. J. D. CARETTE, Phys. Rev. Lett. **39**, 209 (1977)
T. M. LU, G. C. WANG u. M. C. LAGALLY, Phys. Rev. Lett. **39**, 411 (1977)
M. LANDOLT u. M. CAMPAGNA, Phys. Rev. Lett. **39**, 568 (1977)
W. BRAUN, M. NEUMANN, M. IWAN u. E. E. KOCH, Solid State Commun. **27**, 155 (1978)
M. MOHRI, M. HASHIBA, K. WATANABE u. T. YAMASHINA, Z. Phys. Chem. (Frankfurt/M.) **109**, 233 (1978)
H. CONRAD, G. ERTL u. J. KÜPPERS, Surface Sci **76**, 323 (1978)
T. E. MADEY u. J. T. YATES, Surface Sci. **76**, 397 (1978)
C. BENNDORF, R. GOETZ, K.-H. GRESSMANN, J. KESSLER u. F. THIEME, Surface Sci. **76**, 509 (1978)
D. D. ELEY u. P. B. MOORE, Surface Sci. **76**, L 599 (1978)
E. W. PLUMMER, W. R. SALANECK u. J. S. MILLER, Phys. Rev. B **18**, 1673 (1978)
J. L. MORAN-LOPEZ u. A. TEN BOSCH, Phys. Rev. B **18**, 2555 (1978)
D. R. SALAHUB, M. ROCHE u. R. P. MESSMER, Phys. Rev. B **18**, 6495 (1978)
K. KLAPPER, H. F. KEMPIN u. G. ERTEL, Phys. Rev. Lett. **41**, 333 (1978)
K. HORN, M. SCHEFFER u. A. M. BRADSHAW, Phys. Rev. Lett. **41**, 822 (1978)
G. E. THOMAS u. W. H. WEINBERG, Phys. Rev. Lett. **41**, 1181 (1978)
R. A. BARKER u. P. J. ESTRUP, Phys. Rev. Lett. **41**, 1307 (1978)
O. GUNNERSON u. K. SCHÖNHAMMER, Phys. Rev. Lett. **41**, 1608 (1978)
M. R. BARNES u. R. F. WILLIS, Phys. Rev. Lett. **41**, 1729 (1978)
C. F. NG u. G. A. MARTIN, J. Catal. **54**, 384 (1978)

G. WEDLER, Thin Solid Films **50**, 371 (1978)
J. T. RICHARDSON, J. Appl. Phys. **49**, 1781 (1978)
P. RAMAMOORTHY u. R. D. GONZALES, J. Catal. **58**, 188 (1979)
E. L. KUGLER u. M. BOUDART, J. Catal. **59**, 201 (1979)
G. E. THOMAS u. W. H. WEINBERG, J. Chem. Phys. **70**, 954, 1437 (1979)
J. T. YATES, Jr., T. M. DUNCAN, S. D. WORLEY u. R. W. VAUGHAN, J. Chem. Phys. **70**, 1219 (1979)
L. L. KESMODEL, L. H. DUBOIS u. G. A. SOMORJAI, J. Chem. Phys. **70**, 2180 (1979)
P. A. THIEL, J. T. YATES jr., u. W. H. WEINBERG, Surface Sci. **82**, 22 (1979)
E. D. WILLIAMS u. W. H. WEINBERG, Surface Sci. **82**, 93 (1979)
M. E. BRIDGE u. R. M. LAMBERT, Surface Sci. **82**, 413 (1979)
M. G. CATTANIA, M. SIMONETTA u. M. TESCARI, Surface Sci. 82, L **615** (1979)
M. ALNOT, B. WEBER, J. J. EHRHART u. A. CASSUTO, Appl. Surface Sci. **2**, 578 (1979)
M. WEISS, G. ERTL u. F. NITSCHKÉ, Appl. Surface Sci. **2**, 614 (1979)
D. G. CASTNER u. G. A. SAMORJAI, Surface Sci. **83**, 60 (1979)
P. R. NORTON, J. W. GOODALE u. E. B. SELKIRK, Surface Sci. **83**, 189 (1979)
R. PANTEL, M. BUJOR u. J. BARDOLLE, Surface Sci. **83**, 228 (1979)
W. ENGLERT, W. HEILAND, E. TAGLAUER u. D. MENZEL, Surface Sci. **83**, 243 (1979)
A. F. CARLEY, S. RASSIAS, M. W. ROBERTS u. W. TANG-HAN, Surface Sci. **84**, L **227** (1979)
P. A. ZHDAN, G. K. BORESKOV, A. I. BORONIN, A. P. SCHEPELIN, W. F. EGELHOFF, jr., u. W. H. WEINBERG, J. Catal. **60**, 93 (1979)
K. KISHI, K. CHINOMI, Y. INOUE u. S. IKEDA, J. Catal. **60**, 228 (1979)
A. F. CARLEY, S. RASSIAS, M. W. ROBERTS u. W. TANG-HAN, J. Catal. **60**, 385 (1979)
J. KÜPPERS, F. NITSCHKÉ, K. WANDELT u. G. ERTL, Surface Sci. **87**, 295 (1979)
K. BESOCKE u. H. WAGNER, Surface Sci. **87**, 415 (1979)
M. GRUNZE, R. K. DRISCOLL, G. N. BURLAND, J. C. I. CORNISH u. J. PRITCHARD, Surface Sci. **89**, 381 (1979)
C. W. B. MARTINSSON, S. A. FLÖDSTROM, J. RUNDGREN u. P. WESTRIN, Surface Sci. **89**, 525 (1979)
G. G. TIBBETS, J. Chem. Phys. **70**, 3600 (1979)
G. PIRUG, H. P. BONZEL, H. HOPSTER u. H. IBACH, J. Chem. Phys. **71**, 593 (1979)
U. MERKT u. P. WISSMANN, Z. Phys. Chem. (Frankfurt/M.) **115**, 55 (1979)
F. H. M. SPIT, J. W. DRIJVER u. S. RADELAAR, Z. Phys. Chem. (Frankfurt/M.) **116**, 225 (1979)
J. ANSORGE u. H. FÖRSTER, Z. Phys. Chem. (Frankfurt/M.) **118**, 113 (1979)
K. KANDASAMY u. N. A. SURPLICE, J. Phys. C (Solid State Phys.) **13**, 689 (1980)
H. SHIMIZU, K. CHRISTMANN u. G. ERTL, J. Catal. **61**, 412 (1980)
F. J. C. M. TOOLENAAR, D. REINALDA u. V. PONEC, J. Catal. **64**, 110 (1980)
J. G. GOODWIN, Jr., u. C. NACCACHE, J. Catal. **64**, 482 (1980)
Ch. M. GRILL u. R. D. GONZALEZ, J. Catal. **64**, 487 (1980)
G. B. MCVICKER, R. T. K. BAKER, R. L. GARTEN u. E. L. KÜGLER, J. Catal. **65**, 207 (1980)
S. ENGELS, NGUYEN PHUONG KHUE u. M. WILDE, Z. anorg. allg. Chem. **461**, 155 (1980)
A. M. BARÓ u. H. IBACH, Surface Sci. **92**, 237 (1980)
C. W. SEABURY, T. N. RHODIN, R. J. PURTELL u. R. P. MERILL, Surface Sci. **93**, 117 (1980)
D. W. GOODMAN, J. T. YATES u. T. E. MADEY, Surface Sci. **93**, L 135 (1980)
H. NIEHUS u. G. COMSA, Surface Sci. **93**, L 147 (1980)
J. L. GLAND, Surface Sci. **93**, 487 (1980)
J. S. FOORD, P. J. GODDARD u. R. M. LAMBERT, Surface Sci. **94**, 339 (1980)
M. E. BRIDGE u. R. M. LAMBERT, Surface Sci. **94**, 469 (1980)
K. YOSHIDA, Jap. J. Appl. Phys. **19**, 1873 (1980)
K. CHRISTMANN, R. J. BEHM, G. ERTL, M. A. VEN DER HOVE u. W. H. WEINBERG, J. Chem. Phys. **70**, 4168 (1980)

c) *Adsorption, Chemisorption: Theoretische Arbeiten mit Anwendung von Quantenmethoden*

H. ITOH, Jap. J. Appl. Phys. **15**, 2311 (1976)
N. R. BURKE, Surface Sci. **58**, 349 (1976)
H. L. YU, Phys. Rev. B **15**, 3609 (1977)
G. G. TIBBETS, J. M. BURKSTRAND u. J. C. TRACY, Phys. Rev. B. **15**, 3652 (1977)
R. P. MESSMER u. D. R. SALAHUB, Phys. Rev. B **16**, 3415 (1977)

K. Hermann u. P. S. Bagus, Phys. Rev. B **16**, 4195 (1977)
F. Flires, N. H. Merck u. C. J. Wright, Phys. Lett. **64A**, 231 (1977)
B. E. Nieuvenhuys u. W. M. H. Sachtler, J. Coll. Interf. Sci. **58**, 65 (1977)
G. I. Surrat u. A. B. Kunz, Phys. Rev. Lett. **40**, 347 (1978)
T. H. Upton u. W. A. Goddard III, Phys. Rev. Lett. **42**, 472 (1979)
S. G. Louie, Phys. Rev. Lett. **42**, 476 (1979)
J. P. Muscat u. D. M. Newns, Phys. Rev. Lett. **43**, 2025 (1979)
A. Rosén, E. J. Barends u. D. E. Ellis, Surface Sci. **82**, 139 (1979)
H. L. Yu u. E. E. Whiting, Surface Sci. **82**, 301 (1979)
J. M. Gallagher u. R. Haydock, Surface Sci. **53**, 117 (1979)
D. Kashchiev, Surface Sci. **86**, 14 (1979)
H. Adachi, J. Phys. Soc. Jap. **47**, 1903 (1979)
D. E. Sullivan, Phys. Rev. B **20**, 3991 (1979)
H. H. Dunken u. E. Jemmis, Z. Chem. **20**, 454 (1980)
J. Lopez, J. C. le Bosse u. J. Rousseau-Violett, J. Phys. C (Solid State Phys.) **13**, 1139 (1980)
J. L. Whitten u. T. A. Pakkanen, Phys. Rev. **B 21**, 4357 (1980)

d) Oberflächenanreicherung in Legierungen

J. J. Burton u. E. S. Machlin, Phys. Rev. Lett. **37**, 1433 (1976)
J. J. Burton u. R. S. Polizzotti, Surface Sci. **66**, 1 (1977)
P. Wynblatt u. R. C. KU, Surface Sci. **65**, 511 (1977)
H. H. Brongersma u. M. J. Sparnaay, Surface Sci. **71**, 657 (1978)
G. P. Schwartz, Surface Sci. **76**, 113 (1978)
J. L. Moran-Lopez u. K. M. Falicov, Phys. Rev. B **18**, 2542, 2549 (1978)
M. Kelley, J. Catal. **57**, 113 (1979)
M. P. Seah, J. Catal. **57**, 450 (1979)
J. C. Rasser, W. H. Beindorff u. J. J. Scholten, J. Catal. **59**, 211 (1979)
D. A. Mervyn, R. J. Baird u. P. Wynblatt, Surface Sci. **82**, 79 (1979)
C. Molinari, J. C. Joud u. P. Desre, Surface Sci. **84**, 141 (1979)
G. J. Slusser u. N. Winograd, Surface Sci. **84**, 211 (1979)
V. Kumar, Surface Sci. **84**, L 231 (1979)
P. Biloen, R. Bouwman, R. A. van Santen u. H. H. Brongersma, Appl. Surface Sci. **2**, 532 (1979)
V. Kumar, D. Kumar u. S. K. Joshi, Phys. Rev. B **19**, 1954 (1979)
F. J. Kuijers u. V. Ponec, J. Catal. **60**, 100 (1979)
R. T. Baker, R. D. Sherwood u. J. A. Dumesic, J. Catal. **62**, 221 (1980)
C. A. Balsairo u. J. L. Morán-Lopez, Phys. Rev. **B 21**, 349 (1980)
M. P. Sheah, J. Phys, F (Metal Phys.) **10**, 1043 (1980)
T. T. Tsong, Yee S. Ng u. S. B. Mac Lane Jr., J. Appl. Phys. **51**, 6189 (1980)
T. T. Tsong, Yee S. Ng u. S. B. Mac Lane Jr., J. Chem. Phys. **73**, 1464 (1980)

e) Katalyse an Metallen

T. E. Madey, J. T. Yates, jr., D. R. Sandstrom u. R. J. H. Voorhoeve, *„Catalysis by Solid Surfaces“*, in: *„Treatise on Solid State Chemistry“*, Vol. 6B, Surfaces II; hrsg. von B. Hannay, Plenum Press, New York 1976, S. 1
D. Briggs, J. Electron Spectr. Rel. Phenom. **9**, 487 (1976)
B. A. Sexton u. G. A. Somorjai, J. Catal. **46**, 167 (1977)
R. D. Kelley, T. E. Madey u. J. T. Yates jr., J. Catal. **50**, 301 (1977)
B. E. Nieuvenhuys, Thin Solid Films **50**, 371 (1978)
D. J. Dwyer u. G. A. Somorjai, J. Catal. **52**, 291 (1978)
R. D. Kelley, T. E. Madey, K. Revesz u. J. T. Yates, Jr., Appl. Surface Sci. **1**, 266 (1978)
G. G. Low u. A. T. Bell, J. Catal. **57**, 397 (1979)
J. G. McCarty u. H. Wise, J. Catal. **57**, 406 (1979)
R. L. Moss, D. Pope, B. J. Davis u. D. H. Edwards, J. Catal. **58**, 206 (1979)
S. Engels, I. Göhring, B. Rother, B. Sachse u. M. Wilde, Proc. 4th Intern. Symp. Heterogeneous Catal., Varna 1979, Bd. 1, 105

L. Guczi, K. Matusek u. M. Eszterle, J. Catal. **60**, 121 (1979)
G. L. Ott, T. Fleish u. W. N. Delgass, J. Catal. **60**, 399 (1979)
G. A. Martin, J. Catal. **60**, 345 (1979); ibid. **60**, 452 (1979)
J. T. Yates jr., P. A. Thiel u. W. H. Weinberg, Surface Sci. **82**, 45 (1979)
V. V. Gorodetskii, V. A. Sobyanin, N. N. Bulgakov u. Z. Knor, Surface Sci. **82**, 120 (1979)
J. A. Strozier jr., G. J. Cosgrove u. D. A. Fisher, Surface Sci. **82**, 481 (1979)
G. A. Somorjai, Surface Sci. **89**, 370 (1979)
S. Lehwald u. H. Ibach, Surface Sci. **89**, 425 (1979)
S. Engels, Nguyen Phuong Khue u. M. Wilde, Z. anorg. allg. Chem. **463**, 96 (1980)
L. Guczi, G. Kemény, K. Matusek, J. Mink, S. Engels u. W. Mörke, J. C. S. Faraday I, **76**, 782 (1980)
P. Birke, S. Engels, Nguyen Phuong Khue u. M. Wilde, Z. Chem. **20**, 306 (1980)
F. Figueras, S. Fuentes u. C. Leclercq, in: „Growth and Properties of Metal Clusters"; hrsg. von J. Bourdon, Elsevier Scientific Publishing Comp., 1980, S. 525–533
R. L. Moss, D. Pope u. B. J. Davis, J. Catal. **62**, 161 (1980)
F. M. Dautzenberg, J. H. Helle, P. Biloen u. W. M. H. Sachtler, J. Catal. **63**, 119 (1980)
J. K. A. Clarke, A. F. Kane u. T. Baird, J. Catal. **64**, 200 (1980)
Y. Okamoto, Y. Nitta, T. Imanaka u. S. Teranishi, J. Catal. **64**, 397 (1980)
S. M. Davis u. G. A. Somorjai, J. Catal. **65**, 78 (1980)
C. H. Bartholomew, R. B. Pannell u. J. L. Butler, J. Catal. **65**, 335 (1980)
G. Carturan, G. Cocco, L. Schiffini u. G. Strukul, J. Catal. **65**, 359 (1980)
K. Otto u. H. C. Yao, J. Catal. **66**, 229 (1980)
S. Engels, B. Freitag, W. Mörke, W. Roschke u. M. Wilde, Z. anorg. allg. Chem. **474**, 209 (1981)
R. K. Herz, W. D. Gillespie, E. E. Petersen u. G. A. Somorjai, J. Catal. **67**, 371 (1981)

f) Neue Untersuchungsmethoden zum Studium der Chemisorption und Katalyse ARPES (Angle Resolved Photoelectron Spectroscopy)

E. W. Plummer u. T. Gustafson, Science **198**, 165 (1977)
G. J. Lapeyre, R. J. Smith u. J. Anderson, J. Vac. Sci. Technol. **14**, 384 (1977)
D. R. Lloyd, C. M. Quinn u. N. V. Richardson, Surface Sci. **68**, 419, 547 (1977)
B. W. Holland, Surface Sci. **68**, 490 (1977)
G. L. Price u. B. G. Baker, Surface Sci. **68**, 507 (1977)
T. T. Anh Nguyen u. R. C. Cinti, Surface Sci. **68**, 566 (1977)
N. J. Shevchik u. D. Liebowitz, Phys. Rev. B **18**, 1618, 1630 (1978)
J. Kanski, L. Iver u. P. O. Nilsson, Solid State Commun. **26**, 339 (1978)

EXAFS (Extended X-Ray Absorption Fine Structure)

A. L. Robinson, Science **197**, 34 (1977)
E. A. Stern, J. Vac. Sci. Technol. **14**, 461 (1977)
J. Pendry, Nature **267**, 755 (1977)
J. Stöhr, D. Denlay u. P. Perfetti, Phys. Rev. **18B**, 4132 (1978)
A. Bianconi u. R. Z. Bachrach, Phys. Rev. Lett. **42**, 104 (1979)
G. H. Via, J. H. Sinfelt u. F. W. Lytle, J. Chem. Phys. **71**, 690 (1979)
D. T. Clark, Nature **278**, 690 (1979)
J. H. Sinfelt, G. H. Via u. F. W. Lytle, J. Chem. Phys. **72**, 4832 (1980)
R. W. Joyner, J. Chem. Soc. Faraday Trans. I, **76**, 357 (1980)

PIES (Penning Ionization Electron Spectroscopy)

H. Conrad, G. Ertl, J. Küppers, S. W. Wang, K. Gerard u. H. Haberland, Phys. Rev. Lett. **42**, 1082 (1979)

g) Auger-*Elektronen-Rastermikroskop*

R. Browning, M. M. El Gomati u. M. Prutton, Surface Sci. **68**, 328 (1977)

h) Oberflächenkristallographie und Diskussion der LEED-Methode

J. Jona, J. Phys. C (Solid State Physics) **11**, 4271 (1978)

Sachregister

[1]) Der alphabetischen Auflistung werden die in den jeweiligen Publikationen festgelegten Reihenfolgen der Komponenten zugrunde gelegt.

FSC
www.fsc.org
MIX
Papier | Fördert gute Waldnutzung
FSC® C083411

Zeitfracht Medien GmbH
Ferdinand-Jühlke-Straße 7
99095 Erfurt, Deutschland
produktsicherheit@kolibri360.de